세계문화유산
100배 즐기기

한국편

오
주
환 지음

상상출판

경주 역사유적지구

안동 하회마을

프롤로그

오래된 것 중에는 소중한 것들이 있다. 우리의 삶, 정신, 문화, 기술, 이야기가 담긴 문화유산도 그중 하나다. 사람들은 여름이 가고 가을이 온 것이라고 말하지만, 봄 위에 여름이 오고 또 그 위에 가을이 온 것이기도 하다. 계절처럼 역사도, 문화유산도 그저 지나간 과거가 아니라 해가 거듭될수록 한 겹 한 겹 쌓여 더욱 깊어지고 풍성해지는 존재다.

❀

역사와 역사를 품고 있는 문화유산은 누군가에게 관심을 받든 받지 못하든 그 자체가 지닌 가치에는 변화가 없다. 그러나 관심을 받지 못하면 가치를 제대로 인정받기 어렵다. 무관심은 자칫 훼손으로 이어지기도 한다. 우리가 문화유산에 관심을 가져야 하는 이유, 우리의 문화유산이 세계문화유산에 등재되는 것이 기쁜 이유가 여기에 있다.

'한국의 세계문화유산 여행'이라는 주제로 글을 쓰면서 머릿속을 떠나지 않았던 단어가 '꽃'이다. 그냥 꽃은 아니다. 김춘수 시인의 '꽃'이다.

"내가 그의 이름을 불러 주기 전에는 / 그는 다만 / 하나의 몸짓에 지나지 않았다. / 내가 그의 이름을 불러 주었을 때 / 그는 나에게로 와서 / 꽃이 되었다. / 내가 그의 이름을 불러 준 것처럼 / 나의 이 빛깔과 향기에 알맞은 / 누가 나의 이름을 불러 다오. / 그에게로 가서 나도 / 그의 꽃이 되고 싶다. / 우리들은 모두 / 무엇이 되고 싶다. / 너는 나에게 나는 너에게 / 잊혀지지 않는 하나의 눈짓이 되고 싶다."

✧

내가 살아 있는 이유가 있듯, 역사나 문화유산도 존재하는 이유가 있다. 세상 모든 사람과 사물에 까닭이 있듯이 우리가 역사와 함께 살아야 할 이유도 있다. 마음을 열고 역사라는 울타리 안에서 문화유산을 가슴에 품어보자. 이 땅에 존재하는 문화유산이 더 이상 외톨이가 아님을, 바로 오늘부터 보여줘야 한다.

미움과 증오보다 더 무서운 게 무관심이라고 한다. 우리 문화유산, 우리 역사

에 대한 무관심은 결국 우리 것을 사라지게 만드는 불행을 자초한다. 역사와 문화유산이 어렵고 딱딱해서 접근하기 쉽지 않다면 가벼운 마음을 갖고 여행으로 다가가 보자. 누가 무슨 충고를 하든 신경쓰지 않아도 좋다. 자신만의 꿈을 꾸자. 꿈을 꾸는 사람도 나고, 주인공도 나다. 하지만 우리는 여행을 하면서도 고민을 한다. '어디로 갈까?' '무엇을 준비해야 할까?' 등을 고민하다 보면 여행은 점점 어려운 존재가 되어버린다. 잘하고 싶은 마음, 생산적인 여행에 대한 부담이 나를 옭아매는 족쇄가 된다.

✤

여행에는 왕도가 없다. 그러니 마음을 편하게 가지면 된다. 반드시 무엇을 해야겠다고 마음먹지 않아도 좋다. 그것이 저절로 일어나는 것이 아니라면 여행은 온전히 나를 위한 시간이어야 한다. 찾아가서 애정 어린 시선으로 바라보는 것으로 시작하자. 모든 일이 첫 술에 배부를 수는 없다. '천 리 길도 한 걸음부터'라고 했다. 여행의 이치도 다르지 않다.

가벼운 마음으로 시작해 여행과 친해지면 스스로 하고 싶은 것, 원하는 것이
하나둘 생긴다. 이것들은 여행을 풍성하게 하는 자양분이 된다. 나만의 여행을
위해 지도를 찾고, 책을 뒤적이며 자료를 만드는 일이 결코 싫지 않다. 내가 좋
아서 하는 일인 탓이다.

여행이라는 이름으로 문화유산과 함께하는 시간이 언제 어디서나 빛나는 아침
햇살이었으면 좋겠다.

2015년 3월

오주환

contents

01
자연을 최대한 활용한 지혜
해인사 장경판전

Info 문화유산 정보

등재시기 1995년 12월

등재이유 ① 해인사 필만대장경은 오랜 역사와 내용의 완벽함, 고도로 정교한 인쇄술의 극치를
엿볼 수 있는, 세계 불교경전 중 가장 중요하고 완벽한 경전이다.

② 5세기경에 건축된 장경판전은 대장경의 부식 방지와 온전한 보관을 위해
자연환경을 최대한 이용한 보존과학의 소산물로 높이 평가된다.

고려대장경은 고난과 역경 속에서 피어난 문화적 산물이다. 고려 현종 2년(1011) 1월 거란이 침입하자 왕은 나주로 피난해 국력과 민심을 모아 대장경판을 새겼다. 불경을 기록함으로써 외세의 침략을 막고 나라를 지키자는 의미에서다.

···· ❀ ····

고난은 우리에게 고통과 좌절만 안겨주는 존재는 아닌 것 같다. 사람은 고난과 역경을 극복하는 과정을 통해 성장한다. 해인사를 보면 문화와 예술도 마찬가지라는 생각이 든다. 고려는 몽고군의 침략으로 무참히 짓밟혔고, 유수한 문화유산이 화마에 사라지는 시련을 겪었다. 백성들의 삶이 피폐해졌음은 말로 표현하기 힘들 정도다. 우리 민족은 불력으로 고난을 극복하고자 팔만여 장에 달하는 경판을 제작했다. 민족의 암흑기에 불세출의 명작인 고려대장경판(일명 '팔만대장경')과 장경을 보관하기 위해 장경판전을 탄생시킨 것이다. 그 덕분에 해인사는 유네스코 세계문화유산을 두 가지나 보유한 절이 되었다. 고려대장경판은 유네스코 세계기록유산, 장경판전은 유네스코 세계문화유산에 등재되었다.

전란의 와중에도 고려대장경 사업에 들인 정성은 지극했다. 고려의 대장경은 물론 거란과 북송에서 간행된 경판을 일일이 대조하며 가장 정확한 내용을 담아냈다. 그리하여 현재 동양에 남아 있는 20여 종의 대장경 중에서 가장 완전한 대장경을 만들었다.

Tips
대장경 사업이 대단한 이유

고려시대(918~1392) 동안 불교는 동아시아의 보편 사상이었다. 그렇기에 불교국가라면 어디에나 부처의 가르침이 존재했다. 그럼에도 부처의 가르침을 모아 나무판에 새긴 고려대장경판이 위대한 문화유산이라고 불리는 이유는 무엇일까. 대장경은 불교대총서라 할 만큼 불교에서 매우 중요한 것이다. 고려대장경은 한문으로 번역된 불교 대장경 중에서도 가장 오래되고, 가장 높은 수준의 것이다. 더욱이 대장경판을 제각하는 것은 높은 문화력과 경제력, 강한 정치력이 없으면 만들 수 없는 문화의 산물이다. 고려에서 이런 거대한 작품을 만들었다는것은 그만큼 선진국이었다는 것을 말해준다.

부처의 제자들은 부처의 가르침을 널리 전하기 위해 설법한 내용을 야자나무 잎에 써서 경전으로 남겼다. 이것을 패엽경이라 한다. 불교 경전은 부처의 말씀을 담은 경, 승려가 수행하면서 지켜야 할 규범과 규칙을 적은 율, 경과 율을 해석한 논 등의 삼장으로 구성된다. 삼장에 고승들의 일대기를 적은 전기류, 불교의 역사서와 불경의 목록류, 불교 용어의 음과 뜻을 풀어 놓은 사전류 등 불교의 모든 내용을 집대성한 것에 대장경이란 이름을 붙인다. 대장경이란 불교의 모든 내용을 총망라한 불교대총서라 할 수 있다. 팔만대장경이란 이름은 경판의 장 수가 8만여 판에 이르고, 8만 4000법문을 수록하였기 때문에 붙여진 것이다.

국난 극복을 위해 탄생한 문화적 산물

고려에는 고려대장경을 만들기 이전부터 다른 대장경이 존재했다. 현종 2년(1011) 1월 중국 요나라를 세운 거란족이 침입하자 왕은 나주로 피난해 국력과

고려대장경을 보관하고 있는 해인사

민심을 모아 대장경편을 새겼다. 불경을 기록함으로써 외세의 침략을 막고 나라를 지키자는 의미에서다. 이때 만들어진 것이 초조대장경이다. 초조대장경은 고려 최초의 대장경이자, 중국 북송의 관판대장경에 이어 세계에서 두 번째로 간행한 한역 대장경이다. 그 뒤 선종 7년(1090)에는 대각국사 의천이 요, 송, 일본 등지에서 가져온 경서를 모아 1010부 4740권의 〈신편제종교장총록〉을 작성하였다. 초조대장경의 부족한 점을 보완하기 위해서다. 의천은 〈신편제종교장총록〉 서문에서 이렇게 밝히고 있다.

"불교의 삼장정문은 이미 정리 판각되어 있으나, 그 장소들은 그렇지 못한 게 현실이다. 그 장소들은 가장 중요하면서도 정리 판각되지 못해 분실 될 우려가 많다. 이에 고금의 불교저술들을 널리 수집하여, 일대집록을 만들고 정장의 속편으로서 간행, 후세에 다함이 없도록 보존하고자 한다."

총록이 완성되자 의천은 선종 8년(1091) 흥국사에 교장도감을 설치해 10여 년에 걸쳐 속장경을 간행하였다. 완성된 속장경은 초조대장경과 함께 대구 부인사에 봉안해 두었다. 고려의 장경판본은 고종 19년(1232) 1월 뜻하지 않은 불행을 만났다. 살레탑이 이끄는 몽고군의 침입으로 모두 불에 타 사라지고 만 것이다. 현재 속장경의 일부와 목록이 순천 송광사와 일본 나라현 동대사 등에 47권만 전해지고 있다.

몽고군에 쫓겨 개성에서 강화도로 천도한 고려 왕실은 대몽 항전을 위한 결사의 뜻으로 군·신·민의 염원을 모아 글자 한 자마다 모든 정성을 다해 대장경을 제작하였다. 나라를 일으키기 위해서는 군대를 양성해야 하지만, 그보다 백성들의 마음을 하나로 모으는 것이 더 중요했기 때문이다.

이규보의 문집 〈동국이상국집〉 '대장각판군신기고문'에는 위로 왕에서 아래로 백성에 이르기까지 모두 하나 되어 대장경 간행을 통해 국난을 극복하고자 하는 간절함이 잘 나타나 있다.

"부처님과 제석천왕을 비롯한 삼십삼천의 하늘님과 모든 호법영관님께 비옵나이다. 달단의 환난은 몹시 가혹하나이다. 그들의 잔인하고 흉악한 본성은 말할 것도 없거니와 어리석기가 짐승보다 심하니, 천하에 가장 소중한 불법이 있

는 줄도 모르나이다. 그 더러운 발길이 지나는 곳마다 불상과 경전을 모조리 불살라 버리오매, 부인사에 모셔두었던 대장경판본도 불타고 말았습니다. (중략) 저희들의 지극한 소원을 살피시고 신통한 묘력을 내려주옵소서. 모진 오랑캐로 하여금 더러운 발길을 돌려 멀리 달아나게 하고 다시는 우리 국경을 범치 못하게 하여주시옵소서. 전쟁이 쉬어 온 나라가 화평하고 모후와 태자의 목숨이 오래가며 나라의 운이 길이 만세에 태평케 하시오면, 저희들이 정성을 다해 불법을 두둔하고 보호하며 부처님 은혜를 조금이라도 보답하려 합니다. 저희들의 간곡한 소원을 굽어 살피옵소서."

16년에 걸쳐 고려대장경판을 제작하다

고종 23년(1236) 10월부터 무려 16년이라는 오랜 기간을 거쳐 고려대장경판

을 간행하였다. 강화도에 대장도감을 설치하고, 진주에 분사대장도감을 둬 대
장경 새기는 일을 진행했다. 본사를 강화도에 둔 것은 왕이 병화를 피해 이곳
으로 천도했기 때문이다. 진주에 분사를 둔 것은 경판의 제작에 사용된 목재가
거제도 등지에 많이 자생했기 때문이다.

나무를 베서 판을 만드는 일은 목수가 담당했다. 대장경판 제작에 사용된 목
재에 대해서는 의견이 분분하다. 종래에는 백화목으로 거제도 등지에서 생산
되는 자작나무를 사용했다는 의견이 지배적이었다. 백화목은 재질이 단단해서
부패와 병충해에 강한 수종이어서다. 그러나 나무학자들이 경판의 조직을 전
자현미경으로 살펴봤더니 산벚나무나 돌배나무가 대부분이라는 의견을 제시
했다. 이들 나무는 잘랐을 때 표면이 매끈하고 먹이 잘 묻어서 인쇄를 하기 좋
다. 현재는 재료로 쓸 만큼 흔하지 않았던 자작나무로 만들었다는 주장보다 구

자연 변화를 치밀하게 계산해서 설계한 장경판전

하기 쉽고 인쇄하기도 좋은 산벚나무 등을 재료로 했다는 의견이 지배적이다.

베어낸 나무는 바닷물에 삼 년 동안 담근 다음, 소금물에 삶아서 그늘에서 말린다. 나무가 뒤틀리거나 터지는 것을 방지하고, 해충의 피해도 막기 위해서다. 소금물에 삶게 되면 나뭇결이 부드러워져 글자를 새기기가 훨씬 수월하다. 잘 마른 나무는 판자 형태로 자르고, 판의 양끝에는 마구리를 대었다. 마구리는 뒤틀림을 방지하고, 판면이 손상되지 않고 공기 소통이 잘되도록 하기 위함이다.

판이 만들어지면 글자를 새긴다. 글자를 새기려면 먼저 대장경의 내용을 확인해야 한다. 논산 개태사의 주지인 수기 스님이 내용의 교정과 판각을 총지휘했다. 수기는 고려의 초조대장경, 거란본, 북송관판 등의 내용과 대조해 오자와 탈자, 빠져 있는 내용 등을 꼼꼼히 교정해 가장 정확한 내용을 담았다. 경전

고려대장경의 보관 모습

의 내용이 틀리지 않았는지 확인하기 위한 작업에 불교 경전에 밝은 학승들이 대거 참여했다.

내용이 정리되면 종이에 대장경을 옮겨 적어야 한다. 수백에 달하는 사경승(절에서 불경을 옮겨 쓰는 스님)이 경판에 붙여서 인쇄할 내용을 쓴 판하본을 만들었다. 써야 하는 글자 수가 워낙 많아서 불경을 옮겨 쓰는 작업에 연인원 5만 명 가량이 필요했다고 한다. 사경승들의 솜씨가 너무 뛰어나서 여러 명이 중국의 구양순체로 옮겨 적었는데도 마치 한 사람이 쓴 것 같다.

이제 본격적으로 글씨를 새길 차례다. 원고를 판에 붙여 한 글자 파고 한번 절하는 식으로 5천 2백만 번 이상을 했다. 하루에 한 사람이 새길 수 있는 글자 수가 보통 40자 내외라고 하니 경판 새기는 일에 엄청난 인원이 동원되었으리

Tips
해인사는
삼보사찰 중 법보사찰

삼보란 산스크리어로 tri-ratna, '3개의 보석'이라는 뜻이다. '3귀의처'라고도 하는데 불교의 교리를 구성하는 세 가지 요소를 말한다. 삼보는 부처(불), 부처의 말씀(법), 가르침에 따르는 수행자 집단(승)으로 이루어진다. 해인사는 '부처님의 말씀'인 법을 모시고 있는 법보사찰이다. 법은 곧 해인사의 사격을 상징하는 것이다. 부처의 진신사리를 봉안하고 있는 통도사는 불보사찰, 고려에서 조선초기까지 16명의 국사를 배출한 송광사는 승보사찰이라는 이름을 얻었다.

고려대장경 이운 행렬 재현

라는 것은 쉽게 짐작이 간다. 글자를 다 새기고 나면 틀린 글자나 빠진 글자는 없는지 확인을 위해 인쇄를 한다. 잘못된 글자가 있다면 해당 글자를 파내고 새로 글자를 새긴 나무를 붙여서 고쳤다.

완성된 경판에는 마지막으로 옻칠을 한다. 옻칠을 하는 이유는 경판에 벌레가 먹지 않게 하고 보존 상태를 좋게 하기 위해서다. 이런 과정을 거쳐 만들어진 경판은 평균 길이 24cm, 너비 70cm, 두께 2.8cm, 무게 3.25kg이다. 글자를 쓴 판면은 평균 길이 22cm, 너비 54cm이다. 각 판마다 아래위로 경계선을 마련하고 한 행에 14자씩 한 면에 23행, 양면으로 모두 644자의 글씨를 새겼다. 경판의 뒷면에는 불경의 이름과 권차, 장차, 천자문 순서대로 함호를 새기고 좌우 마구리에도 동일한 표시를 남겼다. 이렇게 만들어진 고려대장경판은 현재 8만 1258판 1511부 6802권에 이르며 해인사 장경판전에 봉안되어 있다.

언제 강화도에서 해인사로 옮겨졌나

고려대장경판과 관련해 궁금증을 불러일으키는 것이 과연 전란 중에 강화도에서 대장경판을 제작할 수 있었겠느냐 하는 점이다. 그래서 일부 학자들 사이에서는 진주에 분사를 둔 점이나 남쪽 지방의 산벚나무 등을 재료로 한 점을 들어 강화도가 아닌 남부지방에서 제작되었고, 후에 해인사로 옮겨졌다는 주장이 제기되기도 한다.

일반적인 학설은 강화도성 서문 밖에 있던 대장경판당에서 보관하다가 강화도 내 선원사로 옮겨졌고, 다시 조선 태조 7년(1398) 해인사로 옮겨졌다는 것이다. 하지만 언제 강화도에서 해인사로 옮겨졌는지는 정확하게 밝혀지지 않고 있다. 옮긴 시기에 대해서는 여러 가지 설이 있다.

Tips 고려대장경판 제작에 몇 그루의 나무가 사용되었을까?

대장경판은 평균 너비가 24cm이다. 나무를 통으로 베에 대고 그것을 잘라서 판자로 만들어야 하니 굵기가 적어도 30cm는 되어야 한 장을 만들 수 있다. 그런데 이럴 경우 너무 많은 나무를 필요로 하게 되니 지름이 50~60cm 정도는 되어야 한다. 지름 50~60cm의 통나무를 잘랐을 때 만들 수 있는 경판은 6~8장이라고 한다. 이를 기준으로 계산해 보면 8만 장이 넘는 대장경판을 만들기 위해서는 1만~1만 5천 그루를 사용했을 것으로 추정된다.

먼저 고려 말에 옮겼다는 설이다. 이것은 고려 삼은의 한 사람인 이숭인의 〈여흥군신륵사대장각기〉와 〈수암장로인장경우해인사헌증시〉에 근거한 주장이다. 〈여흥군신륵사대장각기〉에는 고려 말에 이색이 돌아가신 아버지의 유지에 따라 고려 우왕 7년(1381) 나옹선사 제자들의 도움으로 대장경을 인출해 신륵사에 봉안했다고 적고 있다. 어디에서 인출했는지에 대해서는 수암장로가 해인사에서 대장경을 인출했다고 〈수암장로인장경우해인사헌증시〉에서 밝히고 있다. 이숭인의 기록으로 볼 때 고려 말에 고려대장경판은 해인사에 보관되어 있었다는 것이다.

둘째는 조선 초에 옮겼다는 설이다. 해인사에 있는 조선 태조 2년(1393) 인경 발문의 발원 명부에 적혀 있는 지방관료의 관직명 대부분이 해인사 부근 지방관료들의 것이라는 점이 주장의 근거다. 강화도 선원사 승려에 대한 기록은 없고 해인사 주지 경남을 명기한 점으로 봐서 해인사에서 인출한 것이라고 추정하는 것이다. 하지만 지방관료 명단 중에는 전라, 양광 안찰사, 경기좌도 등의

대적광전으로 드는 해탈문과 장경판전의 측면 모습

해인사 범종각

관직명과 이름도 있어 해인사에서 인출했다고 볼 수 없다는 주장도 있다.

세 번째는 〈석화엄교분기원통초〉 기록에 의해 조선 태조 6년(1397)에 옮겨졌다는 정축년 출륙설이고, 네 번째는 〈조선왕조실록〉에 태조 7년(1398) 5월 10일 왕이 친히 용산강 부두에 나가 경판을 영접하고 12일 지천사에 봉안했다는 기록과 정종 1년(1399) 1월에 태상왕이 해인사 경판을 인출했다는 기록에 근거한 태조 7년 출륙설이다.

장경판전에 숨어 있는 과학

오늘날 고려대장경판의 가치가 빛을 발할 수 있었던 데에는 장경판전의 역할이 크다. 고려대장경판이 오랜 세월 동안 변하지 않고 제대로 보존되어 전해질 수 있었던 이유가 장경판전이 있었기 때문이다. 해인사 가장 깊숙한 곳에 들어서 있는 장경판전은 네 채의 건물로 이루어진 평범한 건물이지만, 그 안에는 치밀한 계산을 통해 자연의 변화를 계산한 조상들의 지혜와 솜씨가 담겨 있다.

장경판전이 언제, 누구에 의해 건립되었는지는 알려져 있지 않다. 다만 조선 태조 7년(1398) 대장경판을 강화도에서 해인사로 옮겨올 때 창건한 것으로 추정한다. 세조 3년(1457) 왕의 명으로 장경판전 40여 칸을 중창하고, 성종 19년(1488) 인수왕비와 인혜왕비가 정희왕후 윤씨의 뜻을 받들어 학조 대사로 하여금 30칸의 장경판전을 중건한 뒤 '보안당'이라 했다. 현재의 장경판전은 학조 대사가 중건한 것이다.

장경판전은 직사각형 모양의 'ㅁ'자 구조를 하고 있다. 같은 양식과 규모로 지어진 두 동의 건물이 남북으로 나란히 놓이고, 양쪽 끝 사이에 작은 건물이 배치되어 있다. 남쪽의 건물인 수다라장과 북쪽의 건물인 법보전은 고려대장경판을 보관하는 곳으로 각각 정면 15칸, 측면 2칸이다. 두 건물 양쪽 끝의 건물은 고려각판을 보관하고 있는 사간고다. 고려각판은 대장경판과 함께 한국 불교사 연구와 고려시대 판각기술을 알 수 있는 귀중한 자료로 '고려대장경판 및 제경판'으로 유네스코 세계기록유산에 등재되었다.

장경판전은 눈으로 보기에는 평범한 건물에 지나지 않지만 자연을 활용한 과학적, 기술적 원리가 뛰어나다. 과학적 지식은 자연 환경을 최대한 활용하는 데서 비롯된다. 건물은 통풍과 온도, 습도가 자연적으로 조절되는 입지 조건을 갖췄다.

장경판전은 해발 1430m인 가야산 주봉을 등에 지고 서남향으로 지어졌다. 한국의 대부분 건물이 정남향으로 들어선 것에 비추어 본다면 이상할 수도 있다. 그러나 해인사 주변에 부는 대부분의 바람은 동남풍이다. 건물을 서남향으로 함으로써 동남쪽에서 불어오는 바람을 정면에서 맞지 않고 장경판전을 비껴서 옆으로 스쳐 지나게 만들었다.

서남향을 한 것은 건물의 일조와도 무관하지 않다. 대장경판을 온전하게 보관하기 위해서는 건물 주변에 고정된 그림자가 생기지 않고, 모든 방향에서 태양빛이 들어오도록 하는 것이 중요하다. 이 조건에 들어맞는 방향이 서남향이다. 건물 안 구석구석에 빛이 들어오게 하여 실내의 온도와 습도를 적절하게 유지하는 것이다. 또 가야산 중턱 해발 655m 높이에 위치해 산 아래에서 불어오는 습한 공기를 어느 정도 건조하게 하는 조건도 갖추고 있다.

고려대장경판의 변형을 방지하기 위해서는 실내의 기후 조건을 맞추는 것이 제일 중요하다. 건물 내부에서 공기의 흐름이 상하좌우로 원활해야 하고, 계절이나 밤낮에 상관없이 온도와 습도가 항상 일정해야 한다. 통풍이 잘돼야 하는 것은 기본이다. 이러한 조건을 유지하기 위해 사면의 벽에 아래위로 여러 개의 창을 설치했다. 정면 위에는 작은 창을, 아래에는 큰 창을 두고, 뒷면 위에는 큰 창을, 아래에는 작은 창을 두었다. 이렇게 앞면과 뒷면에 창을 반대로 낸 이유는 무엇일까. 산 아래에서 올라오는 습한 공기는 큰 창을 아래에 둬서 차단하고, 산 위에서 내려오는 건조한 공기는 큰 창으로 실내에 들어오게 해 공기가 장경판전 안을 한 바퀴 돌아서 니가도록 한 것이다. 장경판전의 창은 인공

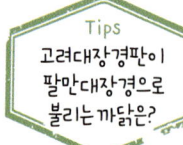

Tips 고려대장경판이 팔만대장경으로 불리는 까닭은?

고려대장경판은 현재 동양에 남아 있는 20여 종의 대장경 중에서 가장 완전한 것이다. 고려시대에 제작되었기 때문에 '고려대장경', 제작한 경판의 장 수가 8만여 판에 달하고 8만 4000법문을 수록하였다 해서 '팔만대장경'이라고도 한다. 고려 현종 때 새긴 초조대장경판이 몽고의 침입으로 불타 없어진 뒤 다시 대장경을 새겼다 해서 '재조대장경판'이라고도 한다.

적으로 만들기는 했지만 자연의 조건을 최대한 고려해 자연적으로 실내에 일정한 공기의 흐름이 있도록 조절하고 있다.

장경판전 안의 흙바닥에도 과학이 숨어 있다. 숯, 횟가루, 소금, 모래를 차례로 놓아 바닥을 다졌다. 이렇게 만들어진 바닥은 습도가 높을 때는 습기를 흡수하고, 건조할 때는 습기를 내뿜어 실내의 습도를 조절한다.

고려대장경판을 놓아 둔 진열대도 과학적이고 합리적인 구조를 하고 있다. 실내에 5단으로 된 진열대가 가운데와 뒤쪽에는 벽과 평행을 이루며 두 줄로 길게 놓여 있다. 앞쪽에는 충분한 공간을 두고 창과 창 사이에 세로로 짧게 놓여 있다. 앞쪽에 확보한 공간은 인경작업을 위한 것으로 아래의 넓은 창을 통해 충분한 채광을 얻을 수 있다. 무엇보다 중요한 것은 진열대를 T자 모양으로 설치함으로써 통풍이 원활하게 이루어지도록 했다는 점이다. 정면 아래의 넓은 창을 통해 들어온 공기가 바로 밖으로 빠져나가지 않고, 길게 놓인 진열대에 부딪혀 사방으로 뻗쳐서 실내를 돌다 뒷면 위의 넓은 창과 아래의 작은 창을 통해 나가게 된다. 이는 뒷면에서 공기가 유입될 경우에도 마찬가지다.

진열대에 보관된 고려대장경판은 양 끝에 각목으로 덮어 끼운 마구리를 대었다. 마구리는 경판의 손잡이 역할은 물론 판목의 뒤틀림을 방지하고, 경판과 경판이 서로 닿지 않게 하여 판면의 손상을 막아주는 역할을 한다. 또 한 가지 중요한 역할을 하는데, 바로 통풍의 기능이다. 진열대에 대장경판을 쌓으면 마구리보다 얇은 경판과 경판 사이에는 공간이 생기게 된다. 이 사이로 실내에 유입된 공기가 흐르게 되는 것이다. 그렇기 때문에 실내에서는 위와 아래의 온도차가 거의 없게 된다.

장경판전의 이러한 구조 때문에 건물 내부는 공기가 끊임없이 들어오고, 들어온 공기는 구석구석까지 유통되어 온도와 습도를 자연스럽게 유지하며 고려대장경판의 변형을 최소화한다.

해인사

신라 애장왕 3년(802) 순응이 불사를 일으키고 이정이 완공했다. 해인사는 〈화엄경〉의 '해인삼매'에서 유래한 것이다. 해인삼매는 있는 그대로의 세계를 한없이 깊고 넓은 바다에 비유해 거친 파도 곧 중생의 번뇌가 비로소 멈출때 우주의 갖가지 참된 모습이 그대로 물속에 비치는 경지를 말한다. 화엄의 사상을 천명하려는 의도로 지어진 것이다. 고려시대에는 국찰이 되어 해동 제일의 사찰로 발전하였다. 조선시대에 억불정책이 심할 때는 전국에 36개의 사찰만을 남겨두기도 했었는데, 해인사는 18개 교종 사찰 중의 하나로 남아 있었다. 고려대장경을 봉안하고 있는 법보사찰이자 조계종의 종합수도도량으로 자리 잡고 있다.

Open 고려대장경 관람시간 하절기 08:30~18:00 동절기 08:30~17:00 **Cost** 어른 3000원 청소년 1500원 어린이 700원
Tel 055-934-3000 **Web** www.haeinsa.or.kr

해인사 장경판전

국보 제52호

고려대장경을 보관하기 위해 지어진 건물. 조선 태조 7년(1398) 대장경판을 강화도에서 해인 사로 옮겨올 때 창건한 것으로 추정한다. 건축된 지 600년이 훨씬 지났어도 건물 자체의 기 둥 하나 기울어지지 않았음은 물론, 경판의 진열, 통풍, 방습, 인경 작업의 편의 등을 완벽하 게 고려한 과학적 지식을 바탕으로 건립되어 고려대장경을 완전하게 보존하고 있다.

해인사 대장경판

국보 제32호

고려 고종 19년(1232) 몽고의 침략으로 이전에 간행되 었던 초조대장경 등이 모두 불에 타 사라지자 1236년 부터 16년의 기간 동안 새롭게 간행한 대장경. 경판의 장 수가 8만여 판에 이르고, 8만 4000법문을 수록하 였기 때문에 팔만대장경이라 부르기도 한다. 경판은 평균 길이 24cm, 너비 70cm, 두께 2.8cm이며, 각 판 마다 아래위로 경계선을 마련하고 한 행에 14자씩 한 면에 23행, 양면으로 모두 644자의 글씨를 새겼다.

가볼 만한 곳 해인사

✚ **홍류동계곡** 가야산국립공원 입구에서 해인 사까지 4km의 계곡. 가을 단풍이 너무 붉어 물이 붉게 보인다 해서 홍류동계곡이라 한다. 주위의 송림 사이로 흐르는 물이 기암괴석에 부딪히는 소리는 고운 최치원의 귀를 먹게 했다 한다. 계곡 내 최고 명소는 최치원이 수도한 장소로 알려진 농산정이다. 최치원이 갓과 신만 남겨 놓고 신선이 되었다는 전설이 전해지는 곳이기도 하다. 농산정은 최치원 당시에는 없던 것으로 훗날 유림들이 그의 학문과 공덕을 추모해 정자를 세우고 농산정이라 명명하였다. 정자 옆에는 최치원이 시를 새겨 놓은 큰 바위와 '고운 최선생둔적지'라고 새긴 비석이 서 있다. 홍류동계곡은 가을 드라이브 코스로 인기가 높으며, 학사딩, 낙화남 등의 정자와 연못, 기암들이 즐비하다.

✚ **청량사** 해인사의 말사인 청량사는 호젓한 사찰을 즐겨 찾는 여행자에게 좋은 장소다. 산 중턱에 위치해 가파른 산길을 따라 올라가야 하는 번거로움이 있지만 아침나절의 안개가 경내 곳곳에 스며들면 사찰의 고즈넉함은 더욱 빛을 발한다. 창건에 관한 기록이 남아 있지 않아 언제 창건되었는지 정확하게 알 수는 없다. 그러나 김부식의 〈삼국사기〉에 신라 말기의 문장가 최치원이 이곳에서 즐겨 놀았다는 것으로 보아 그 이전에 창건되었음을 짐작할 수 있다. 전해 내려오는 말에 의하면 해인사보다 앞서 창건되었다는 설도 있다. 청량사석등(보물 제253호), 청량사석조석가여래좌상(보물 제265호), 청량사삼층석탑(보물 제266호) 등의 문화재가 있다.

✚ **합천영상테마파크** 합천읍에서 합천댐 관광지 방면으로 15분 정도 이동하면 영화와 드라마의 생생한 느낌이 전해지는 영상테마파크를 만날 수 있다. 장동건, 원빈 주연의 영화 '태극기 휘날리며'의 평양시가지 전투 장면을 촬영하면서 외부에 알려지기 시작했다. 이후 드라마 '서울1945', 영화 '포화속으로' '바람의 파이터' '만남의 광장' 등 수많은 영상물의 배경장소로 등장해 관광객의 발길이 잦은 명소가 되었다. 서울역, 조선총독부, 반도호텔 등 1930년에서 1980년대의 서울을 그대로 재현해 놓아 타임머신을 타고 과거로 온 듯한 착각을 일으킨다.

※ **Open** 하절기 09:00~18:00 동절기 09:00~17:00 **Cost** 어른 3000원 어린이 2000원 **Tel** 055-930-3744

✚ **합천호** 합천호를 따라 산길을 굽이굽이 돌며 호수의 전망을 감상할 수 있는 최고의 드라이브 코스다. 봄철 벚꽃이 만개할 때 병풍처럼 이어진 능선과 호반이 어우러진 100리 벚꽃길은 한 폭의 동양화를 보는 것 같다. 마치 무릉도원으로 드는 관문인 듯하다. 벚꽃이 화려함을 보여준다면 이른 아침 피어오르는 물안개는 몽환적 느낌을 뿜어내며 호수에 신비함을 더한다.

✚ **합천박물관** 합천군 옥전 지역은 고대 다라국이 있었던 곳이다. 다라국은 대가야연맹체의 여러 국가 중 하나다. 고령 대가야에 버금가는 힘을 가졌던 나라로서 당당한 독자성을 유지하면서 가야제국 세력의 한 축을 담당했다. 400년 전후 옥전 지역에는 갑주를 비롯한 무기와 마구, 장신구 등의 금속 유물이 갑자기 나타난다. 이러한 금속 유물의 원류는 고구려지만 토기와 묘제의 양상을 보면 부산·김해 지역에서 정착된 문화가 이 지역으로 들어온 것으로 보인다. 4세기대부터 산발적으로 영남지역에 유입된 고구려로 대표되는 북방문물이 경주나 김해·부산 지역에 어느 정도 정착된 상태에서 전개된 고구려의 대규모 군사행동은 고구려 문화가 본격적으로 유입됨과 동시에 경주와 김해·부산 지역에 격심한 정치·사회적인 충격을 초래하였다. 이러한 혼란의 와중에 이 지역 주민의 한 갈래가 옥전 지역에 들어와 정착하면서 다라국의 역사가 시작되었다.
합천박물관은 다라국 지배자 묘역으로 알려진 옥전고분군의 유물 중 사료적 가치가 높은 용봉문양고리자루큰칼과 금제귀걸이를 비롯한 각종 장신구, 철류, 토기류 등 다라국의 역사와 문화를 알 수 있는 유물 350여 점을 전시하고 있다.
※ **Open** 09:00~18:00(매주 월요일 휴관) **Cost** 무료
Tel 055-930-4882 **Web** mus.hc.go.kr

✚ **가는 길**
광주와 대구를 잇는 88고속도로를 이용한다. 해인사 IC에서 빠져나와 1033번 지방도로를 따라 가야면 방향으로 직진한다. 읍에서 해인사 이정표를 보고 우회전한다. 해인사 가는 길에 홍류동계곡이 펼쳐져 드라이브하는 묘미를 느끼게 한다.

✚ **맛집**
삼일식당
해인사 입구 사하촌에는 산채를 하는 식당이 많다. 재료도 맛도 비슷해서 선뜻 한 곳을 선택하기 어렵다. 그럴 때 해인사 스님 지정 산채식당으로 명성을 얻고 있는 삼일식당으로 가자. 스무 가지가 넘는 밑반찬과 갈치구이가 곁들여지는 정식이 보기에도 정갈하고 먹음직스럽다. 마늘을 많이 사용하지 않아 음식 맛이 담백하다.
위치 해인사 입구 치인집단시설지구 내
영업시간 09:00~21:00
전화 055-932-7254
가격 산채정식 1만~1만2000원
　　　송이정식 1만5000원

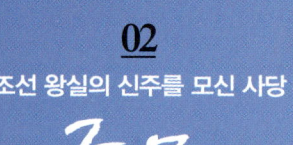

02

조선 왕실의 신주를 모신 사당

Info 문화유산 정보

등재시기 1995년 12월

등재이유 ① 제왕을 기리는 유교사당의 표본으로서 16세기 이래로 원형이 보존되고 있다.

② 세계적으로 유례를 찾아볼 수 없는 희귀한 건축양식이다.

③ 종묘에서는 의례와 음악과 무용이 잘 조화된 전통의식과 행사가 이어지고 있다.

종묘라는 말을 가장 많이 듣는 경우가 사극에서 왕이나 신하들이 "종묘사직이 위태롭다"고 할 때다. '종묘사직'에서 종묘는 역대 왕과 왕비의 신주를 봉안한 사당을, 사직은 땅과 곡식의 신에게 풍년을 비는 제단을 말한다.

때론 너무 가까이에 있어 그 존재의 소중함이나 가치를 제대로 모르고 지나치는 경우가 종종 있다. 서울에 사는 사람들에게 종묘가 그런 존재가 아닌가 생각된다. 무관심 속에 지나는 사람들의 눈에는 나무가 우거진 숲은 도심 속 공원 같기도 하고, 높다란 담장과 오래된 기와 건물이 있는 걸로 봐서는 왕족이 살던 고택 같기도 하다.

경복궁, 창덕궁 등 궁궐은 왕이 기거하는 삶의 공간이자 신하들과 국가 정치를 논하던 장소이기에 그 소중함을 잘 알고 있다. 그게 아니라도 TV 사극에 배경으로 종종 등장해 우리에게 너무나 익숙하다. 반면 종묘는 다르다. TV 사극에도 잘 나오지 않고, 명절 때 고궁 나들이하는 사람들의 표정을 담은 뉴스에서도 볼 수 없다. 그렇다고 종묘를 대수롭지 않은 장소로 생각하면 큰일이다. 조선 왕실에서 궁궐보다 더 소중하고 중요한 공간을 꼽으라면 바로 종묘를 들 수 있다. 중요한 곳이었기에 태조 이성계는 한양을 새 왕조의 도읍지로 정하고, 경복궁을 건설하기 전에 왕실 조상의 사당인 종묘를 먼저 세웠다.

조선은 성리학을 정치의 근본으로 삼았던 국가였다. 유교에서는 사람이 죽으면 영혼과 육체가 분리되어 영혼은 하늘로 올리가고 육체는 땅으로 돌아간다고 한다. 왕과 왕비가 죽으면 몸은 땅에 묻히지만, 혼은 종묘에 모셨다. 선대의 왕과 왕비가 보살펴줘야 나라가 융성해지고 백성들이 잘 살 수 있다고 믿었기에 궁궐을 짓는 일보다 조상을 모시는 일이 더 중요해서 종묘를 경복궁보다 먼저 지었다.

경복궁 왼쪽에 종묘, 오른쪽에 사직을 세우라

조선은 태조 3년(1394) 8월 13일 한양을 새로운 도읍지로 결정하고 10월 25일 천도를 단행했다. 한양 천도 후 먼저 종묘를 세웠다. 〈조선왕조실록〉 태조 3년 11월 3일 도평의사사에서 장신(관아에서 임금에게 서면으로 알리는 것)한 내용에 종묘를 세울 것을 종용하는 내용이 담겨 있다.

"종묘는 조종을 봉안하여 효성과 공경을 높이는 것이요, 궁궐은 국가의 존엄성을 보이고 정령을 내는 것이며, 성곽은 안팎을 엄하게 하고 나라를 굳게 지키려는 것으로, 나라를 가진 사람들이 제일 먼저 해야 하는 것입니다. 삼가 바라옵건대, 전하께서는 천명을 받아 국통을 개시하고 여론을 따라 한양으로 서울을 정하였으니, 만세에 한없는 왕업의 기초는 실로 여기에서부터 시작되는 것입니다. 그러나 아직 종묘를 세우지 못하고 궁궐을 짓지 못했으며 성곽도 쌓지 못하였습니다. 이것은 서울을 존중하고 나라의 근본을 무겁게 한 것이 아니라 하겠습니다. 전하께서 비록 백성들을 소중히 여기고 공사를 일으키려고 하지 않으나, 이 세 가지는 하지 않을 수 없는 일이니, 담당한 관청에 명령하여 공사를 독촉하여서 종묘와 궁궐을 짓고 성곽을 쌓아서 효성과 공경을 조종에게 바치고, 신하와 백성들에게 존엄성을 보여야 합니다. 또 국가의 세력을 길이 굳건하도록 해야 한 나라의 규모가 짜이고 만세에 길이 전할 계책이 서게 될 것입니다. 삼가 아뢰옵건대, 전하께서는 이를 행하시도록 하소서."

태조는 도평의사사의 건의에 따라 종묘를 가장 먼저 세우고, 궁궐을 지은 후 성곽을 쌓았다. 종묘는 그해 12월 4일 중추원부사 최원이 공사를 시작해 이듬해인 태조 4년(1395) 9월에 완성했다. 태조는 종묘를 세우고 자신의 4대조(목조·익조·탁조·환조)를 모셨다.

종묘제도는 우리나라 고유의 제도는 아니다. 중국 우나라에서 처음 시작됐다. 우리나라에는 고구려 제18대 고국양왕 9년(392)에 처음으로 기록에 나타나고, 신라와 고려에서도 종묘제도를 따랐다. 조선 초기에는 '천자는 칠묘를 세우고 제후는 오묘를 세운다'는 원칙 아래 오묘제를 따랐던 것으로 보인다. 오묘제도란 종묘에 5개의 신실을 두는 것이다. 즉 5대조까지 신주를 봉안한다는 말이다.

중국의 제도를 차용했지만 우리의 종묘는 중국의 종묘제도와는 크게 다르다. '조선의 종묘'라는 새로운 건축형식이 적용되었는데, 이는 태종 때의 일이다. 〈조선왕조실록〉에는 태종 10년(1410) 왕이 종묘에 나가 비를 피할 데를 지을 곳을 살펴보고는 "동서 이방 앞뜰에 10척의 보첨(비바람을 가리기 위하여 설치하는 것)을 달아서 제사를 행하는 날에 비나 눈을 만나면 나와 향관은 동쪽에 있고, 악관은 서쪽에, 여러 집사관은 묘실의 기둥 밖에 있으면 된다. 이렇게 하면 제사에 참여하는 사람이 모두 용의(몸을 가지는 태도)를 잃는 일이 없어 거의 성경(정성을 다해 공경함)을 다할 것이다."라고 하여 배위하는 공간으로 동서 월랑(건물 앞이나 좌우에 지은 줄행랑)을 지어 건축형식을 완성했다고 적고 있다.

이에 대해 왕명의 하달을 맡은 관직인 대언 김여지가 "동서 이방에 허청을 짓는 것은 종묘제도가 아닙니다. 후일 상국의 사신이 보게 되면 어떻다 하겠습니까?" 하니 태종은 "사신이 무엇 때문에 종묘에 오겠느냐? 혹시 본다 하더라도 조선의 법이 이러한가보다 하겠지. 어찌 비난하고 웃겠느냐?"고 답했다.

현재의 종묘는 신주를 모신 건물과 그 양끝에서 직각으로 꺾여 앞으로 나온 동서 월랑으로 구성돼 있다. 마치 월랑이 양편에서 호위하고 있는 모습이다. 이는 중국과는 다른 조선만의 독특한 종묘 건축형식이다.

태종 때 정비된 종묘는 세종 때에 정전과 영녕전이 병행하게 되었다. 세종이 즉위하고 난 후 1419년(세종 1) 정종이 승하하자 문제가 발생했다. 정종의 신주를 종묘에 모셔야 하는데 이미 태조와 그 4대조의 신주로 5개의 신실이 다 채워진 것이다. 정종의 신주를 새로 모시면 목조의 신주는 종묘에서 빼야 했던

정전 증축의 흔적이 고스란히 담긴 벽

장엄한 분위기가 풍기는 정전 회랑

것이다. 그렇다고 목조의 신주를 빼 땅에 묻는 것은 생각할 수도 없는 일이었다.

세종 3년(1421) 8월 5일 예조에서 "송나라 국조의 태묘가 4실인데, 태조가 승부되어 5실이 되었습니다. 당나라 제도에 의하면 '동·서쪽으로 협실을 만들고, 나머지 열 칸으로 오실을 만들어, 실마다 두 칸이 되게 하라.' 하였습니다. 〈문헌통고〉 제후묘제에 '송나라 노공 문언박의 묘제에는 당은 하나고 양편으로 익랑(대문의 좌우 양편에 이어서 지은 행랑)을 붙인다' 하였으니, 우리나라 별묘에는 정전 네 칸을 세우고, 동·서로 각각 협실 한 칸씩을 지을 것이요, 그 나머지 담이나 섬돌 같은 것은 종묘와 같게 하소서." 하는 계를 올리니 그대로 따랐다.

같은 해 10월에 정전 서쪽 바깥에 별묘를 세우고 목조의 신주를 옮길 것을 결정하니, 별묘가 바로 영녕전이다. 영녕전은 '조종과 자손이 함께 길이 평안하라'는 뜻을 갖고 있으며, 정전에서 신주를 옮겨와 모셨다고 해서 '조묘'라고도 한다. 이렇게 하여 조선의 종묘건축은 종묘(정전)와 별묘(영녕전)를 두는 형태로 정착했다. 지금은 정전과 영녕전을 합해서 종묘라고 하지만, 원래 종묘의 의미는 정전만을 가리키는 것이었다. 정전은 영녕전과 구분하기 위해 후대에 붙인 이름이다.

후대로 가면서 모셔야 할 신주가 늘어나자 신실을 하나씩 늘려가면서 왕과 왕비의 혼을 봉안했다. 정전은 19실에 19명의 왕과 30명의 왕비가 모셔지고, 영녕전은 16실에 15명의 왕과 17명의 왕비, 조선의 마지막 황태자 영친왕 부부가 모셔져 있다.

Tips
"폐하, 종묘사직을 지키시옵소서."

종묘라는 말을 가장 많이 듣는 경우가 사극에서 왕이나 신하들이 "종묘사직이 위태롭다"고 할 때다. '종묘사직'에서 종묘는 역대 왕과 왕비의 신주를 봉안한 사당을, 사직은 땅과 곡식의 신에게 풍년을 비는 제단을 말한다. 신주란 죽은 사람의 혼이 머무는 나무패다. '신주를 만드는 것은 신으로 하여금 의지할 곳이 있게 하는 것'이라 한다. 제사를 지내기 위해서는 신주가 반드시 필요하고, 신주를 모시려면 사당인 묘가 있어야 한다. 죽은 조상의 혼을 신주로 받들어 제례를 올리며 후손들의 정신적 지주로 삼았던 유교에서는 매우 중요한 일이었다. 그러므로 종묘와 사직은 나라를 지탱하는 근간이자 안녕과 번영을 비는 가장 신성한 공간이다. '종묘사직'을 버린다는 것은 곧 나라가 망하도록 내버려둔다는 의미로 해석된다.

조선 중기 이후부터는 치적이 많은 왕은 7대가 지나도 정전에 그대로 모셨고, 영녕전에는 일찍 세상을 뜬 왕이나 왕이 될 수 있는 자격이 있었지만 되지 못한 사람, 단종처럼 왕위에서 쫓겨난 왕들이 모셔져 있다.

경건함이 느껴지는 건물배치

종묘에 입장하기 위해서는 정문인 외대문을 통과해야 한다. 조선시대에는 왕조가 번창하기를 바라는 마음에서 '창엽문'이라고도 했다. 정도전이 직접 썼다는 현판이 걸려 있었다고 하는데 지금은 전하지 않는다. 남향으로 난 정문은 세 칸의 평삼문이다. 궁궐의 정문에 비해 화려하지도 않고 복잡하지도 않다. 나라의 제사를 지내는 장소인 만큼 경건하게 하기 위해서다. 문 좌우에는 종묘 외곽을 두르는 담장이 연결되어 있다. 원래 중앙의 계단으로 오르내리게 되어 있었는데, 일제강점기 때 도로를 만들면서 도로면이 높아지자 땅에 묻혀버렸다. 지금은 단벌의 장대석 기단만 남아 있다.

정전 앞 월대와 계단과 외대문에서 정전으로 이어지는 삼도

외대문을 들어서면 거친 박석이 박힌 삼도가 길게 뻗어 있다. 삼도는 돌의 높낮이가 서로 다르다. 가운데가 가장 높은데, 신향로라 해서 신주를 종묘에 모시거나 제사를 위해 향축폐(향·축문·예물)를 들여올 때 사용한다. 동쪽 길은 왕이 다니는 어로, 서쪽 길은 세자로다. 신향로는 정전 신문을 통해 월대로 난 신로에 이어지고, 어로와 세자로는 재궁에 닿는다.

삼도에서 오른쪽으로 보이는 첫 번째 건물이 망묘루다. 그 뒤로 공민왕 신당, 향대청이 연결된다. 망묘루는 제향 때 왕이 머물면서 '선왕과 종묘사직을 생각한다'는 뜻의 건물이다. 왕은 이곳에서 축문을 쓰거나 마음을 정갈히 하며 밤을 지새기도 했다. 관청의 역할도 했는데, 정전에 관한 기록을 보관하는 자료실이나 왕이 쓴 글을 보관하는 보존소 등으로 사용되었다. 건물 중 한 칸이 누마루로 되어 있으며, 현재는 종묘사무소로 사용된다.

망묘루 뒤로 공민왕신당이 보인다. 조선왕실의 사당에 고려 공민왕의 신당이라니 잘 이해가 되지 않는 의외의 건물이다. 공민왕은 고려 제31대 왕이다. 중국 원나라의 간섭을 물리치고 국경을 회복한 강력한 군주였기에 그 뜻을 계승한다는 의미가 담겨 있는 것으로 추측된다. 작은 문으로 들어가면 공민왕과 노국공주의 영정이 걸려 있다. 신당은 종묘를 건축할 때 함께 세웠다.

향대청은 종묘제례 때 사용하는 향, 제사의 뜻을 알리는 축문, 신에게 올리는 예물 등을 보관하는 곳이다. 헌관들이 제사 전에 심신을 정제하거나 잠시 휴식을 취하는 곳이기도 하다. 지금은 종묘의 교육홍보관으로 사용되고 있다. 유네스코 세계무형유산으로 등재된 종묘제례를 자세하게 소개하고 있다. 종묘를 방문하면 향대청을 꼭 들러야 하는데, 그 이유는 정전의 신실 내부를 확인할 수 있어서다.

Tips
종묘는 자유관람이
안돼요

2010년 5월 1일부터 종묘는 정해진 시간에 문화재 해설사의 안내에 따라 관람하는 '시간관람제'를 운영 중이다. 국가 최고 사당으로 신성하고 엄숙한 공간을 유지하기 위한 방편이다. 관람시간은 1시간이며, 하루 9차례[한국어의 경우 09:20, 10:20, 11:20, 12:20, 13:20, 14:20, 15:20, 16:20, 17:00(3~9월)]안내한다. 단 매주 토요일은 자유관람이 가능하다.

삼도를 따라가면 재궁에 도달한다. 이곳은 왕이 제사를 준비하던 곳이다. 북쪽 건물이 왕이 머무는 어재실이고, 동쪽 건물이 세자가 거처하는 세자재실이다. 서쪽에는 왕이 목욕하던 욕청이 있다. 제사는 새벽 1시 무렵에 지내기 때문에 왕과 세자는 이곳에서 머물게 된다. 어재실 서쪽으로는 문이 두 개 나 있다. 자세히 보면 문의 높이가 서로 다른 것을 알 수 있다. 이는 왕과 신하들이 드나드는 문을 구분해 놓은 것이다.

재궁을 나오면 바로 정전의 동문이다. 동문 앞에 두 채의 건물과 하나의 우물이 있다. 두 채의 건물은 종묘제례에 사용할 음식을 준비하던 전사청과 제사를 돕는 사람들이 머물던 수복방이다. 전사청 앞에는 찬막단과 성생위라는 넓은 벽돌로 만든 단이 있다. 여기에서는 각각 제상에 올린 음식을 검사하고, 제물을 펼쳐 놓고 심사한다.

정전 동문 앞에도 넓은 벽돌로 만든 두 개의 단이 있다. 하나는 길 위에 있어 높고, 하나는 오른쪽 길 아래에 마련했다. 판위대라고 하는 곳이다. 길 위의 것은 왕, 길 아래 것은 세자의 판위다. 왕과 세자는 판위대에서 마음을 가다듬고 제사를 올릴 예를 갖추고 정전으로 입장한다.

정전의 단순한 구조 속에 풍겨나는 신성함

정전은 종묘에서 가장 중요한 건물인 만큼 최고의 격식을 갖췄다. 후한대에 성립된 제도에 따라 동당이실, 즉 한 건물 안에 신실을 따로 해 여러 신주를 함께 모시는 형식을 취했다. 내부는 칸막이를 하지 않는 하나의 공간으로 되어 각 실마다 신주를 모신 감실을 뒷벽에 두었다.

신실은 제사를 지내는 날이 아니면 항상 굳게 닫혀 있다. 신실의 내부는 향대청의 제2전시실에서 똑같이 재현해 놓은 것을 통해 확인할 수 있다. 신실에는 왕과 왕비의 신주를 모시는데 서쪽이 왕, 동쪽이 왕비의 것이다. 생전에는 동쪽에 높은 사람이 자리하지만, 사후에는 '이서위상(以西爲上)'이라 해서 그 반대다. 이 원칙은 역대 왕들의 신주를 모시는 것에도 적용된다. 정전에서 서쪽으로 갈수록 오래된 신주를 모시게 된다. 서쪽 맨 끝 첫 번째 신실에 태조의 신

정전은 죽은 이를 위한 공간이어서 붉은색과 청록색만을 사용했다.

주를 모시고, 그 다음부터 차례대로 태종(제3대), 세종(제4대), 세조(제7대), 성종(제9대), 중종(제11대), 선조(제14대), 인조(제16대), 효종(제17대), 현종(제18대), 숙종(제19대), 영조(제21대), 정조(제22대), 순조(제23대), 문조(익종, 추존), 헌종(제24대), 철종(제25대), 고종(제26대), 순종(제27대) 순이다. 신주는 왕비의 것까지 모두 49위다.

지금은 신실이 19실인 건물이지만 태조 4년(1395) 처음 지어질 때는 5실이었다. 정전에 모셔야 할 신주가 늘어나면서 건물도 옆으로 늘어났다. 독특하게도 동일한 형태의 건물이 시간을 두고 계속 이어지는 건축형태를 띠게 된 것이다. 세종 때 별묘인 영녕전을 세웠지만 늘어나는 신주를 감당할 수는 없었다. 결국 제13대 명종 때 11실로 늘렸다. 그러다가 제14대 선조 25년(1592) 임진왜란이 발발하자 선조는 신주를 모두 들고 피난을 떠났다. 왜군이 한양에 당도했을

정전 담장과 칠사당

때 경복궁은 백성에 의해 불타고 종묘만 온전하게 남아 있었다. 그러나 왜군에 의해 종묘마저 불에 타고 말았다. 임진왜란이 끝나고 선조는 정전을 새로 짓기 시작했고, 다음 왕인 광해군 즉위년(1608)에 원래 규모대로 11실로 완공됐다. 그 뒤로도 제21대 영조 2년(1726) 4실을 증축했고, 제24대 헌종 2년(1836) 다시 4실을 증축해 19실 규모가 되었다.

건물을 옆으로 계속 증축했다는 사실은 정전 뒤로 가 보면 확인할 수 있다. 뒷벽을 자세히 살펴보면 중간 중간 벽돌 색이 다른 게 눈에 띈다. 정전이 증축된 흔적이다.

정전은 신실 칸마다 아무런 장식을 하지 않은 단순한 구조다. 그러면서 같은 형태로 19칸이 옆으로 길게 반복된다. 종묘를 처음 세울 때부터 의도했건, 하지 않았건 반복을 통해 숨막힐 듯한 긴장감과 장엄함을 연출한다. 굵고 곧은 기둥

종묘의 무겁고 엄숙한 분위기

이 길게 이어지는 모습이나 기다랗게 수평으로 연결되는 지붕의 선 등이 풍겨내는 분위기는 역대 왕에게 제사 지내는 공간으로서의 신성함을 매우 잘 표현하고 있다.

신성하고 경건한 공간이라는 것을 말해주는 또 하나의 증거로 정전을 비롯한 종묘 건물에는 붉은색과 청록색 두 색만을 사용하고 밝고 화려한 단청을 입히지 않았다는 점과 대문에 현판이 걸려 있지 않다는 것을 들 수 있다. 죽은 이를 위한 공간인 만큼 장식을 최대한 자제해 단순하게 함으로써 경건한 분위기를 만들었다. 신실 안도 가능한 한 어둡게 해서 선왕의 영혼이 편하게 쉴 수 있도

Tips
판문이 틀어진 이유

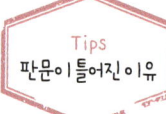

망원경 등을 이용해서 종묘 신실의 문을 자세히 살펴보자. 두 짝의 문 아래위가 약간 뒤틀려 있는 것을 발견하게 된다. 왜 그런 것일까? 오랜 세월이 지나서 문이 뒤틀린 것도 아니고, 환기를 위해 공기가 통하도록 한 것도 아니다. 신실에 깃든 왕의 영혼이 자유롭게 드나들 수 있도록 통로로 처리한 것으로 보인다.

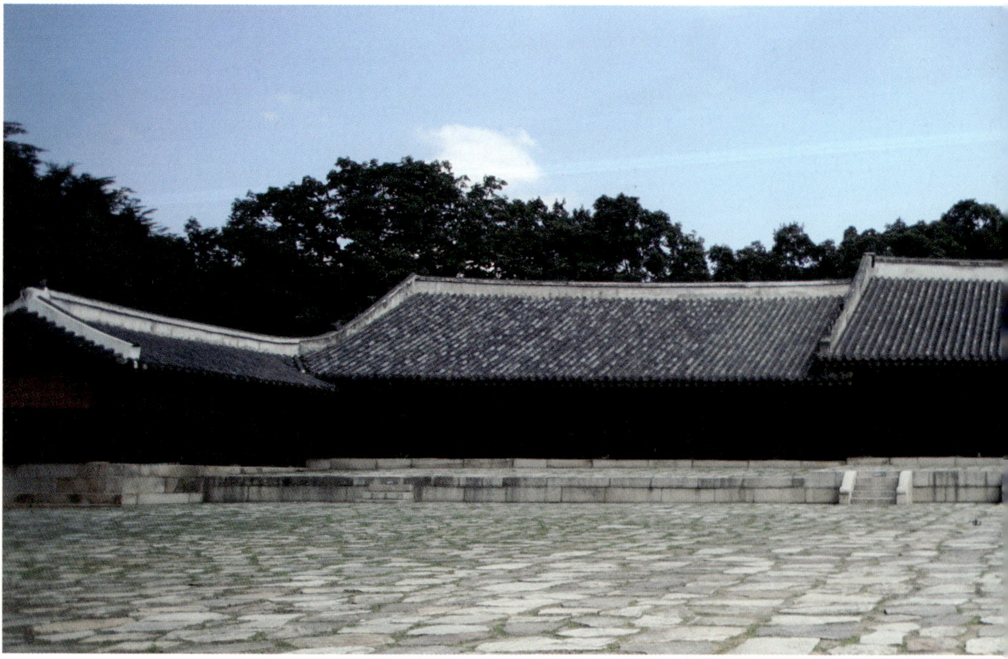

록 꾸몄다. 최고의 격식을 차려야 하는 장소인 만큼 건물을 지을 때 신중하고 겸손한 자세를 갖췄음을 짐작할 수 있다.

정전 앞으로는 가로 약 110m, 세로 약 70m에 달하는 장대한 월대가 마련되어 있다. 종묘제례를 행할 때 음악을 연주하거나 춤을 추는 장소로 활용되는 공간이다. 얇은 돌이 깔려 있는 중간 중간에 쇠고리가 박힌 게 보이는데, 의식을 행할 때 햇빛을 가리는 차일을 칠 때 사용하던 것이다. 월대 중앙에 남문에서 정전 가운데를 가로지르는 길은 신이 오가도록 한 신도다. 월대를 높이 쌓은 것은 선대 왕들의 혼이 머물고 있는 하늘이라는 것을 나타낸다.

남문을 중심으로 좌우에는 칠사당과 공신당이 위치해 있다. 칠사당은 왕실의 제례 과정에 관여하는 일곱 신을 모신 사당이다. 공신당은 종묘에서 정전, 영녕전 다음으로 규모가 큰 건물이다. 나라나 왕실에 큰 공훈을 세운 사람에게

영녕전은 정전에 비해 장엄함이 덜하다.

내리는 칭호를 공신이라 하는데 공신당에 공신 칭호를 받은 신하의 신주를 같이 모셨다. 신주가 봉안된 신하를 배향공신이라 한다.

재미있는 사실은 조선 건국에 누구보다 큰 공헌을 하고, 태조 이성계의 최측근이었던 정도전의 신주가 공신당에 자리를 차지하지 못했다는 일이다. 이유는 '왕자의 난' 때문이다. 정도전은 막내인 이방석을 추천했다. 재상 중심의 정치를 강조한 그였기에 신권 강화를 위한 선택이었다. 자연스레 왕권 강화를 원했던 이방원(훗날 태종)과 사이가 벌어졌다. 결국 1차 왕자의 난 때 정도전은 이방원에게 죽임을 당했다. 조선에서 누구보다 공훈이 큰 정도전이었지만 이로 인해 공신당에 신주가 모셔질 수 없게 되었다.

장엄함이 줄어든 영녕전의 인간적인 스케일

영녕전은 종묘의 별묘다. 종묘를 세울 때 같이 지은 건물이 아니라 후대에 필요에 의해 지어졌다. 앞에서 설명한 것처럼 세종 때 정종이 승하하면서 정전의 신실이 부족하게 되어 별도의 건물을 세우고 영녕전이라 한 것이다.

처음 영녕전을 세울 때는 신실이 4실이었다. 신실 양옆으로 각각 1칸씩 협실을 달았다. 임진왜란을 거치면서 정전과 함께 불타버린 것을 광해군 즉위년 (1608)에 정전 4실, 동서익실 각 3실로 모두 10실 건물로 재건하였다. 제18대 현종 8년(1667)에는 동서익실의 좌우 끝에 각각 1실씩 늘어났다. 제24대 헌종 2년(1836) 증축되어 동서익실 각 6실로 모두 16실 건물이 되었다. 이 규모가 현재 영녕전의 모습이다.

건물의 크기가 계속 커졌지만, 매번 새로 짓지 않고 일부는 헐어서 새로 짓고

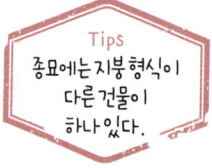

Tips
종묘에는 지붕 형식이 다른 건물이 하나 있다.

종묘의 건물 대부분은 맞배지붕을 하고 있다. 맞배지붕은 한국 건축물의 지붕 양식 중에서 가장 간단한 형식이다. 건물의 앞뒷면에만 지붕면을 형성하는 양식으로 옆에서 보면 책을 반쯤 펴놓은 팔(八)자 모양이다. 이렇게 한 이유는 종묘가 돌아가신 분들의 공간이기 때문이다. 장식을 최소화 해 최대한 엄숙하고 경건한 기품이 흐르도록 한 것이다. 그러나 왕이 머물던 망묘루는 맞배지붕이 아니라 팔작지붕을 하고 있다. 팔작지붕은 화려하고 아름다운 양식으로 위엄이 있어 보여 궁궐이나 사찰에서 많이 사용했다. 유독 망묘루에만 팔작지붕을 한 것은 왕이 종묘에 제사를 지내러 왔다가 잠시 머무는 곳이라서 권위를 나타내기 위해서다.

또 일부는 새로 더하는 방법을 썼다.

건물형식, 문, 담 등 전체적인 모습은 정전과 닮았다. 눈에 띄는 가장 큰 차이는 영녕전 중앙의 4실이 지붕도 높고 도드라져 보인다는 점이다. 중앙에 솟아 있는 4실은 태실이라 하며 목조, 익조, 도조, 환조의 신주가 모셔져 있다. 태실을 중심으로 양옆으로 6실을 증축했지만, 가운데를 높여서 건축한 탓에 정전과 같은 위엄이나 장엄한 느낌은 현저히 줄어들었다. 지붕 선의 변화로 인해 건물이 한눈에 보여서다. 정전이 근엄하고 장엄한 신의 스케일이라면, 영녕전은 조금은 아담한 인간적인 스케일이라고 말할 수 있다. 정전에서 보이는 공신당과 칠사당 같은 건물이 없다는 것도 정전과의 차이라 할 수 있다.

태실이 영녕전의 상좌이며, 정전에서와 마찬가지로 서쪽에서부터 오래된 신주가 모셔져 있다. 서쪽 협실에는 정종(제2대), 문종(제5대), 단종(제6대), 덕종(추존), 예종(제8대), 인종(제12대)의 신주를, 동쪽 협실에는 명종(제13대), 원종(추존), 경종(제20대), 진종(추존), 장조(추존), 영친왕의 순서로 총 34위의 신주를 모셨다.

눈여겨볼 것은 단종의 신주가 모셔진 점이다. 단종은 숙부인 수양대군(세조)에 의해 폐위되었던 왕이다. 그런데 어떻게 신주가 모셔졌을까. 제19대 숙종 24년(1698) 왕으로 복위되어 묘호를 단종이라 했기 때문이다. 반면 조선의 왕이었으면서도 폐위된 연산군과 광해군은 정전이나 영녕전에 신주가 보이지 않는다.

정전

국보 제227호

종묘의 주전이다. 총 19실에 19명의 왕과 30명의 왕비 신주를 모셔두고 있다. 건평이 1270㎡로서 동시대의 단일 목조건축물로는 세계에서 규모가 가장 크다. 정면에서 보면 동서 약 110m, 남북 약 70m나 되는 월대가 넓게 펼쳐져 있고, 월대 가운데에는 신실로 통하는 신도가 나 있다. 정전에 모실 신주가 늘어나면서 건물도 여러 차례 옆으로 증축해 길게 늘린 게 특징이다. 이처럼 정면이 길고 수평성이 강조된 건물은 세계에서 유례를 찾아볼 수 없는 건축양식이다.

영녕전

보물 제821호

정전의 신실이 부족하게 되자 세종 3년(1421)에 별묘로 세웠다. 정전에서 조천된 태조의 4대조, 11명의 왕과 17명의 왕비, 그리고 의민황태자(영친왕)와 황후의 신주를 모셨다. 각 신실의 구성은 정전과 크게 다르지 않다. 다만 전체적인 크기가 정전보다 약간 작으며, 중앙의 태실을 높게 꾸며 장대함이 조금 덜하다. 세종 때 태실 4실, 동·서익실 1실씩 두어 총 6칸 건물로 지었고, 이후 계속 증축해 현재 16실이다.

망묘루

왕이 종묘에 제사를 지내러 올 때 머물면서 선왕과 종묘사직을 생각한다는 뜻으로 지어진 이름이다. 현재는 종묘사무소로 사용중이다.

공민왕신당

망묘루 동쪽에 위치한 별당. 종묘를 창건할 때 함께 건립한 것으로 고려 제31대 임금인 공민왕을 위한 사당이다. 내부에는 공민왕과 노국대장공주의 영정과 준마도가 봉안되어 있다. 신당의 정식 명칭은 '고려 공민왕 영정 봉안지당'이다.

향대청

향대청은 종묘제례에 사용하는 향, 축문, 예물을 보관하고, 제례를 올릴 헌관들이 대기하던 장소다. 남북으로 난 긴 뜰을 사이에 두고 동쪽과 서쪽으로 건물이 배치되어 있다. 현재는 종묘와 관련된 자료들이 전시된 제1전시실과 정전 신실 내부 및 제사의 내용을 배울 수 있는 제2전시실로 꾸며져 사용된다.

재궁

왕과 왕세자가 머물며 종묘제례를 준비하던 장소. 어숙실 또는 어재실이라고도 한다. 중앙의 건물이 왕이 머무는 어재실, 동쪽 건물이 왕제사가 거처하는 세자재실이다. 서쪽에는 왕이 목욕재계하던 어목욕청이 있다.

공신당

조선시대 나라에 큰 공을 세운 공신들의 신주를 모신 곳. 태조의 공신을 비롯해 제27대 순종까지 정전에 모신 역대 왕의 공신의 신주 83위를 배향하고 있다. 정전 남문을 중심으로 우측에 있다. 종묘 정전 증축과 함께 동쪽으로 옮겨 증축되면서 지금의 16칸 건물이 되었다. 왕과 왕비의 신주가 모셔진 정전과 한울타리 안에 있어 형식이 매우 간소하다.

종묘제례

중요무형문화재 제56호

종묘에서 왕이 제사를 드리는 것이 종묘제례다. 조선시대에는 정전에서 매년 춘하추동과 섣달에 대향을 지냈고, 영녕전에서는 매년 춘추와 섣달에 제향일을 따로 정해 제례를 지냈다. 1462년에 정형화된 형태가 500년 이상 거의 그대로 보존되어 내려오는 동아시아 유일의 왕실 제례의식이다. 종묘제례의 특징은 제사임에도 음악과 춤이 함께한다는 것이다. 이는 유학의 예악사상에 따른 것이다.

종묘제례악

중요무형문화재 제1호

종묘제례에 사용되는 음악과 무용. '종묘악'이라고 한다. 종묘제례의식의 각 절차마다 보태평과 정대업이라는 음악을 중심으로 조상의 공덕을 찬양하는 내용의 종묘악장이라는 노래를 부른다. 종묘제례악은 세종 29년(1447) 궁중회례연에 사용하기 위해 창작한 것이나, 세조 10년(1464) 제사에 적합하게 고친 후 지금까지 이어지고 있다. 매년 5월 첫째 일요일에 종묘대제가 행해진다.

가볼 만한 곳 종묘

✛ 인사동 종로2가에서 관훈동 북쪽의 안국동 사거리까지의 짧은 구간. 한국을 대표하는 전통거리다. 인사동이란 명칭은 조선시대 한성부의 관인방과 대사동에서 가운데 글자인 인과 사를 따서 부른 것이다. 북촌과 종로 사이에 위치해 주로 중인들이 살았던 주거지역으로 조선 초기부터 도화서가 자리했던 까닭에 미술활동의 중심지였다. 1930년대 인사동길 주변에 서적 및 고미술 관련 상가가 들어서기 시작해 골동품 거리로 자리 잡았고, 1960년대엔 필방이, 1970년대엔 표구점이 자리를 잡으면서 본격적인 화랑가가 형성됐다.

태극기를 처음 만든 사람으로 유명한 박영효의 저택이 있던 자리에 4개의 전시실과 전통찻집으로 구성되어 휴식공간으로 인기 높은 경인미술관이 들어섰고, 2004년에는 쌈지길이라는 인사동 속의 또 다른 인사동이라 불리는 명소가 태어났다. 계단을 통하지 않고도 한국의 아름다움이 느껴지는 상점을 구경하며 걷다보면 어느새 파란 하늘이 열린 건물 옥상까지 올라간다. 현대적 건축미가 잘 표현된 공간에 인사동이 가진 이미지를 온전히 담아내 쌈지길은 사람들에게 색다른 볼거리를 제공한다. 지금도 우리의 민속적, 예술적 전통을 춤, 그림, 행위예술로 표현하는 젊은 예술가들의 작품이 인사동의 정체성을 살려 전통을 유지하고, 갤러리에서는 우리 것을 새롭게 조명하는 전시회가 심심찮게 열린다. 주

말이면 거리에서 전통 공연이 펼쳐져 시민들에게 좋은 볼거리를 제공한다.

✛ 북촌한옥마을 북촌은 경복궁과 창덕궁, 종묘 사이에 위치한 전통한옥 밀집지역이다. 많은 사적과 문화재, 민속자료가 있어 도심 속의 거리 박물관이라 불리기도 한다. 청계천과 종로의 윗동네라는 뜻에서 '북촌'이라는 이름으로 불리며 가회동과 송현동, 안국동, 삼청동이 있다. 사간동, 계동과 소격동 그리고 재동에는 역사의 흔적이 동네 이름으로 남아 수백 년을 지켜온 곳이기도 하다.

북촌한옥마을은 특정 장소를 찾아가서 보는 여행지는 아니다. 북촌 지역에 남아 있는 전통 한옥과 옛 정취가 물씬 묻어나는 골목길을 헤집고 다니며 과거로의 시간여행을 하는 곳이다. 아파트와 도심의 빌딩으로 둘러싸인 공간을 천천히 걸으며 유려한 색과 자태를 자랑하는 한옥의 아름다움을 감상하고 오래된 시간의 흔적이 남아 있는 길을 걷다 보면 새로운 문화적 감동을 받는다. 북촌한옥마을에는 오래된 골목길이 여럿 있지만, 다양한 문화체험을 곁들이고 싶다면 2개의 도보관광코스를 이용하면 좋다.

※ **Web** bukchon.seoul.go.kr

✛ 남산한옥마을 도심 속에서 서울의 옛 가옥을 만날 수 있는 문화공간이다. 1989년 남산골 제모습 찾기 사업에 의해 시내에 산재해 있던 한옥 5개 동을 이전 복원하고 집주인의 신분과 성격에 맞는 가구 등을 배치해 선조들의 삶을 재현했다. 정원 서쪽에는 자연스레 계곡이 흐르도록 했고, 고풍스런 정자를 지어 선조들이 풍류를 즐기던 남산 기슭의 옛 정취를 느낄 수 있도록 했다. 한옥마을에 자리한 한옥 중 종로구 옥인동에 있는 순정효황후 윤씨의 친가는 그대

로 본떠 복원했고, 종로구 관훈동에 있던 부마 도위 박영효 가옥과 삼청동에 있던 오위장 김춘영 가옥은 이전 복원했다. 동대문구 제기동에 있던 해풍부원군 윤택영댁 재실은 그대로 옮겨 왔으며, 경복궁 중건 시 도편수였던 이승업 가옥은 1860년에 중구 삼각동에 지은 집을 이전 복원했다. 서울 지역의 사대부 가옥에서 서민 가옥까지 당시의 생활방식을 한자리에서 볼 수 있도록 해 가족 나들이 장소로, 아이들의 교육 장소로 훌륭하다.

※ **Open** 하절기 09:00~21:00 동절기 09:00~20:00, 매주 화요일 휴관 **Cost** 무료 **Tel** 02-2264-4412 **Web** hanokmaeul.seoul.go.kr

✚ 올림픽공원 내 몽촌토성 올림픽공원 안에는 백제 초기의 몽촌토성이 남아 있다. 기름진 평야와 한강을 낀 지리적 위치 때문에 초기 백제의 중요한 토성으로 꼽힌다. 남북 최장길이 730m, 동서 최장길이가 540m나 되는 토성에는 약 8000~1만 명 정도의 인구가 살았을 것으로 추측된다. 몽촌토성은 자연구릉을 최대한 이용해 축조하였는데, 외곽은 경사를 급하게 만들었다. 북쪽에는 적의 침략을 방어하기 위한 목책과 해자를 뒀다. 성의 내부는 작은 구릉을 제외하면 비교적 경사가 완만하다. 토성을 축조할 당시의 지표면에서는 주로 삼국시대 전기의 유물인 회백색연질토기 등이 출토되어 백제 초기

의 건국지로 알려진 위례성이 아닌가 추정되기도 한다. 현재 토성 내의 백제몽촌역사관은 백제 초기의 문화유적, 주거지, 고분 등의 모형과 몽촌토성, 석촌동고분, 구의동에서 발굴된 유물들을 전시해 놓고 있다.

여행수첩

✚ 가는 길
서울 시내 교통은 지하철을 이용하는 게 가장 편리하다. 종묘를 가려면 지하철 1, 3, 5호선 종로3가역에서 내린다. 1호선 11번 출구로 나오면 바로 앞에 종묘가 있다. 입구인 외대문은 종묘광장공원을 지나 안으로 들어가면 된다.

✚ 맛집
산촌
외국인 관광객에게 소개해주면 좋은 사찰음식 전문점. 모든 음식이 채식으로 차려져 건강이나 다이어트에 관심이 많은 이들에게도 안성맞춤이다. 화학조미료를 사용하지 않고, 음식의 간도 세지 않아 다소 심심한 맛일지 모르나 들깨죽을 시작으로 머위, 원추리, 참나물, 곰취 등의 나물과 구이, 전, 찌개가 차려지는 상차림은 별미라 할 만하다. 대청마루에서는 매일 저녁 8시부터 40분간 부채춤, 선비춤, 살풀이, 승무 등 민속공연이 펼쳐진다.
위치 인사동사거리 지나 아뜨리에 서울 골목으로 들어간다. **영업시간** 11:30~22:00 **전화** 02-735-0312 **가격** 산촌정식 3만 3000원(점심) 4만5000원(저녁) **홈페이지** www.sanchon.com

03

신라 불교문화의 최고봉

석굴암·불국사

Info 문화유산 정보

등재시기 1995년 12월

등재이유 ① 석굴암은 조영에 있어 건축, 수리, 기하학, 종교, 예술이 총체적으로 실현된 유산

② 불국사는 화엄사상이 사찰 건축물을 통해 잘 형상화된 대표적인 사례

③ 불국사 가람배치는 아시아에서도 유례를 찾기 어려운 독특한 건축미를 지녔다.

둥근 법당 가운데 당당한 모습으로 앉아 있는 본존불은 돌을 깎아 만든 것이라고는 믿기 어려울 정도로 생명감이 넘친다. 깊은 명상에 잠긴 듯 근엄하면서도 자비로운 표정은 신라 불상 중에서 최고라 할 만큼 뛰어나다.

학창시절 누구라도 한 번쯤은 수학여행이라는 이름으로 다녀갔을 경주요, 석굴암·불국사다. 그렇기에 불국사 앞 여관에서 친구들과 지냈던 기억이나 절 앞에서 찍은 단체사진 한 장쯤은 누구에게나 추억의 한 페이지에 고이 간직되어 있을 것이다.

내게는 석굴암에 대한 창피한 기억이 하나 있다. 대학 신입생 때 학술답사라는 명목으로 석굴암을 찾았다. 학술답사는 사학과의 중요한 연례행사였지만, 아무것도 모르는 신입생에게는 공식적으로 여행을 갈 수 있는 좋은 기회였다. 공부를 위해 떠난 길을 여행으로만 생각했으니 당시 보고 들었던 경주의 역사와 문화가 귀에 들어올 리 만무했다. 석굴암으로 가는 길도 마찬가지였다. 주차장에서 10여 분 올라가는 산길이 얼마나 길게 느껴졌는지, 석굴암에 들어서서도 별 감흥이 일지 않았다. 그때 한 무리의 일본관광객이 들어왔다. 그중 한 명이 본존불을 보면서 엄지손가락을 치켜들며 "이치방(いちばん)"이라 외쳤다. 듣지 않았으면 좋으련만, 두 귀로 똑똑히 듣고 나니 '왜? 무엇이?' 하는 생각이 들었다. 나는 모르는 무언가를 외국 사람이 안다는 게 창피했다. 그 사건은 내가 여행이 아닌 학술답사로 경주를 대하는 계기가 되었다.

많은 사람들이 석굴암·불국사를 다녀간다. 하지만 아직도 우리는 석굴암·불국사가 지닌 가치를 제대로 알지 못한 채 사진 찍기에만 여념이 없다. 너무 유명해서 잘 알고 있다고 생각하기 때문일 것이다. 이것이 석굴암·불국사를 제대로 바라보지 못하는 오류다.

근대의 철학자이자 교육자였던 박종홍은 1922년 〈개벽〉에 '한국미술사'란 칼럼을 연재하면서 "석굴암은 그들 조각 하나하나가 또는 전체가 무엇을 의미하는 것이며, 이것은 어떤 위치, 저것은 어떤 자세 그리고 거기에는 어떠한 정신이 나타나 있는가를 알아야 적절한 감상이 가능할 것이다."라고 썼다.

그의 말처럼 우리에게 필요한 것은 왜 석굴암이 완벽한 조각과 독창적 건축으로 세계적으로 이름이 높은지, 불국사가 어떻게 극락의 이상향을 표현하고 있으며, 무엇을 두고 신라 문화의 정수라고 이야기하는지 새로운 마음으로 바라보는 일이다.

전생의 부모를 위해 조성한 석굴암

토함산 자락 깊숙한 곳에서 동해를 바라보며 들어선 석굴암은 한국 미술사

토함산 중턱에 들어선 석굴암 전경

© 경주시청

에서 가장 아름다운 미술품으로 손꼽는다. 둥근 법당 가운데 당당한 모습으로 앉아 있는 본존불은 돌을 깎아 만든 것이라고는 믿기 어려울 정도로 생명감이 넘친다. 깊은 명상에 잠긴 듯 근엄하면서도 자비로운 표정은 신라 불상 중에서, 아니 전 세계의 모든 불상들 가운데 세계 최고라는 수식어를 붙여도 좋을 만큼 뛰어나다. 이뿐만이 아니다. 석굴암의 건축 구조와 각 불상의 위치는 다른 어디에서도 볼 수 없는 신라의 독창적인 기술과 사상이 담겨 있다.

석굴암의 창건은 불국사의 창건과 때를 같이 한다. 〈삼국유사〉 '대성효이세부모'에는 석굴암을 세운 시기와 동기가 잘 나타나 있다.

"현생의 양친을 위해 불국사를 세우고 전생의 부모를 위해 석불사(석굴암)를 세우고, 신림·표훈 두 성사를 청하여 각각 살게 했다. 아름답고 큰 불상을 설치해 부모의 양육한 수고를 갚았으니 한 몸으로 전생과 현세의 두 부모에게 효도한 것은 옛적에도 또한 드문 일이었다.

장차 석불을 조각하고자 하여 큰 돌 하나를 다듬어 감개(감실을 덮는 지붕돌)를 만드는데 돌이 갑자기 세 조각으로 갈라졌다. 김대성이 분하게 여기다가 어

근엄한 표정의 석굴암 본존불

© 경주시청

렴풋이 졸았는데 밤중에 천신이 내려와 다 만들어 놓고 돌아갔다. 김대성은 자리에서 일어나 남쪽 고개로 급히 달려가 향나무를 태워 천신을 공양했다. 그래서 그곳의 이름을 향령이라 했다.

절 안의 기록에는 '경덕왕 때에 대상 대성이 천보 10년에 불국사를 짓기 시작했다. 예공왕 때를 거쳐 대력 9년 갑인 12월 2일에 김대성이 죽자, 나라에서 이를 완성시켰다. 처음에 유가교(밀교)의 고승 항마를 청해 절에 거주하게 했고 이를 계승해서 지금에 이르렀다.' 이렇게 고전과 같지 않으니 어느 것이 옳은지 알 수 없다."

기록에 의하면 석굴암은 김대성이 전생의 부모를 위해 천보(당나라 연호) 10년, 즉 통일신라 경덕왕 10년(751)에 불국사를 지을 때 석굴암도 함께 착공한 것을 알 수 있다. 안타까운 것은 김대성이 효성으로 석굴암과 불국사를 지었으나 24년이란 긴 세월에도 불구하고 완성을 보지 못하고 세상을 떴다는 것이다. 국가에서 공사를 맡아 완공했지만 김대성의 손에서 이뤄졌다면 더욱 좋았을 일이다.

석굴암은 창건 이후 신라와 고려시대의 연혁은 전혀 알려지지 않았다. 조선 제19대 숙종 29년(1703)에 와서야 종열이 중수하면서 굴 앞에 계단을 쌓았고, 제21대 영조 34년(1758)에 중수했다는 기록이 보인다. 창건 이후 조선 중기까지 아무런 변화 없이 제 모습을 유지해왔음을 알 수 있다. 한동안 일부 불교신자들에게만 알려져 있던 석굴암은 일제시대 때 한 일본인 우편배달부에 의해 발견된 뒤 복원 공사를 하게 되었다. 그러나 엉터리 복원 공사로 인해 천 년을 지켜온 모습에 금이 가고 말았다.

Tips
석굴암은 석굴이 아니다?

석굴사원은 중국, 인도, 중앙아시아, 아프가니스탄 등 세계 각지에 존재한다. 중국의 둔황(燉煌)석굴과 원강(雲岡)석굴, 인도의 아잔타(Ajanta)석굴과 엘로라(Ellora)석굴 등은 세계적으로도 매우 유명하다. 이들 석굴과 석굴암은 조성방법에서 큰 차이가 있다. 다른 나라의 석굴사원은 절벽의 암석을 파서 동굴을 만든 반면, 석굴암은 돌을 쌓아서 만든 인공석굴이다. 정확하게 말하면 석굴이 아니라 돌로 만든 방이라고 해야 맞다. 이것이 굴처럼 보이는 것이다. 신라인들이 인공 석굴을 조성한 이유는 화강암 지형 때문이다. 우리나라의 지형은 단단한 화강암이 대부분이다. 외국에서처럼 바위를 뚫어 굴을 파는 것이 쉽지 않았기에 화강암을 다듬고 끼워 맞춰 석굴을 만들었다.

© 경주시청

돌을 깎아 만들었지만
인공적인 부자연스러움을 찾아보기 어렵다.
부드러운 곡선을 이루는 어깨, 가부좌한 다리,
명상에 잠긴 듯 가늘게 뜬 눈, 엷은 미소가
묻어나는 입 등 전체에 생명감이 넘친다.

비례미가 돋보이는 구조

석굴암은 전실과 통로, 주실 등 세 부분으로 구성되어 있다. 전실은 예불을 드리는 사각형 공간으로 양옆에는 네 구씩 팔부신중과 통로 입구 좌우에 금강역사가 있다. 통로 좌우에는 사천왕상이 두 구씩 배치되었다. 통로를 지나면 천장이 돔 형태로 된 주실이다. 주실은 원형의 공간으로 천상계를 나타낸다. 중앙에 본존불을 두고, 벽면에는 빙 둘러 제석·대범천, 문수·보현보살, 십대제자, 십일면관음보살을 두었다. 주실의 위쪽, 본존불의 얼굴 높이에는 10개의 감실을 만들어 보살을 안치했다. 옛 사람들은 땅은 네모나고 하늘은 둥글다고 생각했다. 석굴암은 사람이 예불을 드리는 공간은 네모, 본존불이 있는 천상계는 둥그렇게 구성해 동양적 세계관인 천원지방, 즉 '하늘은 둥글고 땅은 모나다'는 세계관을 표현했다.

유리벽 앞에서 석굴암 안을 들여다보면 전실 양쪽 벽면에 네 구씩 팔부신중을 배치했다. 상상 속의 동물로 표현된 팔부신중은 원래 인도의 신들이었다. 석가모니에게 교화 받아 불법의 수호신이 되었다. 천룡팔부라고도 한다. 팔부신중은 신의 이름과 모습이 일정하게 정해져 있지 않다. 우리나라의 경우 보통 장수의 모습을 하고 있다. 전실 왼쪽에 아수라·긴나라·야차·용, 오른쪽에 가루라·마후라가·천·건달바가 나열되어 있다.

팔부신중 뒤 통로 좌우에 정면으로 보이는 조각이 금강역사다. 금강역사는 불법을 수호하는 신으로 수문장 역할을 한다. 상체의 근육이 발달한 용맹스런 무사의 모습을 하고 있으며, 머리 뒤에는 원형의 두광을 조각해서 금강역사가 힘과 지혜를 함께 갖추고 있음을 나타냈다. 왼쪽의 역사는 입을 벌려 "아!" 하고 기합을 지르는 모습이고, 오른쪽의 역사는 기합을 "흠!" 하고 안으로 들이마시며 공격에 대비한 방어 자세를 취하고 있다. 금강역사들이 취하고 있는 자세는 태권도의 기본형과 같아서 태권도의 역사가 오래되었음을 말해주는 자료가 되기도 한다.

금강역사 뒤로 이어지는 통로에는 벽면을 따라 사천왕을 좌우에 세웠다. 왼쪽에 동방지국천·서방광목천, 오른쪽에 남방증장천·북방다문천이 두

전실에 조각된 팔부중상, 팔부중상과 금강역사

발로 악귀를 밟고 서 있는 모습을 하고 있다. 사천왕은 인간세상보다 한 단계 높은 사왕천에서 불도를 행하는 중생들의 선과 악을 늘 살핀다고 한다. 원래는 고대 인도에서 숭상했던 신들의 왕이었으나, 불교에 귀의해 불법의 수호신이 되었다.

사천왕을 지나면 주실이다. 본존불을 둥그렇게 감싸고 있는 주실에는 둥근 벽면을 따라 범천·제석천, 문수보살·보현보살, 십대제자 등이 배치돼 있다. 주실 왼편 첫 번째에 범천, 마주한 오른편 첫 번째에 제석천이 있다. 제석천과 범천은 불법을 수호하는 신 가운데 가장 높은 신이다. 제석천은 천둥과 번개의 신으로 사천왕 위에 있는 도리천의 천왕이다. 왼손에는 더러운 때를 씻어주는 정수를 담은 물병인 정병을 들고 있다. 대범천은 사바세계를 다스리는 천왕이

통로를 지키는 사천왕상. 서역 사람의 얼굴을 닮은 십대제자상

ⒸⒸ경주시청

다. 범천의 '범'은 우주 최고의 원리를 뜻한다. 왼손에는 절대 지혜의 상징인 금
강저를 들고 있다. 두 조각상은 머리에 보관을 쓴 우아한 모습으로 오른손에는
불자를 들고 커다란 연잎 위에 서 있다. 머리 뒤에는 염주로 엮인 두광이 있다.
제석천·대범천은 인도 브라만교에 나오는 신이었으나, 석가모니의 교화를 받
아 불법을 펴는 데 필요한 신이 된 것이다.

　제석천·대범천 다음의 문수·보현보살은 각각 지혜와 실천을 상징하는 보
살이다. 입구에서 바라볼 때 왼쪽이 보현보살이고 오른쪽이 문수보살이다. 보
살은 깨달음을 얻었지만 부처가 되는 것을 보류하고 중생을 구제하기 위해 불
법을 펴는 실천자를 말한다. 머리 뒤에 원형의 두광이 있고 전신에 아름다운
장신구가 걸쳐져 있다. 보현보살은 머리에 꽃 모양의 보석으로 장식한 보관을

쓰고 있으며, 왼손은 가볍게 천의를 잡고 있다. 문수보살은 오른손에 잔을 들고 왼손은 내려서 손가락을 구부리고 있다.

문수보살 · 보현보살 좌우로 각각 다섯 구씩 대칭해 십대제자상이 있다. 십대제자는 마하가전연, 아난, 라후라, 우파리, 아나율, 사리불, 마하목건련, 마하가섭, 수보리, 부루나로 석가모니에게 직접 가르침을 받은 덕 높은 열 명의 제자들이다. 표정, 자세, 손에 쥔 물건 등에 따라 각각의 모습에 특징이 있는데, 이것은 이들이 불법을 행하는 데 있어 맡은 임무가 각각 다르기 때문이다. 다른 조각들이 상상 속의 것을 형상화한 데 반해 이들은 실존했던 사람들이기 때문에 얼굴이나 자세가 서역 사람들과 닮았다.

십대제자 좌우로, 본존불 바로 뒷면에 있는 십일면관음보살은 석가모니의 대자대비한 마음을 형상화한 것이다. 얼굴에는 보일 듯 말 듯한 약한 미소를 머금고, 몸에는 화려한 장신구로 치장을 했다. 머리에 열 개의 얼굴을 새겨 놓은 게 특이하고 다른 조각들에 비해 훨씬 얼굴 부분의 입체감이 두드러지고 장식이 화려하다. 환조에 가까울 정도로 입체감을 준 것은 관음보살이 독립적인 신앙의 대상임을 강조하는 측면도 있지만, 본존불의 뒤편에 있어 태양빛이 정면으로 비치기 때문에 조각의 그림자가 드러나지 않아 평면에 선으로 그린 것 같은 인상을 주기 때문이다. 작은 부분에까지 세심한 정성을 기울인 신라인들의 뛰어난 예술성을 보여주는 예라 할 수 있다.

주실의 위쪽 벽면에는 본존불의 얼굴 높이로 좌우에 각각 다섯 개의 감실을 만들어 보살상 7구(보현보살, 사유보살, 미륵보살, 문수보살, 금강장보살, 관음보살, 지장보살)와 유마거사상 1구를 안치했다. 감실 안의 보살들은 본존불을 향해 각기 다른 자세와 표정을 지어보이며 부처를 찬양하는 듯한 모습이다. 특이한 것은 두광도 없고, 천의도 입지 않은 유마거사가 보살들 사이에 끼어

Tips 본존불의 비례미
석굴암 본존불이 당당하고 위엄 있는 모습으로 보이는 데에는 불상과 대좌의 비례가 한몫 한다. 대좌 높이는 168.4cm, 불상 높이는 346cm이다. 대좌와 불상의 높이 비율은 약 1:2이다. 눈높이에서 위로 올려다보는 비율을 적용해서 불상의 당당함과 위엄이 우러나게 해 아름다움이 자연스레 풍기도록 한다.

있다는 점이다. 유마거사는 인도 비사리국의 왕자로 석가모니의 속가제자다. 유마거사를 감실에 둔 것은 중이 되지 않아도 불법을 행하면 누구라도 불국토에 들어갈 수 있다는 것을 상징한다. 현재 입구 좌우 첫 번째 감실만 비어 있다. 빈 감실에도 보살상이 있었을 것으로 추정되며, 일제강점기에 일본인이 약탈해 갔다고 전해진다.

세계 최고의 걸작인 본존불

석굴암의 주인공은 본존불이다. 346cm 높이의 본존불을 처음 대하는 느낌은 무척이나 준수하다는 것이다. 얼굴 표정에 쉽게 다가갈 수 없는 장엄함이 흐르지만, 시간을 두고 바라보면 풍만한 얼굴에 우아하면서 자비로운 미소를 담고 있음을 발견하게 된다. 서로 다른 두 분위기를 동시에 품고 있는 얼굴이 본존불의 품격을 간접적으로 말해준다.

화강암을 깎아 만들었지만, 인공적인 부자연스러움을 찾아볼 수 없다. 부드러운 곡선을 이루는 어깨, 가부좌한 다리, 명상에 잠긴 듯 가늘게 뜬 눈, 엷은 미소가 묻어나는 입 등 전체에 생명감이 넘친다. 어느 것 하나 허점을 찾아보기 힘들다.

본존불은 주실 중앙에서 약간 뒤로 물러난 위치에 있다. '왜 정중앙이 아니지?' 하는 의문이 든다. 약간 뒤에 있음으로써 주실이 비좁고 답답한 느낌이 드는 것을 피하고 앞으로 전진하는 느낌을 줄 수 있다고 한다. 본존불의 두광도 불상에 붙어 있지 않고 주실 뒤쪽 벽면에 연화문을 조각해 별도로 장치했다. 불상 앞에서 예불을 올리는 사람에게만 정확하게 보이도록 되어 있다. 이는 주실과 본존불 사이의 공간을 최대한 살리며 입체감을 줘서 신비감을 더한 신라인들의 창의적 발상이다.

본존불에 또 다른 신비감을 더한 것은 강우방 전 국립경주박물관장의 해석이다. 그는 석굴암의 핵심이 본존불이기 때문에 본존불의 크기가 결정된 후 전체 공간이 형성됐다고 생각해서 수치에 주목했다. 일본인 토목기사 요네다 미요시가 당척(당나라에서 쓰던 척)으로 환산해 놓은 본존불의 크기는 높이 1장

1척 6촌, 무릎 폭 8척 8촌, 어깨 폭 6척 2촌이다. 강우방 교수는 이 수치가 그냥 얻어진 게 아니라 어딘가에서 비롯됐을 것이라 생각했다. 그리고 수치의 연결고리를 당나라 현장이 중앙아시아와 인도의 성지를 17년간 순례하고 쓴 〈대당서역기〉에서 찾았다. 현장의 순례지 중에서 가장 중요한 곳은 석가모니가 깨달음을 얻은 인도의 보드가야였다. 석가모니가 앉았던 자리에 대각사라는 절이 세워져 있고, 그곳에 안치된 불상이 석굴암 본존불과 일치한다는 것이다.

현장이 〈대당서역기〉에서 기록한 내용을 보면, "정사 안에는 불상이 훌륭한 모습으로 발을 괴어 오른발 위에 얹고, 왼손은 샅(두 다리 사이) 위에 뉘었으며 오른손은 늘어뜨려 항마인의 상을 지은 가운데 동쪽을 향해 앉아 있었다. 그 근엄한 모습은 참으로 그곳에 부처님이 있는 것 같았다. 대좌의 높이는 4척 2촌이고 넓이는 1장 2척 5촌이며, 상의 높이는 1장 1척 5촌, 양무릎 폭이 8척 8촌, 어깨 폭이 6척 2촌이다"라고 되어 있다.

신라인들이 인도에 가서 불상을 측량한 것도 아닌데 동쪽을 향해 앉아 있는 것과 항마촉지인(악마의 유혹을 물리치며 땅을 짚어 부처의 영광을 증명하게 하는 손 모양)의 수인이 똑같다. 석굴암 본존불과 석가모니가 깨달음을 얻은 자리에 봉안한 불상의 크기가 일치하는 것은 본존불이 단순한 불상이 아니라 신라인이 인도 보드가야의 대각사에 있는 석가모니불을 신라 땅에 재현한 것이라고 말하기도 한다. 그만큼 신라인들의 불심이 깊었고, 경주가 부처의 나라였다는 것을 상징한다는 것이다. 학계에서는 본존불을 두고 어떤 불상인가에 대해 여러 가지 의견이 나오고 있다. 석가모니불이라는 게 대세지만, 아미타불로 보는 견해도 타당성을 얻고 있다. 본존불의 위치나 불국사와의 관련에서 판단할 때 서방에 위치한 극락정토의 본존인 아미타불로 보는 것이다. 서쪽에 앉아 동해를 바라보는 것과 바로 뒤에 본원을 현세에서 구현하는 보처보살로 관음보살이 배치된 사실이 이를 뒷받침하는 근거로 보고 있다.

석굴암에 숨어 있는 신비한 과학

석굴암은 치밀한 계산을 통해 과학적으로 설계된 우수한 인공 석굴이다. 주

경건함과 자비로움을 동시에 갖춘 본존불 © 경주시청

실 천장을 돔 형태로 만든 것은 쉬운 공법이 아니다. 전문가들은 천장을 쌓을 때 가장 공을 들였을 거라 말한다. 평편한 사각형의 돌을 잇대어 둥글게 쌓는 일은 수학적으로나 기하학적으로 상당한 지식을 필요로 한다. 천장 위로는 석굴 안에서 생기는 습기를 제거하기 위해 자연스럽게 공기가 드나들 수 있도록 돌과 흙을 덮었다. 천장이 무거울 수밖에 없다. 이 문제를 해결하기 위해 천장의 판판한 돌들 사이에 '주먹돌'이라 하여 볼록하게 튀어나온 돌을 곳곳에 박았다. 주먹돌이 둥글게 쌓아 올린 평편한 돌을 받쳐 힘을 많이 받을 수 있도록 설계한 것이다.

내부의 습기도 문제였다. 습기가 생기면 돌 표면에 이끼가 끼고 물기가 스며들어 오랫동안 제 모습을 유지하기 어렵다. 이를 피하기 위해 석굴 바닥 밑으로 샘을 흐르게 해 습기가 조각상에 닿지 않도록 해서 밖으로 빼내는 방법을 적용했다. 석굴암 바닥을 흐르는 샘물은 항상 12도 정도를 유지한다. 바닥의 온도를 낮춰 습기가 바닥으로 가라앉도록 해서 위쪽에 있는 본존불이나 조각상에는 습기가 닿지 않도록 하였다.

Tips
김대성은 누구인가?

김대성이 불국사와 석굴암을 지은 사람이라는 것은 널리 알려진 사실이다. 그러나 그의 생애에 대한 것은 잘 알려지지 않았다. 재상을 지낸 문량의 아들로, 경덕왕 4년(745) 집사부 중시가 되었다가 750년에 물러났다고 전한다. 하지만 그의 생애에 대한 이야기는 온통 설화로 치장되어 있다.

〈삼국유사〉에 나타난 기록을 살펴보면 김대성은 모량리의 한 가난한 집에서 태어나 홀어머니를 모시고 살았다. 너무나 가난했던 그는 마을에 복안이란 부잣집에서 머슴살이를 했다. 어느 날 점개라는 스님이 복안에게 흥륜사 법회에 시주할 것을 권하니 베 50필을 바쳤다. 그러자 점개는 하나를 시주하면 만 배를 얻게 되고 천신이 항상 보호하여 장수를 누리게 될 것이라는 축원을 했다. 이 말을 들은 대성이 어머니에게 "우리가 지금 가난한 것은 과거에 좋은 일을 한 것이 없기 때문이니, 지금이라도 보시를 하지 않으면 내세에는 더욱 가난하게 될 것입니다"라고 말하고 밭을 시주했다.

그러고 얼마 지나지 않아 대성이 죽었다. 대성이 죽은 날 밤 신라의 재상인 김문량의 집에서는 난데없이 "대성이라는 아이가 너의 집에 환생하리라" 하는 소리가 들려왔다. 그 후 김문량의 아내가 임신하여 아이를 낳았다. 아이는 왼손을 꼭 쥐고 있다가 7일 만에 폈는데, 손에는 '대성'이라는 글자가 새겨진 명패가 있었다.

재상집 아들로 다시 태어나서 성장한 김대성이 하루는 토함산에 올라갔다가 곰을 잡았다. 그날 밤 꿈에 귀신으로 변한 곰이 나타나 왜 자기를 죽였느냐며 화를 내었다. 무서움에 떨던 김대성이 용서를 빌자 곰은 자신을 위해 절을 지어달라고 하였다. 이튿날 잠에서 깬 김대성은 곰을 잡았던 자리에 장수사라는 절을 지었다. 그리고 현생의 부모인 김문량을 위해서는 불국사를 짓고, 전생의 부모인 모량리의 어머니를 위해서는 석굴암을 세웠다고 한다.

고풍스런 단풍이 매력적인 불국사 대웅전

일제에 의해 행해진 엉터리 보수공사

　1910년 경술국치는 우리 역사의 비극임에 틀림없다. 하지만 석굴암 입장에서 보면 다행스런 일인지도 모른다. 본래 일본은 석굴암을 해체해 자기네 나라로 가져가려고 했다. 그러나 한일합병이 이뤄지면서 조선 땅을 식민지화하는 데 성공했으니 굳이 일본으로 가져갈 필요성이 없어졌다. 해체해서 일본으로 가져가지 않는 대신 세 차례에 걸쳐 전면적인 보수공사를 벌였다. 1차 공사는 1913년부터 1915년까지다. 일본의 고건축학자 세키노 테이의 주도 아래 완전 해체된 뒤 재조립되었다. 이때 석굴을 튼튼하게 지탱시키기 위해 돔 형태로 된 석굴의 외부에 1m 두께로 콘크리트를 발랐다. 해체한 석굴을 다시 조립하면서 기존의 석재 외에 200여 개가 넘는 새로운 석재를 추가로 사용했다. 결국 원형을 훼손하는 큰 잘못을 범한 것이다.

잘못된 공사의 결과는 2년이 채 못 돼서 드러났다. 석실에 물이 새 습기가 차는 지경에 이른 것이다. 1917년 2차 공사로 콘크리트 표면에 석회 모르타르와 점토를 깔고, 천장에 하수관을 설치해 물을 밖으로 빠지게 했다. 허나 결과는 마찬가지였다.

1920년부터 1923년까지 4년에 걸쳐 석굴을 덮고 있는 흙을 걷어내고 콘크리트 위에 방수용 아스팔트를 덧붙인 3차 공사를 시행했다. 관을 설치해 석실 바닥에 흐르는 지하수를 밖으로 빼내는 배수공사를 했다. 3차 보수공사를 통해서도 석실 내부의 습기 문제가 해결되지 않자, 1927년 일본은 보일러실을 설치하고 고온의 수증기를 석실 벽에 쏘임으로써 이끼를 제거했다. 이 방법은 해방 전까지 몇 년에 한 번씩 실시됐다. 하지만 화강암에 수증기를 뿜는 것은 오랜 시간 동안 서서히 진행될 자연적인 풍화작용을 짧은 시간에 단축하는 부작용

대웅전보다 한 단 낮은 곳에 조성된 극락전

만 낳았을 뿐이다. 더욱이 1차 보수공사 때 배치한 불상의 위치가 잘못됐음을 알게 되었으면서도 바로 잡지 않았다.

해방 이후 한동안 사람들의 관심에서 벗어나 있던 석굴암에 대해 1962년부터 1964년까지 복원 정비 사업이 실시됐다. 1967년 문화재관리국에서 작성한 〈석굴암 수리공사보고서〉에는 복원 작업의 필요성을 두 가지로 지적했다. 첫째, 일본이 무차별하게 벌인 보수공사로 석굴 구조에 변화가 생겼다. 새로운 석재를 추가해 기본 틀에 변형을 가져왔고, 콘크리트의 사용으로 자연적으로 이루어지던 통풍이 막혀 물이 새고 습기가 끼었다. 둘째, 석굴 앞에 전실을 복원하지 않았다. 석굴암의 전면을 그대로 방치해 토함산에서 올라오는 해풍과 굴 주변의 먼지 등에 무방비 상태로 놓았다는 것이다.

습도 문제를 해결하기 위해 석굴을 감싼 콘크리트에 120cm 간격을 두고 새로운 돔을 만들기로 했다. 석굴암의 모습을 알 수 있는 귀중한 회화자료인 겸재 정선의 '경주골굴석굴도'에 그려져 있는 대로 석실 입구에 목조전실을 세웠다. 이때 일본이 팔부신중 가운데 아수라와 가루라를 금강역사와 마주보도록 한 것을 다른 팔부신중 옆으로 옮겨 금강역사 좌우에서 네 상이 대칭되도록 세웠다. 이외에도 석실 바닥의 지하수에 배수로를 만들었고, 방습 장치 등을 설치했다.

그러나 얼마 지나지 않아 습기가 차고 누수가 일어나게 되자, 1966년에 콘크리트 돔 사이에 공조기를 설치해 인공적으로 공기를 주입하고 뽑아내는 공사를 했다. 그리고 1971년에는 관광객의 출입을 막기 위해 유리벽을 설치했다.

불국토를 건축예술로 표현하다

불국사는 석굴암, 성덕대왕신종과 함께 통일신라시대의 대표적인 문화유산이다. 불교의 이상세계를 세련되고 구체적으로 보여주는 신라문화의 정수로 꼽히기 때문에 석굴암과 더불어 세계문화유산으로 등재되었다.

〈삼국유사〉에서 보았듯, 제35대 경덕왕 10년(751) 김대성이 현세의 부모를 위해 지은 절이다. 김대성이 완성을 하지 못하고 죽자, 나라에서 대신 공사를

맡아 제36대 혜공왕 10년(774) 완공했다. 지금까지 〈삼국유사〉의 기록을 근간
으로 불국사의 역사에 대해 설명하고 있으나, 일각에서 불국사 창건에 대해 이
의를 제기하면서 창건에 대한 여러 가지 이설이 등장했다.

이설에 대한 근거로 〈불국사고금창기〉〈불국사사적〉 등의 문헌기록을 들고
있다.

〈불국사고금창기〉에는 불국사 창건이 제23대 법흥왕 15년(528)에 이뤄졌다
고 되어 있다. 법흥왕의 어머니 영제부인이 불국사를 세우고 비구니가 되었다
는 것이다. 제24대 진흥왕 35년(574)에 창건했다는 내용도 있다. 진흥왕의 어
머니 지소부인이 절을 새로 짓고 비구니가 된 후 비로자나불과 아미타불을 봉
안했다고 한다. 이후 경덕왕 10년(751)에 와서 김대성이 절을 중건하고 탑과
돌다리 등을 만들었다고 한다. 〈불국사사적〉에는 눌지왕 때 아도화상이 불국

대웅전 마당에 서 있는 다보탑과 석가탑

사를 창건했다고 기록되어 있다.

〈삼국유사〉의 기록과 두 문헌의 기록은 김대성이 불국사와 연관이 있다는 것을 제외하고는 창건에 대한 연대가 다르다. 〈불국사고금창기〉에는 창건에 대한 연도가 각기 다르게 나타난다. 〈불국사사적〉에 나오는 아도화상은 신라에 불교를 전파한 고구려 승려다. 아도화상이 언제 태어나서 죽었는지는 알 수 없다. 다만 신라 제19대 눌지왕 때 불교를 전했다고 하니, 눌지왕의 재위기간인 417~458년 사이에 불국사를 창건했다는 말이 된다. 그러나 신라는 불교가 전래되면서 바로 공인되지 못했다. 〈삼국사기〉에 따르면 법흥왕 15년(528) 이차돈의 순교로 공인받았다. 그러니 불교 전래와 함께 불국사 같은 큰 절의 창건이 이루어졌다고 보기 힘들다. 두 문헌의 기록을 사실대로 받아들이기 어렵다는 점을 감안해 김대성이 불국사를 창건하기 이전에 규모가 작은 절이 있었

불국사는 높은 석축으로 인간세상과 불국토를 상징적으로 구분했다.

고, 경덕왕 때 김대성이 새롭게 큰 불사를 일으켰다고 보기도 한다.

신라시대에 창건된 불국사는 고려 제19대 명종 2년(1172) 비로전과 극락전을 중수했다. 조선시대에 와서는 제9대 성종 1년(1436) 관음전, 1490년에는 대웅전, 제11대 중종 9년(1514) 극락전 벽화, 제13대 명종 19년(1564) 대웅전을 중수했다. 제14대 선조 26년(1593) 왜구가 침입해 노략질하자 활과 칼 등의 무기를 지장전 벽 사이에 감췄는데 왜구가 무기를 발견하고는 사람을 죽이고 절을 불태워버렸다. 제15대 광해군 4년(1612) 해안이 경루, 범종각, 남행랑을 복구했고, 제16대 인조 8년(1630) 자하문을 중수했으며, 1648년에는 무설전을 중건하였다. 제17대 효종 10년(1659) 대웅전을 중건하는 등 50여 년 동안 불국사 복원에 힘썼으나 안양문, 극락전, 비로전, 관음전, 나한전, 시왕전, 조사전만이 중건되었을 뿐이다.

근대에 들어서는 고 박정희 전 대통령의 발원으로 발굴을 시작해 유지로만 남아 있던 무설전 · 관음전 · 비로전 · 경루 · 회랑 등을 복원하였고, 대웅전 · 극락전 · 범영루 · 자하문 등을 새롭게 복원하여 오늘에 이르고 있다. 안타까운 것은 지금 우리가 보는 불국사가 본래의 모습이 아니라는 점이다. 복원이 제대로 이뤄지지 않아서다. 복원 당시만 해도 우리나라에는 신라시대 절 건축에 대한 연구가 부족했다. 남아 있던 부분을 제외한 나머지 부분을 고려 및 조선 초기의 절 양식으로 복원하는 잘못을 범했다. 불국사 본래의 모습이 아닌 서로 다른 시기의 건축문화가 섞여 있는 형국이 되었다.

가람배치를 통해 구현한 화엄사상

불국사를 제대로 보기 위해서는 불교사상을 이해해야 한다. 화엄사상에 입각한 불국정토를 지상에 표현했기 때문이다. 신라시대에는 '대화엄불국사'라 불렸다. 심오한 화엄사상을 절이라는 조형예술로 표현했기에 불국사의 가람배치를 알아야 절에 담긴 불교사상을 이해할 수 있다.

불국사는 크게 세 구역으로 나뉜다. 〈법화경〉에 근거한 석가모니불의 사바세계, 〈무량수경〉에 근거한 아미타불의 극락세계, 〈화엄경〉에 근거한 비로자

안양문으로 들어서면 인간세상에서 극락세계로 들어가게 된다.

나불의 연화장세계를 각각 대웅전, 극락전, 비로전의 영역에 담고 있다.

사바세계는 대웅전을 중심으로 청운교·백운교, 자하문, 범영루, 좌경루, 다보탑, 석가탑, 무설전 등으로 구성된다. 중심인 대웅전에는 석가모니불을 주불로 모시고 좌우에 미륵보살과 갈라보살이 협시하고 있다. 이곳이 석가모니불의 사바세계, 즉 속세의 굴레와 번뇌에서 해탈하여 들어선 열반의 경지임을 나타낸다.

불국사는 높은 석축을 쌓고 그 위에 전각을 세웠다. 석축 아래는 인간의 세상을, 위는 부처가 사는 불국토임을 상징한다. 석축 위아래를 연결한 청운교·백운교는 지상과 불국토를 연결해주는 다리다. 이 다리를 통해 모든 사람이 피안의 세계로 인도된다. 계단 중앙에는 분리대가 있어 올라가는 길과 내려가는 길을 구분하고, 계단 아래에는 아치형의 터널을 만들어 물이 흐르는 다리임을 상징적으로 표현했다.

청운교·백운교를 오르면 불국토로 들어서는 관문인 자하문이 있다. 불교에서는 '자금광신'이라 해서 부처의 몸에서 자줏빛을 띤 밝은 빛이 발산된다고 한다. 자하문은 부처의 몸에서 나오는 신비한 빛이 안개처럼 서려 있다는 뜻이다. 자하문을 지나면서 모든 중생은 부처의 광명으로 인간세상의 번뇌와 속박을 씻고 부처의 세계에 들게 되는 것이다. 자하문의 좌우에는 각기 종을 두었던 범영루와 경판을 두었던 경루가 새의 양 날개처럼 돌출되어 있다. 두 누각에서 울려 퍼지는 법음이 악을 멸하고 중생을 피안의 세계로 인도함을 나타내는 것이다.

대웅전 앞마당에는 석가탑과 다보탑이 서로 마주하고 서 있다. 우리나라 사찰에서는 마당에 두 기의 탑을 세울 때는 같은 모양의 탑을 세우는 것이 일반적이다. 헌데 불국사 대웅전 앞에는 서로 다른 형식의 탑을 나란히 세웠다. 이는 불교 경전인 〈법화경〉의 '견보탑품'을 보면 석가모니불이 영축산(인도 고대 국가인 마가타국의 산 이름)에서 경전을 전파할 때 이를 보고 감탄한 다보불이 다보탑을 타고 땅에서 솟아올라 자신이 앉아 있던 자리 반을 석가모니불에게 내어주고 나란히 앉아 설법하게 했다고 한다. 이 구절은 진리란 둘이 아니라 하나이며 과거와 현재는 서로 다른 것이 아닌 함께한다는 것을 의미한다. 석가모니불과 다보불이 함께 상주한다는 상징성을 표현하기 위해 석가탑과 다보탑을 함께 세웠다.

석가탑과 다보탑은 생긴 모습이 무척 다르다. 석가탑은 군더더기 없이 간결하며 각 부의 비례가 완벽해 건장한 남성적 미를 뽐낸다. 8세기 중엽 이후 조성된 석탑 양식은 모두 석가탑을 전형으로 삼고 있다. 1966년 상층부를 해체했을 때, 제2층 탑신부 사리공에서 금동외함, 금동방형사리함, 은제 내외 사리함, 동경, 옥류 등 수십 종의 공양구가 나왔다. 특히 세계에서 가장 오래된 목판 인쇄물인 〈무구정광대다라니경〉이 발견돼 한국의 인쇄 기술을 세계에 알리게 됐다.

다보탑은 복잡하고 화려한 아름다움이 석가탑과 대조를 이뤄 여성미를 지녔다고 평가된다. 잘 다듬은 석재를 목조건축을 짓듯 짜맞춘 독특한 구조와 독창적인 표현은 세계 어느 나라에서도 찾아볼 수 없다. 1층 탑신 서쪽에 돌사자상 하나가 남아 있다. 원래 동서남북 사방에 돌사자상이 놓여 있었다고 하는데, 일제시대에 일본인이 가져간 것으로 알려진다. 탑 속의 사리장엄구 역시 행방을 모른다.

대웅전 뒤의 무설전은 경론을 강의하는 강당이다. 말이 많이 오고가야 할 강당의 이름을 '말이 없는 곳'이라고 붙인 데는 깊은 뜻이 숨어 있다. 진리의 본질, 즉 불교에서 말하는 지극한 진리는 말을 통해 드러나지도, 전해지지도 않는다는 것을 의미한다. 진리를 말로 하려 하지 말고 마음을 다스려 부처님의 말씀을 배우라는 가르침이 담겨 있다.

건물의 배치가 끝나면 대웅전 영역에 회랑이 빙 둘러져 있어 사람들의 행동을 통제한다. 회랑은 부처에 대한 존경의 뜻에서 설치한 것이다. 불상이 봉안된 대웅전을 정문에서 출입하는 것은 무례한 것이므로, 회랑을 따라 이동하게 함으로써 측면으로 움직이게 한 것이다.

극락세계는 극락전을 중심으로 연화교·칠보교, 안양문 등으로 구성된다. 중심인 극락전에는 아미타불을 주불로 모시고 있다. 이곳이 아미타불이 상주하는 극락세계임을 나타낸다.

석축 아래에서 연화교·칠보교를 밟고 올라서면 안양문에 이른다. 이 다리는 지상과 극락을 이어주는 상징성을 지녔다. 특히 연화교에는 활짝 핀 연꽃이 조각되어 있어서 극락으로 향하는 길에 아름다운 향기를 더해준다. 안양은 곧 극락정토를 말한다. 그러므로 안양문은 극락세계로 들어가는 관문인 것이다. 극락은 모든 사람이 속세의 고통에서 벗어나 다시 태어날 수 있는 행복의 땅으로, 서방정토에서 가장 훌륭하고 장엄한 세계라고 한다.

안양문을 통해 들어서면 경내 중심에 극락전이 있다. 극락전은 아미타불을 주불로 봉안한다. 누구나 나무아미타불을 한번이라도 외우기만 하면 아미타불이 모든 중생을 극락정토로 인도한다는 아미타신앙은 민간에서 크게 유행했었다.

8세기 중엽, 불국사가 창건된 시기는 아미타신앙이 가장 번성하던 때다. 이러한 시대적 상황으로 본다면 불국사 조영에 있어서 아미타불이 모셔진 극락전이 중심 건물이 되고, 위치도 가장 높은 곳에 있어야 한다. 그러나 극락전 영역은 대웅전 영역보다 규모도 작고, 위치도 한 층 낮은 곳에 있다. 대웅전 구역의 좌우 폭은 약 51m, 전후 폭은 약 71m, 극락전 구역의 좌우 폭은 약 38m, 전후 폭은 42m에 불과하다. 수치상으로 봐도 극락전 구역은 대웅전 구역의 절반도 못 된다. 불국토의 중심에 있다고 하는 극락세계가 사바세계에 비해 눈에 띄게 작게 표현된 이유는 무엇일까.

그 이유는, 아미타신앙이 민간에서 크게 유행했지만 그것이 어디까지나 화엄사상의 범주 안에서 전개되었기 때문이다. 화엄종의 창시자라 할 수 있는 의상과 원효는 화엄사상이 너무나 어렵기 때문에 일반 대중에 쉽게 전파할 수 있는 아미타신앙과 관음신앙을 내세운 것이다.

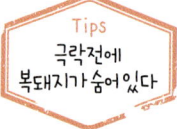

Tips
극락전에 복돼지가 숨어있다

극락전 처마 밑에 숨어 있는 복돼지를 찾아보자. '極樂殿(극락전)'이라고 쓰인 현판 뒤를 자세히 보면 복돼지 한 마리가 숨어 있다. 돼지는 재물과 의식의 풍요를 상징하는 길한 동물이다. 세상의 모든 행복과 즐거움이 가득하다는 극락정토에 복돼지는 부와 귀의 상징인 동시에 지혜로 부귀를 잘 다스려야 한다는 의미다.

연화장세계는 비로전을 중심으로 한다. 비로전의 주불은 비로자나불이다. 비로자나불은 불교의 진리를 설법하는 법신불이자 화엄 불국의 주인이 되는 부처다. 비로자나란 '빛을 발하여 어둠을 쫓는다'는 뜻이다. 부처의 광명이 온 누리에 두루 비춰 모든 세계를 포용한다는 의미를 내포한다.

화엄사상에서 연화장세계는 중생이 도달할 수 있는 가장 높은 경지를 상징한다. 그렇기 때문에 불국사에서 대웅전 영역보다 면적은 작지만 더 높은 위치에 있는 것이다. 연화장세계는 진리를 깨달아 이르는 해탈의 경지다. 이 경지에 들면 모든 삼라만상이 평등 속에서 조화를 이루고 있음을 알게 된다고 한다. 그렇다면 대웅전, 극락전, 비로전 영역은 서로 상하 구분이 없고 평등한 세계라는 말이 된다. 하지만 불국사에서는 각각의 높이와 규모에 차별을 두어 이상세계를 표현하고 있다.

심오한 불교 사상을 건축물에 담아 표현하는 것은 매우 어려운 일이다. 인간은 서로 간의 구별이 확실하고 차별이 존재하는 세상에 살고 있다. 불국사에서는 정토와 법계의 관계를 눈으로 볼 수 있게 하기 위해서 부득이하게 정토는 낮고 법계는 높게 표현한 것이다.

©경주시청

석굴암 본존불

우리나라에 남아 있는 불상 가운데 최고의 걸작품으로 꼽힌다. 왼쪽 어깨에 옷을 걸치고 오른쪽 어깨는 드러낸 채 법의를 걸쳤으며 두 다리는 가부좌를 틀고 앉아 있다. 옷 주름은 간략하게 표현해 불상의 단순한 조형미를 강조한다. 깊은 사색에 잠긴 듯 가늘게 뜬 눈, 보일 듯 말 듯한 엷은 미소를 머금은 입술, 풍만한 얼굴과 몸에는 범접할 수 없는 근엄함과 한없는 자비로움이 공존한다. 돌을 깎아 만들었다고 믿기 어려울 정도로 살아 숨 쉬는 듯한 세련된 솜씨가 돋보인다.
본존불이 안치된 석굴암 석굴은 국보 제24호로 지정되어 관리되고 있다.

불국사 연화교 및 칠보교

국보 제22호
아미타불을 모신 극락전으로 통하는 다리. 불국사는 높은 축대를 쌓고 그 위에 전각을 세움으로써 인간의 세계와 부처의 세계를 구분했는데, 연화교·칠보교가 극락으로 들어갈 수 있는 유일한 길이다. 아래쪽에 있는 것이 연화교이며 위쪽에 있는 것이 칠보교이다. 연화교는 말 그대로 돌계단에 연꽃잎을 새겨 이름 붙였으며 칠보교는 칠보라는 뜻 그대로 일곱 가지 보석의 다리라는 말이다.

불국사
청운교 및
백운교

국보 제23호

석가모니불이 계시는 대웅전으로 오르는 다리. 연화교·칠보교와 마찬가지로 부처님의 세계로 들어가는 상징적 의미가 있다. 다리를 오르면 대웅전의 관문인 자하문에 닿게 되고, 문 안으로 들어서면 세상의 굴레와 속박을 떠나서 석가모니의 피안세계로 드는 것이다. 통일신라의 다리로는 유일하게 완전한 형태로 남아 있다. 두 개의 돌다리가 45도의 경사로 높다랗게 걸려 있는데, 위쪽의 계단을 백운교라 하고 아래쪽의 계단을 청운교라 한다. 계단 중앙에는 한 개의 큰 돌을 놓아 올라가는 길과 내려가는 길을 구분하고 있다. 계단 아래에는 아치형의 터널을 만들어 물이 흐르는 다리임을 상징적으로 표현했다. 다리의 옆면을 널따란 판석으로 막고 가로와 세로의 기둥을 세운 것은 목조건축의 형식을 보여준다.

© 경주시청

**불국사
금동아미타여래
좌상**

국보 제27호

불국사 극락전에 봉안된 높이 166cm의 통일신라시대 아미타불상. 얼굴은 정면을 보고 있으며, 어깨에는 가사를 걸쳤다. 오른손은 오른쪽 무릎에 얹었으며, 왼손은 손바닥을 벌리고 가운데 손가락을 굽혀 설법하는 모습을 표시하고 있다. 네모진 얼굴에 벌어진 어깨, 당당한 가슴, 늘씬한 몸매에 볼록한 아랫배 등은 건장한 남성의 체구를 연상시킨다.

**불국사
다보탑**

국보 제20호

불국사 대웅전 앞마당 동쪽에 있는 높이 10.4m의 통일신라시대 석탑. 서쪽에 나란히 서 있는 석가탑이 간결하고 강한 느낌의 남성적인 탑이라면, 다보탑은 화려하고 세련된 모습의 여성적인 탑이다. 다른 탑과는 형식적인 면에서 전혀 다른, 기존 탑의 규범에서 벗어난 탑이다. 화강암을 목재 다루듯이 한 조각 수법이 통일신라시대의 수준 높은 석공기술을 보여준다. 1층 탑신에는 돌사자 한 마리가 앉아 있는데, 원래 사방에 네 마리가 있었으나 나머지는 일본인에 의해 반출되었다.

© 경주시청

불국사 금동비로자나불좌상

국보 제26호

불국사 비로전에 봉안된 높이 1.77m의 통일신라시대 비로자나불상. 진성여왕이 화엄사상에 의해 조성한 불상으로 추정된다. 현재 대좌와 광배는 없어지고 불신만 남아 있다. 손은 오른손의 둘째손가락을 세워서 왼손으로 감싸 잡은 지권인을 하고 있다. 이는 세상 모든 진리는 하나로 돌아간다는 뜻이다.

불국사 삼층석탑

국보 제21호

불국사 대웅전 앞마당 서쪽에 있는 높이 10.2m의 통일신라시대 석탑. '석가탑' 또는 '무영탑'이라고도 한다. 신라시대의 석탑뿐만 아니라 우리나라 석탑을 대표하는 뛰어난 작품이다. 감은사지삼층석탑과 고선사지삼층석탑으로 이어지는 통일신라 석탑양식의 전형을 이루고 있다. 다보탑이 화려하고 세련된 이미지의 여성적인 느낌이라면, 석가탑은 아무런 조각이나 장식이 없어 선이 간결하고 화려하지 않은 남성적인 느낌이다. 상륜부가 결실되었던 것을 1973년 남원 실상사삼층석탑의 것을 본떠서 복원했다. 1966년 도굴범의 훼손으로 인한 탑신부 해체수리작업 도중 제2층 탑신부의 사리공안에서 사리를 비롯한 장엄구와 세계에서 가장 오래된 목판인쇄물인 〈무구정광대다라니경〉 등이 발견됐다.

가볼 만한 곳 경주

✚ **보문단지** 보문호를 중심으로 조성된 보문단지는 역사여행지가 아닌 관광휴양지다. 호텔, 콘도 등 다양한 숙소와 경주월드, 엑스포 공원 등 놀이시설이 있어 즐거움을 추구하는 가족여행자에게 인기가 높다. 봄이면 호수 주변에 벚꽃이 만개해 꽃대궐을 이룬다. 단지 내에는 자전거, 4륜 바이크를 대여해주는 상점이 많아 자전거나 4륜 바이크를 타고 호수를 돌아보는 것도 좋다. 그 밖에 미술관, 공연장 등이 있어 문화체험 공간으로도 좋다.

✚ **신라밀레니엄파크** 역사공부와 놀이를 동시에 충족할 수 있는 역사체험 놀이동산. 신라시대 건축물을 그대로 옮겨 놓은 듯한 귀족마을 '천년고도'에서는 골품제도에 따라 성골, 진골, 6두품, 5두품, 4두품 민가로 구성. 신분에 따른 가옥의 규모와 특징 및 생활도구를 체험할 수 있다. 〈삼국사기〉의 기록과 고분벽화 등을 근거로 고건축전문가들의 자문을 받아 추정 복원한 국내 유일의 신라시대 목조건물 가옥촌이다. 매일 신라의 이야기를 주제로 다양한 공연이 펼쳐지고, 공예체험장에서는 염색, 금속, 토기체험 등 전통 공예를 배우는 시간을 즐길 수 있다.
※ **Open** 10:00~19:00 **Cost** 주간권 어른 1만8000원 청소년 1만5000원 어린이 1만3000원 **야간권** 어른 9000원 청소년 7000원 어린이 6000원 **Tel** 054-778-2000 **Web** www.smpark.co.kr

✚ **감은사지** 신라 제31대 신문왕이 681년 문무왕의 뜻을 이어 해안가에 창건한 사찰. 삼국을 통일한 문무왕은 해변에 절을 세워 불력으로 왜구를 격퇴시키려 하였으나, 절을 완공하기 전에 위독하게 되었다. 문무왕은 "죽은 후 나라를 지키는 용이 되어 불법을 받들고 나라를 지킬 것"이란 유언을 남겼다. 신문왕은 부왕의 뜻을 받들어 절을 완공하고 감은사라 하였다.
금당 아래에는 문무왕의 화신인 용이 출입할 수 있도록 큰 구멍을 뚫게 했다고 하니 당시에는 바다와 가까웠던 것으로 추정된다. 황룡사, 사천왕사 등과 함께 호국사찰로 명맥을 이어왔으나, 언제 폐사되었는지는 밝혀지지 않고 있다.

✚ **괘릉** 괘릉은 신라의 왕릉 중에서도 가장 볼거리가 많으며, 통일신라시대의 능묘제도를 가장 완벽하게 보여준다. 능의 주인은 제38대 원성왕이라는 설이 설득력 있다. 일연의 〈삼국유사〉에는 원성왕릉이 토함산 동곡사에 있으며, 동곡사는 당시에 숭복사라 불렸고 최치원이 비문을 쓴 비석이 있다고 적고 있다. 현재 괘릉에 비서은 남아 있지 않다. 그러나 가까운 곳에 숭복사 터가 있어 괘릉이 원성왕릉이라는 설을 뒷받침해 준다. 괘릉의 구조는 봉분과 그 앞의 석조물로 이루어져 있다. 봉분은 원형으로 지름 약 23m, 높이 약 6m 규모이다. 봉분 아래에는 봉토가 붕괴되지 않도록 둘레석이 둘러쳐져 있다. 둘레석

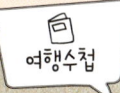
여행수첩

에는 십이지신상을 조각했다. 통일신라시대의 능묘제도가 당의 영향을 받았음에도 둘레석에 십이지신상을 배치하는 것은 신라의 독창적인 기법이다. 봉분에는 난간석을 설치했다. 봉분 앞 약 80m 떨어진 곳에 동서로 돌사자 두 쌍, 문·무인석 한 쌍, 화표석 한 쌍이 마주하고 서 있다. 네 마리의 사자는 한 발은 땅을 짚고, 다른 한 발은 땅을 파헤치는 모습이다. 얼굴은 자기가 지키는 방위를 향해 있다. 돌사자를 비롯한 다른 석상들의 조각 수법도 매우 당당하고 섬세하여 우수한 조각품으로 평가된다. 특히 무인석은 그 생김새가 눈이 깊숙이 패이고, 머리가 곱슬인 서역인의 모습을 하고 있어 당시 신라가 서역과도 교류를 하였음을 알려주고 있다.

✚ **문무왕릉** 감포 앞바다 바위섬에 조성된 수중릉. '대왕암'이라는 이름으로 친숙하다. 세계에서 유례를 찾을 수 없는 수중왕릉이다. 육지와 약 200m 떨어져 있으며, 바위섬 가운데에 십자로 수로가 나 있는 곳이 화장한 유골을 봉안한 납골처로 여겨진다. 일각에서는 대왕암이 화장한 유골을 뿌린 산골처라는 설도 있다. 무덤의 주인은 신라 제30대 문무왕이다. 문무왕은 668년 고구려를 멸망시키고, 676년에는 당나라 세력을 한반도에서 축출해 삼국통일의 위업을 달성했다. 죽은 후 인도식으로 화장해 유해를 동해의 큰 바위에 매장하였다고 한다.

✚ **가는 길**
경부고속도로 경주 IC를 나와 직진하면 오릉사거리다. 오릉사거리에서 보문단지 방향으로 직진하다가 7번 국도와 만나는 사거리에서 우회전한다. 한참 가다 보면 불국사역 앞 삼거리가 나오는데, 삼거리에서 좌회전해 들어가면 불국사 주차장에 도착한다.

✚ **맛집**
놋전분식
이름은 분식집인데 메뉴는 포장마차에서 나 볼 수 있는 것들이 주를 이루는 특이한 식당이다. 초행인 사람은 건물이 낡고 허름한 분위기여서 선뜻 들어갈 마음이 들지 않을 수도 있다. 하지만 경주 토박이들 사이에서는 부담 없이 들러 막걸리 한 사발에 가오리회 한 접시 먹기에 제격이라고 한다. 가오리회가 맛있기로 소문이 자자하다. 식사 메뉴는 회, 잔치·비빔국수가 전부다. 투박하게 나오지만 그 속에 담긴 깊은 맛은 분식의 이름을 단 이 식당을 유명하게 만들었다. 회국수는 매일 새벽 감포 바다에서 구입한 참가자미를 사용한다.
위치 대릉원에서 요석궁 가는 길 중간
영업시간 10:00~22:00
전화 054-749-2162
가격 회국수 6000원 잔치국수 4000원
　　　　부추전 7000원

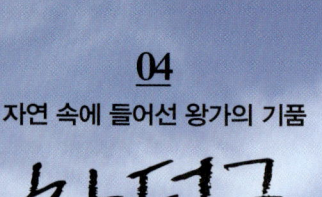

Info 문화유산 정보

등재시기 1997년 12월

등재이유 ① 동아시아 궁전 건축사에 있어 비정형적 조형미를 간직한 대표적 궁궐이다.

② 자연경관을 배경으로 한 건축과 조경의 조화와 배치가 탁월하다.

창덕궁은 조선왕조의 이궁이다. 경복궁이 조선왕조의 정궁이긴 했지만 그리 오래 사용되지 않았다. 제3대 태종 때 다시 한양으로 돌아왔지만 경복궁으로 들어가지 않고 새로이 창덕궁을 지어 기거했다.

····❀····

어느 날, 친구가 물었다. "세계문화유산으로 등재되면 뭐가 좋아?"라면서 "유네스코에서 보존하는 데 어떤 지원을 해주나?" 하고 덧붙였다. 질문이 여기에 이르자 궁금증이 생겼다. '세계문화유산이 왜 중요할까?' 물론 세계문화유산이 무엇이고, 우리 문화유산이 세계적으로 우수성과 중요성을 인정받은 증거이자, 한국을 알리는 훌륭한 관광자원이라는 등 상투적인 내용에 대한 얘기는 아니다. 문화유산이 지닌 가치에 대한 문제제기였다.

친구의 질문을 계기로 '세계문화유산 등재'가 중요한 이유를 존재와 의미에 대한 가치부여에서 찾았다. 그러면서 김춘수 시인의 '꽃'이 떠올랐다.

"내가 그의 이름을 불러 주기 전에는 / 그는 다만 하나의 몸짓에 지나지 않았다. / 내가 그의 이름을 불러 주었을 때 / 그는 나에게로 와서 꽃이 되었다."

이전에 평범한 존재로 인식되던 문화유산이 세계유산이란 이름을 얻으면서 새롭게 다가온 것이다. 무관심했던 문화유산에 관심을 갖게 되고, 관심을 가지고 바라보니 이전에 봤던 것과는 무언가 다름을 깨닫는 기회가 되었다.

창덕궁의 경우도 크게 다르지 않다. 서울의 여러 궁궐 중 하나로만 생각했던 사람들이 세계문화유산이라니까 한 번 더 보게 되고, 등재된 이유를 생각하게 되었다. 창덕궁은 언제나 제자리에 있었지만, 사람들에 의해 다시 태어난 셈이다. 창덕궁 후원도 마찬가지다. 후원은 한동안 비원이라 불렸다. 많은 지식인들이 '비원'이 아니라 원래 이름인 '후원', '북원', '금원'으로 불러야 한다고 주장했다. 그럼에도 연세가 지긋한 노인들은 후원보다 비원이라는 말에 익숙하다.

비원이란 이름은 일제강점기에 붙여졌다. 일제가 후원을 비밀스럽고 음흉한 곳이라고 깎아내리기 위해 지었다. 심지어 창덕궁 자체를 비원이라 해서 격하했다. 아직까지 후원을 비원이라고 부르는 이들이 있지만, 분명한 것은 그런 이들의 수가 많이 줄었다는 점이다. 오욕의 역사를 바로잡는 데 세계문화유산 등재가 도움이 되고 있다. 원래 명칭을 되찾아 사용하고, 대외적으로 홍보함으로써 자연스럽게 사람들이 우리의 역사에 관심을 갖고 바로 알게 되었다.

경복궁을 대신할 궁궐을 짓다

창덕궁은 조선왕조의 이궁이다. 경복궁이 정궁이긴 했지만 그리 오래 사용되지 않았다. 제2대 정종이 즉위하면서 개경으로 도읍을 옮겨 궁을 비우게 되었다. 제3대 태종 때 다시 한양으로 돌아왔지만 경복궁으로 들어가지 않고 새로이 창덕궁을 지어 기거했다.

〈조선왕조실록〉에 전하는 창건 당시 규모는 외전 73칸, 내전 118칸이다. 규모는 그리 크지 않았다. 경복궁을 놔 두고 새로운 궁궐을 지은 이유는 무엇일

금천교를 건너야 인정전에 들어갈 수 있다.

돈화문 추녀마루에 장식된 잡상

까. 풍수설에 따른 것이다, 정궁인 경복궁의 지세를 문제 삼은 것이다. 이는 표면적인 이유일 뿐 실제로는 정치적인 배경이 크게 작용했다. 경복궁은 태종이 권좌에 오르기 위해 방석·방번 등 이복형제들과 정치적 동지인 정도전 등 개국공신들을 제거한 살육의 현장이기 때문이다.

태종 5년(1405) 2월 정전이 건립되고, 11년(1411) 금천교가, 12년(1412)에는 돈화문을 건립했다. 제7대 세조가 즉위해서는 정전인 인정전을 다시 짓고 궁내 건물의 이름을 고쳤다. 조계청은 선정전, 후동 별실은 소덕당, 후서 별실은 보경당 등으로 개명되어 대체로 오늘날까지 이어져 오고 있다. 9년(1463)에는 약 6만 2000평이던 후원을 넓혀 15만여 평의 규모로 확장했다. 제9대 성종은 즉위하고 창덕궁에 머물면서 정사를 보는 일이 많았고, 제10대 연산군은 주로 창덕궁에서 정사를 봤다.

제14대 선조 25년(1592) 임진왜란 때 경복궁, 창경궁과 함께 불에 탔다. 선조 40년(1607) 중건을 시작해 제15대 광해군 1년(1609) 공사를 마쳤다. 임진왜란이 종식되고 가장 먼저 재건된 것은 경복궁이 아닌 창덕궁이었다. 경복궁은 복구되지 않고 그대로 방치되었다가 제26대 고종 5년(1865) 4월에 중건이 시작되어 1872년에 완료되었다. 그리하여 임진왜란 이후에는 이궁이었던 창덕궁이 정궁 구실을 했다.

광해군 때 힘들게 복원된 창덕궁은 광해군 15년(1623) 인조반정으로 불에 타는 불운을 겪었다. 〈조선왕조실록〉은 당시 사건을 이렇게 전한다.

"왕(광해군)이 이미 숨은 뒤에 군사들이 궁궐에 들어왔다. 궁중은 텅 비어 사람이 없었고, 왕을 찾기 위해 뒤졌으나 못 찾았다. 이때 횃불을 잘못 버려 궁전이 잇달아 불탔다. 금화도감의 군사들로 하여금 불을 끄게 하였으나 인정전만 남고 모두 탔다."

창덕궁은 인정전과 몇몇 건물을 제외하고는 화마에 잿더미가 되었다. 그 뒤 25년이 지난 제16대 인조 25년(1647)에 와서야 복구되었다. 이때 총 735칸이 재건되었는데, 6월에 창덕궁수리도감이 설치돼 공사를 시작해 11월에 마무리했다. 공사기간이 5개월에 불과했다. 700여 칸이 넘는 대공사를 하면서 이토록 짧은 시간 안에 마칠 수 있었던 것은 인경궁의 전각을 헐어 그 자재를 활용했기 때문에 가능했다. 인경궁의 전각을 그대로 옮겨온 것도 있고, 문비·포재 등 주요 자재를 그대로 이용한 것도 상당수다.

인경궁은 광해군이 인왕산 아래에 지었던 궁궐이다. 광해군은 임진왜란으로 불에 탄 창덕궁을 복구는 했지만 옮겨가는 것은 망설였다. 창덕궁에서 단종, 연산군 대에 일어난 불길한 사건을 들어 풍수지리적으로 불길하다는 의견이 작용했기 때문이다.

경기도 파주시 교하에 신궁을 건설하고자 했으나 실패로 돌아갔다. 광해군 8년(1616) 승려 성지가 인왕산 아래가 명당이니 이곳에 궁전을 세우면 태평성대가 온다는 주장을 하자 궁터를 잡고 이듬해부터 공사를 시작했다. 이때 지은 궁궐이 인경궁이다. 하지만 인경궁은 완성되지 못하고 인조반정으로 중지되었다.

창덕궁이 정궁 역할을 하면서 크고 작은 사건이 많이 일어났다. 효종, 현종, 영조가 이곳에서 즉위를 했으며, 사도세자가 뒤주에 갇혀 죽임을 당한 곳도 창덕궁 안에서였다. 부주의로 인한 화재도 간혹 발생했다. 제23대 순조 33년(1833)과 1917년에는 대조전을 비롯한 주변 건물을 모두 태우는 큰불이 있었다. 순조 때 발생한 화재는 이듬해 그대로 복구하며 수습되었으나, 1917년의 화재 때는 창덕궁의 형태나 규모, 내부 양식이 전과 다르게 바뀌는 복구가 이뤄졌다.

일제강점기에 복구가 이뤄지면서 경복궁 내전 건물을 뜯어다 다시 짓고, 한국식을 위주로 하되 서양식 건물도 짓게 된 것이다. 이때 대조전을 비롯해 희정당, 흥복헌, 경훈각, 함원 등이 중건되었다. 경복궁의 교태전, 강녕전, 동행각, 서행각, 연길당, 경성전, 연생전, 응지당, 흠경각, 함원선, 만경전, 흥수전 등이 철거 대상이었다.

일제강점기에는 수모를 겪기도 했다. 일본은 우리나라를 강제병합한 지 2년 후인 1912년 창덕궁의 인정전과 후원을 내·외국인에게 관람하도록 허용한 것이다. 조선의 궁궐을 일반에 공개한 것은 왕실과 궁궐의 위엄을 땅에 떨어뜨리는 일이다. 이로 인해 각종 시설이 고쳐져 건물 상당수가 철거되고 지금의 모습이 되었다.

자유로운 건물배치, 독특한 공간구성

궁궐은 나라와 왕실을 대표하는 얼굴이다. 국가의 통치이념과 왕실의 위엄이 자연스레 배어 있어야 한다. 중국의 성리학을 통치이념으로 받아들인 조선은 〈주례〉〈예기〉〈의례〉 등 중국 고전을 궁궐 건축의 기준으로 삼았다.

경복궁의 경우 도성의 시가지 배치에 준했다. 북악을 기준으로 궁궐을 남쪽으로 향하도록 배치하고 그 뒤에 시가지를 형성하는 방법을 썼다. 이를 '전조후시(前朝後市)'라 한다. 궁궐의 왼쪽에는 왕실 조상의 사당인 종묘를, 오른쪽에는 토신과 곡신에게 제사지내는 사직단을 배치했다. 이는 '좌묘우사(左廟右祠)'

인정전에 두른 회랑

라 불렀다.

궁궐 내 각 건물의 배치도 공적인 영역과 사적인 영역을 나눴다. 나랏일을 보기 위한 건물은 정면에서 마주 보았을 때 앞에 위치하고, 침전 등 일상생활을 영위하기 위한 건물은 뒤에 배치하는 방법이다. 이를 '전조후침(前朝後寢)'이라 한다.

이를 기본으로 궁궐의 가장 중심에 국가의 주요업무를 보는 정전을 세우고, 그 주위를 회랑으로 겹겹이 둘렀다. 정전 뒤에는 왕과 왕비 등의 거처인 내전을 두고 회랑으로 둘러막았다. 이어 왕이 휴식을 취하고 정서를 함양하기 위한 공간인 정원을 조성했다.

궁궐을 꾸미는 또 하나의 원칙으로 '삼문삼조(三門三朝)'라 해서 궁궐을 3개의 구역으로 나눠 각 구역마다 회랑을 두르고 문을 세웠다. 3개의 구역이란 조정의 관리들이 업무를 보는 행정관청 구역(외조), 왕이 신하들과 정치를 행하는 정전과 편전 구역(치조), 왕과 왕비가 생활하는 침전이 위치한 구역(연조)을 말한다. 세 구역은 회랑과 담으로 둘러싸여 있어 마치 단절된 것처럼 보이나 실은 남북으로 각 구역을 나누는 문으로 연결되어 있다. 각 구역은 다시 담과 회랑으로 둘러싸여 있으며, 동·서·남·북을 연결하는 문으로 이동이 가능했다.

궁문은 궁궐과 바깥세상을 연결하는 통로다. 정문은 반드시 남쪽을 향하도록 했다. 나라를 다스림에 있어 올바른 정치를 구현한다는 상징을 나타내는 것이다. 궁문을 열면 왕의 바른 명령과 교서가 밖으로 나가 온 나라에 퍼지고, 세상의 충신이 들어오도록 하며, 닫았을 때는 세상에 떠도는 이상한 말과 사악한 무리들을 끊어버리는 것이 정문의 역할이라 믿었다.

이러한 원리를 바탕으로 경복궁은 정문인 광화문을 중심으로 근정전, 사정전, 침전이 남북으로 일직선상에 놓여 있다.

창덕궁의 궁궐배치는 경복궁과 사뭇 다르다. 학자들은 창덕궁의 특징으로 자유로운 건물 배치를 한 독특한 공간구성을 이야기한다. 창덕궁이 경복궁과 다른 궁궐배치를 갖는 이유는 지형에서 찾을 수 있다. 경복궁이 넓은 평지에 들어서 있는 반면, 창덕궁은 뒤에 낮은 언덕이 있고 좌우로 평지가 펼쳐진 곳에 자리하고 있다. 궁궐이 들어선 자리의 지세가 다르니 건물의 배치가 다르게 나타날 수밖에 없다. 창덕궁은 지세에 적절하게 대응하며 건물을 배치했다.

정문인 돈화문이 궁궐 중심에 있지 않고 서남 모퉁이에 남쪽을 향해 있다. 정문을 들어서면 오른쪽으로 금천교라는 다리를 건너 조금 걸어야 정전의 출입문인 인정문이 나온다. 동북 방향인 인정문 뒤에 정전 일곽이 꾸며진 것이다. 편전인 선정전은 정전 오른쪽에 두었다. 침전은 편전 우측으로 전개된다. 희정당 뒤로 대조전이 있고, 그 뒤에 경훈각 등의 건물이 있다. 침전 구역 뒤로는 언덕이 있어 더 이상 건물을 지을 수 없다. 이처럼 창덕궁은 건물배치가 여러 개의 축으로 이루어져 있다.

구석구석 재미있는 장식물 가득

창덕궁 관람은 정문인 돈화문에서 시작한다. 이 문은 우리나라에 남아 있는 궁궐 정문으로는 가장 오래되었다. 조선왕조 오백 년 동안 경복궁을 대신해 정궁의 역할을 해온 창덕궁이지만 정문은 경복궁의 정문인 광화문에 비해 조촐하다. 광화문은 홍예문 셋이 열린 육축 위에 세워 웅장하지만, 돈화문은 창덕궁이 이궁으로 지어졌기 때문에 다소 위축되었다. 그럼에도 광화문과 크게 차이가 나는 게 있으니, 바로 5칸이라는 것이다. 당시 5칸 대문은 중국 황제만 사용할 수 있었다. 경복궁, 창경궁, 경희궁 등 우리나라 궁궐의 정문은 모두 3칸이다. 유독 돈화문만 5칸이다. 하지만 안타깝게도 양쪽 끝 칸을 막아놓았다.

돈화문 2층 문루에는 큰 종과 북이 있어 백성들에게 시간을 알려주었다. 정오(낮 12시)는 북을 쳐서 알렸다. 통행금지 시간을 알리는 저녁 종은 오후 7시경에 28번, 통금해제 시간인 새벽 4시경에는 33번의 종을 쳤다.

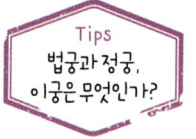

Tips
**법궁과 정궁,
이궁은 무엇인가?**

궁궐을 설명할 때 자주 등장하는 단어가 법궁, 정궁, 이궁이다. 법궁과 정궁은 같은 말이다. 정궁은 왕과 왕비가 사는 궁궐이라는 뜻이다. 육궁이라 해서 왕의 침전(정궁), 왕비의 침전(중궁), 왕세자의 침전(동궁), 대비의 침전(서궁), 후궁 및 세자빈의 침전(빈궁) 등이 다 갖춰져야 정궁이라고 한다. 경복궁이 이에 해당한다. 이궁은 정궁을 사용할 수 없을 때를 대비한 궁궐이다. 정궁의 보조역할을 하는 셈이다. 창덕궁은 이궁이기 때문에 육궁을 다 갖추지 않았다. 이외에 서울을 떠났을 때 잠시 머무는 궁궐을 행궁이라고 한다.

창덕궁은

경복궁의 이궁으로 지어졌지만,

경복궁을 대신해 조선의 정궁 역할을 했다.

돈화문을 들어서면 왼편으로 수령 300~400년 정도 된 회화나무가 있다. 이 나무는 학자의 높은 기상을 상징해 학자수라고도 한다. 중국 주나라에서 궁궐의 정문과 정전의 대문 사이에 회화나무 8그루를 심고 가장 높은 직위의 삼공이 나무 아래서 마주보고 정사를 돌보았다는 전통을 이어 받아 궁궐 입구에 회화나무를 심은 것이다.

정전으로 가기 위해서는 금천교를 건너야 한다. 다리 아래로 흐르는 물은 금천이라고 한다. 금천은 왕의 공간과 백성의 공간을 구분하는 상징성을 지닌다. 인정전에 들어가는 신하들에게 마음가짐과 몸가짐을 단정히 하라는 의미도 담고 있다. 2개의 홍예 모습을 한 금천교에는 여러 가지 문양과 조각이 장식되었다. 각각의 문양과 조각은 저마다 의미를 담고 있다. 가장 먼저 눈에 띄는 것은 다리 오른쪽(남쪽) 밑 해치다. 해치는 착한 사람을 보호하고 악인을 미워한다는 상상 속의 동물이다. 해치를 조각해 놓은 것은 정의를 지키고 나쁜 기운을 물리친다는 의미다. 해치 반대편에는 거북이 있다. 풍수지리에서는 현무라 해서 거북과 뱀이 모인 상상의 동물을 북쪽의 수호신이라 한다. 금천교의 거북은 북쪽을 지키는 신령스런 동물이라는 의미를 담고 있다. 해치와 거북 바로 위에는 귀신 얼굴이 새겨져 있다. 이를 새겨 놓은 것도 금천을 통해 들어올 지 모르는 악한 것을 막는다는 뜻을 담고 있다.

금천교 뒤 진선문을 지나 왼편의 인정문을 들어서면 인정전이 보인다. 인정전은 창덕궁의 정전이다. 왕은 여기서 신하들의 아침 조회를 받고, 정령을 반포하고, 외국의 사신을 맞이했다. 왕의 즉위식·왕세자 책봉의식 등 왕실의 중요 의식이나 관리 임용식 등도 정전에서 치러졌다. 궁궐에서 가장 으뜸이 되는 건물이다. 〈궁궐지〉에는 "역대 왕들이 이곳에서 백관하례를 받았다."고 기록되어 있다.

인정전 앞 뜰 가운데에는 삼도라는 세 길이 있다. 가운데 길이 양쪽의 길보다 약간 높다. 가운데 길은 왕이 다니는 어도이고, 양쪽의 길은 신하가 다니는 길이다. 삼도 양옆으로는 직사각형 모양의 돌들이 세로로 나란히 놓여 있다. 품계석이다. 조선시대에는 관원의 등급을 정일품부터 종구품까지 18등급으로 구분했다. 품계석은 관원이 각자의 품계에 따라 자리를 찾아 설 수 있도록 한 표식이다. 왕이 있는 곳과 가까울수록 품계가 높고 멀수록 품계가 낮다. 왕의 자리에서 볼 때 동쪽에는 문관, 서쪽에는 무관이 선다. 품계석 옆에 놓인 커다란 쇠고리는 궁 안에서 의식을 행할 때 햇빛이나 비를 막기 위해 차일을 칠 경우 끈을 연결하는 고리이다.

품계석 주위에는 다듬지 않은 돌인 박석이 깔려 있다. 박석이 깔린 뜰을 조정이라 부른다. 왕이 나라의 정치를 의논하고 집행하는 곳이란 뜻을 갖고 있어 정부를 의미하기도 한다. 조정의 바닥을 보면 평평하지 않고 울퉁불퉁하다. 네모반듯한 화강암으로 깔아 보기도 좋고 편리하게 할 수도 있었지만, 박석을 깐 데에는 몇 가지 이유가 있다. 왕 앞에서 고개를 숙여야 하는 신하들에게 바닥에 반사된 햇빛은 몹시 불편했을 것이다. 박석은 햇빛의 반사를 이리저리 흐트러 놓아 눈을 편하게 해 주는 기능을 한다. 걸을 때 미끄러지는 것을 방지하기도 한다. 소리의 공명효과도 있어 왕의 목소리가 잘 전달되는 효과도 있다고 한다.

인정전 가까이 접근하면 2층으로 된 계단이 나온다. 계단 가운데에 무늬를 새겨 넣은 넓적한 돌은 답도다. 왕만이 다닐 수 있는 길이다. 왕이 직접 밟고 오르는 것은 아니고 왕이 탄 가마가 지나는 길이다. 계단을 오르면 나타나는 넓은 바닥은 월대라고 부른다. 정전처럼 중요한 전각 앞에 있는 넓은 마당이다. 사각으로 축조하였고, 지붕이나 다른 시설물은 설치하지 않았다. 이곳에서 '달을 바라본다' 하여 월대라는 이름이 붙었다. 건물의 위치를 높여 더욱 크고 웅장하게 보여주는 효과가 있다. 2층으로 된 월대는 아래에 있는 것을 하월대, 위에 있는 것을 상월대라 부른다. 궁중에서 하례·가례와 같은 잔치가 있을 때 악사들이 반주를 하거나 무희들이 춤을 추었다.

Tips
궁궐은 궁과 궐을 합친 것이다

우리는 궁과 궁궐을 같은 것으로 이해하고 있다. 엄밀히 말하면 궁과 궐은 개념이 다르다. 궁은 왕과 가족의 생활공간, 즉 내전을 말한다. 왕이 나라 일을 살피던 정전, 법전, 편전 등을 비롯해 대신들이 모여 정사를 의논하던 장소, 궁을 지키는 군사가 머물던 건물 등이 모여 있는 일곽을 외전이라고 하는데, 궐은 외전이 수행하는 기능을 말한다. 궁궐이라고 하면 외전과 내전이 모두 있는 곳을 말한다.

궁궐이라기보다 사대부 집을 연상케 하는 낙선재

인정전 내부에는 왕이 앉는 평상인 용상을 설치한 어좌가 마련되어 있다. 그 뒤에는 왕의 무병장수와 왕실의 번영을 기원하는 일월오악도 병풍을 두었다. 청록색의 다섯 봉우리 위로 해와 달이 있고, 두 줄기 폭포, 붉은 소나무, 푸른 물결이 선명하게 보인다. 이 그림은 왕실의 번영과 발전을 상징한 것이다. 하늘의 해는 왕, 달은 왕비, 다섯 봉우리는 조선의 땅, 푸른 소나무는 충신, 푸른 물결(바다)은 백성을 의미한다.

내부에는 특별한 시설물도 눈에 띈다. 바닥은 전이 깔려 있던 것을 서양식의 쪽나무로 바꾸었고, 창도 서양식의 들어서 여는 것으로 내고 커튼도 드리웠다. 1908년 전기가 처음 시설되면서 여러 개의 전등도 설치되었다. 모두 대한제국 시기에 서양식으로 내부시설을 현대화 한 흔적이다.

인정전 동쪽으로 난 문을 나가면 왼편에 선정문이 보이고, 그 뒤로 왕이 평상 시 거처하면서 업무를 처리하는 편전인 선정전이 나온다. 단층에 아홉 칸 밖에 안 되는 건물이라 장엄함이나 무게감보다는 편안함이 느껴진다. 선정전의 가장 큰 특징은 지붕에 푸른색의 유약을 입힌 기와를 덮은 것이다. 일명 '청기와 건물'이라고도 불린다. 현재 남아 있는 조선의 궁궐 건물 중에서 유일하게 청기와를 입혔다. 전통적으로 궁궐을 검소하게 꾸미는 것을 미덕으로 여긴 조선에서는 보기 드문 일이다. 당시 청기와는 중국에서 수입한 고급 건축자재였다. 청기와로 지붕을 입히는 데는 돈이 많이 들어가기에 〈조선왕조실록〉에는 광해군이 인정전과 선정전에 청기와를 이도록 한 것에 대해 사관이 사치한 궁궐을 조성하는 조치라며 비판하는 내용이 적혀 있다.

선정전까지가 외전 구역이라면 그 옆 희정당부터는 내전이다. 희정당은 왕의 생활공간인 내전 건물이면서도 조선 후기에는 업무공간으로 더 많이 활용되었다. 편전으로서의 역할을 수행한 것이다. 건물 이름도 '전'이 아닌 그 아래 서열인 '당'이 되었다.

희정당의 특징은 한국식과 서양식이 조화를 이루는 점이다. 우리의 전통 건축물은 지붕의 처마나 용마루 등 부드러운 곡선이 표현되면서도 반듯한 모습이다. 반면 희정당은 정면에서 보면 다른 건물과 달리 중간 출입구 부분이 앞

후원은 바깥 생활이 제한된 왕족들의 휴식공간이다.

으로 튀어나왔다. 바닥에는 타원형으로 돌아나가는 길이 나 있다. 왕이 타던
마차나 차가 다닐 수 있도록 한 서양식 현관인 셈이다.

실내에도 서양식 흔적은 여러 곳에서 확인된다. 응접실과 회의실은 바닥, 유
리 창문, 벽 등을 서양식으로 꾸미고 의자와 탁자도 양식으로 두었다. 조선 후
기와 대한제국 시기에는 외국인이 찾아오는 일이 많아져 한국식과 서양식이
섞인 지금의 모습이 되었다.

희정당은 처음 지어졌을 당시에는 바당에 연못이 있는 아담한 건물이었다.
1917년 큰 불이 나서 잿더미가 된 것을 1920년에 경복궁 강녕전을 옮겨와 지으
면서 새로운 건축물로 다시 태어나게 되었다.

희정당 뒤편이 왕비가 살았던 대조전이다. 대조는 '큰 것을 만들어내다'라는
뜻이다. 이는 훗날 위대한 왕이 될 수 있는 훌륭한 왕자를 출산하라는 뜻이다.

이런 의미에서 대조전에는 인정전, 선정전에서 볼 수 있는 용마루가 없다. 훌륭한 왕자를 얻기 위해서는 하늘과 땅의 기운을 받아야 한다고 믿었다. 그러기 위해서는 하늘의 정기와 땅의 기운을 가로막는 용마루가 없어야 했다. 그래서 대조전뿐만 아니라 경복궁 강령전과 교태전, 창경궁 통명전 등 침전 건물에는 용마루를 두지 않았다.

대조전도 1917년 화재로 경복궁 교태전을 옮겨와 재건하면서 희정당과 마찬가지로 침실에 남아 있는 침대며, 타일로 만든 수라간 등 서양식 흔적이 담기게 되었다. 대조전과 희정당이 서양식으로 바뀐 데에는 가슴 아픈 역사의 시대상이 담겨 있다. 당시는 일제강점기여서 복구공사를 일본인이 주도했다. 그러다 보니 기본적인 구조는 그대로 따랐지만, 실내 장식을 비롯한 대부분이 서양식으로 바뀌어버렸다. 서양 문물이 들어온 것도 이유가 되겠지만, 일본이 우리 문화를 유린하고 파괴하는 데 더 큰 이유가 있었다.

대조전을 나와 후원으로 가기 전에 들러야 할 장소가 낙선재다. 지금은 창덕궁 담장 안에 있지만 원래는 창경궁에 속한 건물이었다. 궁궐의 다른 건물에 비해 소박한 모습인데, 거기에는 한 여인에 대한 제24대 헌종의 깊은 사랑이 담겨 있다.

헌종은 세자를 얻기 위해 맞아들인 경빈 김씨를 무척 아꼈다. 그래서 함께 보낼 새 보금자리로 낙선재를 마련했다. 이곳에서 사랑하는 여인과 지내면서 편안하게 책도 읽고 서화를 감상하며 쉴 요량이었다. 지극히 개인적인 공간이기에 궁궐 건물이면서도 단청을 하지 않은 특징이 있다.

Tips 인정전 지붕의 오얏꽃 문양

인정전 지붕의 용마루에는 다른 궁궐 정전에서는 볼 수 없는 특별한 것이 장식되어 있다. 다섯 개의 오얏꽃 문양이다. 인정문에도 세 개가 있다. 우리 전통 건축물에서는 찾아볼 수 없는 독특한 문양이다. 오얏꽃은 자두나무의 꽃인 이화(李花)다. 조선왕가의 성씨에서 따왔다. 1897년 고종 황제에 의해 조선의 국호가 대한제국으로 바뀌면서 오얏꽃을 대한제국의 문장으로 삼았다. 인정전 오얏꽃 문양은 1907년 일본에 의해 순종이 옮겨오면서 새겨진 것으로 추정된다. 일본이 황실의 문장을 건물에 새겨 대한제국의 권위를 낮추려 했다는 주장이 강하다. 이는 조선을 이씨조선이라 부르고, 왕을 일본 천황 밑의 귀족 신분으로 격하시켰던 의도와 같은 맥락일 것이다.

자연미와 인공미가 어우러진 휴식공간 '후원'

창덕궁의 건물을 뒤로하고 숲이 우거진 오르막을 따라가면 후원이 모습을 드러낸다. 후원은 담으로 겹겹이 둘러싸인 구중심처에서 바깥 생활이 엄격하게 제한된 왕과 왕비 등 왕족들의 유일한 휴식공간이다. 궁 안을 벗어나기 힘들었던 왕족들에게 궁궐의 뜨락은 자연을 벗할 수 있는 유일한 산책공간이자 궁중생활의 쓸쓸함을 달래주는 오락공간이기도 했다. 간혹 왕이 주관하는 여러 행사가 열리기도 했다.

조선 궁궐의 정원 중 최고로 꼽히는 후원은 자연지형을 살리면서 골짜기마다 정원을 만들었다. 북악산의 줄기인 매봉을 등지고, 자연의 지세에 따라 연못을 파고 연꽃을 심어 누각과 정자를 조성했다. 부용지, 애련지, 관람지, 존덕지 등의 연못을 만들고, 연못을 채우고 넘친 물은 창경궁 춘당지로 흐른다.

연꽃 연못을 의미하는 부용지는 연못 둘레에 화강암 장대석을 쌓아 올렸으며, 그 한가운데에 신선의 산을 의미하는 인공섬을 뒀다. 연못에 수련을 띄우고 잉어나 붕어를 길러 왕이 낚시나 뱃놀이를 즐겼다.

부용지 남쪽에는 후원의 기본구성을 이루는 정자가 들어서 부용정이라 했다. 부용정은 궁둥이를 땅에 대고 앉아 두 발을 물에 댄 것 같은 모습으로 서 있는데, 마치 아름답게 피어난 한 송이 연꽃처럼 보이기도 한다. 동남쪽 둘레의 화강암 장대석 위에는 물고기가 돋을새김으로 조각된 장방형의 석재가 있고, 서쪽에는 크게 벌린 입을 통해 연못에 물을 쏟아내는 이무기 조각이 있다.

물고기 조각은 '물고기가 변하여 용이 된다'는 뜻으로 새겼다. 부용지 동편에 위치한 영화당과 북쪽의 어수문, 주합루 등과 관련 깊은 상징물이다. 영화당 앞마당 춘당대는 과거시험을 치르던 곳, 주합루는 왕실도서관이던 규장각이 있던 곳이고, 물고기가 물을 만난다는 뜻의 어수문은 그 사이에 위치해 있다. 즉 물고기(선비)가 물(임금)을 만나 용(과거급제)이 돼 어수문을 지나면 수만 권의 책이 있는 왕실도서관으로 들어가게 되는 셈이다. 후원 건축에까지 국가번영에 필수적인 인재등용의 염원이 서려 있다고 할 수 있다.

후원의 가장 깊은 곳에 위치한 옥류천은 흘러내리는 계곡물을 따라 청의정·

소요정 · 태극정 · 농산정 · 취한정 등의 작은 정자를 조성해 인공과 자연이 조화된 최고의 공간을 연출했다. 청의정과 태극정 사이를 흐르는 물은 바위 위에 'ㄷ'자 모양으로 파 놓은 물길을 감돌아 소요정 앞에 이르러 폭포로 변한다.

왕들은 이곳에서 흐르는 물에 술잔을 띄워 이른바 곡수연을 즐겼다.

달아오르는 흥을 어쩌지 못한 인조는 바위에다 '옥류천'이라고 글씨를 새겼고, 숙종은 시 한 수를 읊어 바위에 새겼다.

"흐르는 물은 삼백 척 멀리 흐르고 / 흘러 떨어지는 물은 높은 하늘에서 내리며 / 이를 보니 흰 무지개가 일고 / 온 골짜기에 천둥과 번개를 내리는구나"

풍류를 즐기면서도 농사의 어려움을 직접 체험하고자 서민적인 풍모의 청의정 옆에는 작은 논을 조성하고 지붕에도 이엉을 얹어 간결하고 소박한 미를 창출해 냈다.

'비록 사람이 만들었으나, 마치 하늘이 자연적으로 만들어 놓은 것 같이 느끼게 한다'

한국 · 중국 · 일본 등 동양인에게 정원은 자연 공간을 건축물에 그대로 옮겨 놓고 인간과 건축물이 자연 속에 화합하도록 하는 도교철학에서 비롯됐다. 세 나라는 정원을 가꾸는 철학은 동일했지만 세부적인 조성기법은 조금씩 다르게 발전했다. 중국의 정원은 산과 폭포, 계곡과 동굴 등 대자연의 세계를 모방해 정원에 그대로 축소시켜 놓는 수법을 즐겼고, 일본의 정원은 중국처럼 대자연을 정원에 배치하되 여러 가지 규칙과 형태를 만들어 매우 인공적인 미를 창출했다.

우리나라의 정원은 있는 그대로의 자연을 최대한 살리며 되도록 자연에 크게 변형을 가하지 않는 비정제된 방식을 고집했다. 이는 산지나 얕은 구릉이 많고 계곡이 발달한 우리나라 국토의 지형적 특징의 결과이기도 했다. 따라서 궁궐의 건물들이 들어서면 건물 주변의 자연환경을 십분 활용해 후원을 조성했다. 그러나 창덕궁 후원은 처음부터 후원 조성을 목적으로 꾸몄다.

보물 제383호

돈화문

창덕궁의 정문. 태종 12년(1412) 세워진 뒤 이듬해 태종의 공덕을 새긴 1만 5000근의 동종을 달았다. 원래는 삼국시대부터 전해 내려오던 양식을 택해 화강석조의 하얀색 댓돌을 깔고 그 위에 이층으로 올린 건물이었다. 홍예문이 셋이 열린 육축 위에 세운 경복궁의 광화문과는 달리 화강암을 바닥에 깔고 이층의 문루를 올렸다. 이궁으로서의 조촐한 맛을 풍기고자 함이었다.

보물 제815호

희정당

본래 왕의 침전이나 편전의 역할을 하면서 평상시 왕이 정사를 보았다. 중앙의 정면 9칸, 측면 3칸을 거실로 사용했다. 이중 정면 3칸은 응접실로 하되 서쪽에는 회의실을 꾸몄다. 1920년대에 재건하면서 서양식을 가미해 바닥마루, 유리창문, 휘장, 양식 탁자 등을 설치했다. 현재 응접실의 양쪽에는 김규진의 〈금강산도〉와 〈해금강도〉가 걸려 있다.

국보 제225호

인정전

창덕궁의 정전으로 격식과 의장이 잘 갖추어져 있다. 왕의 즉위식, 신하들의 하례식, 외국 사신 접견식 등 국가의 중요한 행사가 거행되었다. 이중 월대 위에 중층으로 세워진 집인데, 내부는 아래위층이 트여 있어 웅장미를 더한다. 조선 말기의 전형적인 양식을 보여주는 건물로 평가된다. 구한말 격변기 때는 서양식 쪽나무와 들어서 올리는 창, 전기 시설 등을 설치하기도 했다.

보물 제813호

인정문

인정전의 대문. 태종 5년(1405) 창덕궁 창건 때 지어졌으나 임진왜란 뒤 광해군이 창덕궁을 재건하면서 다시 세웠다. 영조 20년(1744) 이웃한 승정원과 함께 불에 탔는데, 이듬해 복구되어 오늘에 이르고 있다. 인정문의 좌우에는 10여 칸의 행랑이 뻗쳐 있고, 행랑은 직각으로 북으로 꺾여 인정전 좌우의 월랑과 만나게 되어 있다. 서쪽 월랑에는 향실, 동쪽 월랑에는 악기고 등이 있었다.

보물 제816호

대조전

왕과 왕비의 침전이며, 왕과 가족들이 생활하던 공간이다. 창건 연대는 확실치 않으며, 수차례 소실과 중건을 반복하다 1917년 경복궁의 강녕전을 헐어다 희정당을 지을 때 교태전도 함께 옮겨다 지었다. 이때 창덕궁에 맞도록 내부 구조가 바뀌었다. 전각 중앙에 자그마한 월대가 설치되어 있는데, 이는 출입할 때 잠시 머물거나 하례 때 의식을 거행할 수 있도록 준비된 곳이다.

보물 제814호

선정전

왕이 신하들과 만나 정사를 의논하던 창덕궁의 편전이다. 왕이 건물 중앙에 일월오악도를 배경으로 앉고, 그 앞에 대소신료들이 위계에 따라 동서로 벌려 앉았다. 동쪽엔 문관이, 서쪽엔 무관들이 자리 잡는다. 원래 '조계청'이라는 이름으로 출발하여 세조 7년(1461) 선정전으로 고쳐 불렀다. 조선 후기 내전의 희정당이 편전으로 사용되면서부터는 거의 이용되지 않았다.

낙선재

제24대 헌종이 경빈 김씨와 지낼 새 보금자리로 만들었다. 소박한 주택풍의 외관으로 지어졌으며, 단청도 하지 않은 게 특징이다. 1926년 순종이 죽은 뒤 윤비가 이곳에서 은거하다 죽었고, 1963년 일본에서 귀국한 영친왕 이은, 덕혜옹주, 이방자 여사도 이곳에서 생애를 마쳤다.

연경당

후원 안에 지어진 유일한 민가 형식의 건물. 연경당이라는 당호를 지닌 사랑채, 안채, 안행랑채, 서재, 후원, 정자, 연못 등이 골고루 갖춰져 있다. 이른바 99칸 집이라 불리고 있으나 실제 크기는 109칸이나 되는 대저택이다. 남녀의 공간을 엄격히 구분하는 조선의 건축법과는 달리 사랑채와 안채가 연결되도록 한 게 특징이다.

후원

창덕궁의 가치를 한층 높여주는 궁궐의 정원. 창덕궁 전체 면적의 60%를 차지할 정도로 넓다. 자연스레 흐르는 계곡에는 아담한 정자를 세우고, 물이 흐르지 않는 곳에는 인공적으로 연못을 만들어 아름답게 꾸몄다. 조선시대에는 '북원' '금원' '후원'이라 불렀으나, 일제강점기 일본인들이 격을 깎아내리려고 '비원'이라 불렀다.

✚ **경복궁** 조선을 건국한 이성계가 즉위 3년째인 1394년 겨울에 착공해 이듬해 9월 준공한 정궁이다. 경복궁이라는 이름은 태조의 명을 따라 정도전이 지었다. 〈시경〉의 '군자 만년 그대의 큰 복을 도우리라'라는 뜻의 '군자만년개이경복'에서 따온 것이다. 여기서 '경복'이라는 말은 길이길이 크게 복을 누린다는 뜻이다.

1592년 임진왜란 때 완전히 불에 타고 말았다. 전후 선조는 경복궁 중건에 대한 논의를 했으나 공사 규모가 너무 커서 실행에 옮기지 못했다. 경복궁의 터가 좋지 못하다는 의견도 대두돼 경복궁 대신 창덕궁이 재건되었다. 결국 270여 년이 흐른 뒤인 구한말에 이르러서야 흥선대원군 이하응의 의지에 따라 지금의 모습을 갖췄다.

대원군은 왕실의 권위를 세운다는 명목 아래 원납전을 받고, 새로운 화폐인 당백전을 발행하면서 공사를 감행해 1872년 공사를 완료했다.

1895년 궁 안에서 명성황후가 살해되었고, 이듬해 고종은 처소를 러시아 공사관으로 옮기고 말았다. 일제는 경복궁 안에 있던 4천여간의 건물을 헐고, 1916년 6월부터 6년간에 걸친 공사 끝에 근정전 앞에 거대한 조선총독부 건물을 세워 경복궁의 모습을 완전히 바꾸고 말았다.

해방 후 경복궁은 공원으로 변모하였으며 총독부청사는 정부 청사로 이용되다가, 1986년부터 중앙박물관으로 바뀌었다. 1995년 8월 15일 정부의 구 총독부건물 철거 방침에 따라 근정전을 가리고 있던 총독부의 돔이 잘려지고 1996년 말 완전히 철거되었다.

경복궁은 역사 속에서 영광을 누리기보다는 많은 풍파를 겪었다. 하지만 조선시대와 구한말의 모습을 보여주는 동시에 조선시대의 정궁의 면모를 확인할 수 있는 중요한 유적이다.

※ **Open** 하절기 09:00~18:00 동절기 09:00~17:00, 매주 화요일 휴관 **Cost** 어른 3000원 / **무료 해설** 월, 수~토요일 11:00, 13:00, 14:00, 15:00, 16:00(동절기 15:30) 일요일 10:00, 15:00(30분 간격), 16:00(동절기 15:30) **Tel** 02-3700-3900 **Web** www.royalpalace.go.kr

✚ **창경궁** 성종 15년(1483) 세조의 비인 정희왕후 윤씨, 덕종의 비 소혜왕후 한씨, 예종의 계비인 안순왕후 한씨의 거처를 마련하기 위해 지은 궁궐이다. 임진왜란 이후 조선의 3대 궁궐이 모두 불탄 뒤 창덕궁과 창경궁만 재건되고, 창덕궁이 정궁으로 사용됨에 따라 창경궁의 활용도가 높아졌다. 그러나 불미스런 사건의 중심 현장이 되기도 했다.

고종 때까지 궁궐 원래의 모습을 유지하고 있었으나 구한말 일제에 의해 궁궐 전체가 동물원, 식물원, 박물관으로 변하며 웅장한 모습을 잃어버렸다. 해방 후에도 '창경원'이라 불리며 원래의 모습을 찾지 못하다가 1984년 복원 사업이 착수됨에 따라 '창경궁'이라는 명칭을 되찾았다. 그리고 1986년 발굴 조사를 실시한 뒤 사라진 일부 건물을 복원해 오늘에 이르고 있다.

※ **Open** 하절기 09:00~18:30 동절기 09:00~17:30, 매주 월요일 휴관 **Cost** 어른 1000원 / **무료 해설** 09:30, 10:30, 11:30, 12:30, 13:30, 14:30, 15:30, 16:30(동절기 16:00) **Tel** 02-762-4868 **Web** cgg.cha.go.kr

✚ **덕수궁** 덕수궁의 자리는 태조의 계비인 강씨의 무덤인 정릉이 있던 곳이다. 능은 태종 때 옮겨졌는데, 그 자리에 성종의 형인 월산대군이

집을 지었다. 그 뒤 임진왜란을 맞아 의주로 피
난 갔던 선조가 한양으로 돌아와 임시 거처로
삼고 '정릉동행궁'이라 명명했다.

1895년 경복궁에서 러시아공사관으로 피신한 고
종은 2년 후인 1897년 경운궁으로 거처를 옮겼
다. 이때부터 비로소 정전인 중화전, 선원전, 함
녕전, 보문각, 사성당 등의 건물이 들어서면서
궁궐의 면모를 갖추기 시작했다. 고종은 유사시
를 대비해 러시아·영국·미국 등 강대국의 공
사관들과 가까운 경운궁을 선택한 것이다. 1907
년 고종은 일제의 강압에 의해 황제의 자리를 아
들 순종에게 물려주었고, 순종은 창덕궁으로 거
처를 옮겼다. 이때 고종은 계속 경운궁에 머물며
궁호를 경운궁에서 '덕수궁'으로 바꾸었다. 그리
고 고종은 1919년 덕수궁의 침전인 함녕전에서
쓸쓸한 최후를 맞았다. 덕수궁은 구한말 약 10년
간 정치적 혼란의 주무대가 되었던 곳이자 서양
건축양식이 깊숙이 배어든 궁궐이기도 하다. 영
국인의 설계로 만들어진 석조전과 정원은 마치
유럽의 궁전을 옮겨 놓은 듯하다. 정관헌, 돈덕
전 역시 서양식 냄새를 물씬 풍긴다.

※ **Open** 09:00~21:00, 매주 월요일 휴관 **Cost** 어
른 1000원 / **무료 해설** 10:00(일요일 제외), 11:00,
14:00, 15:00, 16:30(토요일 13:00, 일요일 13:00,
13:30, 14:30 추가 해설) **Tel** 02-771-9951 **Web** www.
deoksugung.go.kr

여행수첩

✚ **가는 길**

서울 지하철 3호선 안국역에서 내린다. 3
번 출구로 나와 현대그룹 본사를 지나면
창덕궁 정문인 돈화문이 보인다. 매표소
는 돈화문 좌측에 있다.

✚ **맛집**

드미엘

삼청동은 걷기 좋은 데이트 장소다. 한
옥의 냄새가 물씬 풍기면서도 사이사이
에 클래식하고 모던한 서양 분위기를 내
는 카페, 음식점이 많이 들어서 있다. 드미
엘은 파스타, 피자를 주메뉴로 하는 퓨전
레스토랑이다. 어쩐지 삼청동의 분위기
와 어울리지 않을 것 같지만, 심플하면서
도 은은한 느낌의 실내가 삼청동과 잘 어
울리는 집이다. 두툼한 안심과 신선한 계
절 샐러드에 일본식 간장 드레싱으로 맛
을 낸 안심샐러드는 자극적이지 않으면서
식욕을 돋운다. 부드러운 크림소스와 안
심이 조화를 이룬 파스타, 토마토소스 파
스타에 누룽지를 더해 전골처럼 뚝배기에
끓여 내는 누룽지파스타 등도 인기 있는
메뉴다.

위치 삼청동 갤러리영 1층
영업시간 11:30~22:00
전화 02-720-1307
가격 안심샐러드 1만4000원
　　　궁중떡볶이 1만6000원
　　　피자류 1만5000~1만6000원
　　　파스타류 1만4000~1만6000원

정조의 효심이 만들어낸 세계유산

수원화성

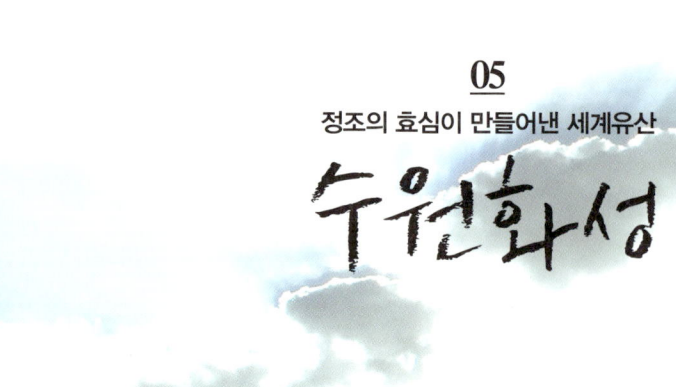

정조가 아버지 사도세자의 묘소를 옮기는 데서부터 거대한 수원의 역사는 시작됐다. 당쟁의 희생자가 된 아버지 사도세자의 영혼을 달래기 위해 즉위 14년 되던 해 사도세자의 묘소를 옮길 계획을 세웠다.

사람들이 수원을 두고 '효의 도시'라 말한다. 조선 제22대 정조의 지극한 효심에서 태어난 도시이기 때문이다. 조선시대의 '효'는 '충'보다 앞서는 윤리였다. 기본적 사회윤리였던 삼강오륜(부자유친, 군신유의, 부부유별, 장유유서, 붕우유신) 중 효의 윤리를 다른 것에 우선하는 으뜸으로 꼽았다. 임금과 신하, 아버지와 아들, 부부에게 모범이 될 만한 충신, 효자, 열녀 등의 행실을 모아 만든 '삼강행실도'의 내용을 보면 효자, 충신, 열녀의 순으로 엮여 있다. 이는 효가 조선시대에 정치적, 사회적 질서의 근본적인 규범으로 인식되고 있었음을 말해준다.

거대한 수원의 역사는 정조가 아버지 사도세자의 묘소를 옮기는 데서 시작됐다. 신하들의 권력 다툼으로 희생자가 된 아버지 사도세자의 영혼을 달래기 위해 즉위 14년 되던 해 사도세자의 묘소를 옮길 계획을 세웠다. 전국의 명당자리를 찾았고, 지금의 융릉으로 묏자리를 결정하고 대역사의 기반을 닦았다. 사도세자에 대한 정조의 지극한 마음에서 수원의 역사가 시작되었기에 '효'는 수원을 이해하는 중요한 키워드가 된다.

화성은 정조의 정치 이상을 담아 조성한 신도시의 이름이자, 신도시 외곽을 감싸는 성곽의 이름이기도 하다. 정조는 자신의 정치를 실현할 근대적인 도시를 건설하려 했고, 그 기능에 부합되는 성곽을 세우고자 했다. 그래서 찾아낸 곳이 수원이고, 온 힘을 다해 축성한 것이 수원화성이다. 무심히 바라보면 화성은 옛 성곽이요, 수원은 경기도 도청소재지가 있는 도시에 불과하다. 하지만 그 속에 담긴 새로운 시대에 대한 열망과 수많은 사람들의 노력을 헤아린다면 수원과 화성은 새로운 의미로 다가온다.

수원화성은 1794년부터 1796년에 걸쳐 축조했다. 1997년 유네스코 세계문화 유산에 등재되었지만, 그 과정은 험난했다. 일제강점기와 6 · 25전쟁을 거치면서 성곽의 상당 부분이 파괴되고 손실되었기 때문이다. 1975~1979년에 축성 당시의 모습대로 복원을 했지만, 유네스코 세계유산위원회 심사단은 등재를 꺼렸다. 복원하는 과정에서 본래의 모습과 달라졌을 것이라고 생각했기 때문이다. 이때 심사단의 마음을 움직인 것이 〈화성성역의궤〉라는 책이다. 이 책에는 수원화성 설계과정, 재료의 출처 및 용도, 재료 가공법에서 동원된 인력의 인적 사항, 예산, 각종 공문서까지 모든 것이 기록되어 있다. 심사단은 우리나라가 임의로 수원화성을 복원한 것이 아니라 정확한 기록에 따라 축성 당시의

수원은 정조가 치밀하게 준비한 계획도시다.

© 수원시청

화성은 정조의 정치 이상을 담아
조성한 신도시 이름이자, 신도시 외곽을
감싸는 성곽의 이름이다.

모습 그대로 복원했다는 것을 인정했다. 그래서 세계유산위원회 집행이사회에서는 "수원화성은 동서양을 망라하여 고도로 발달된 과학적 특징을 고루 갖춘 근대초기 건축물의 뛰어난 모범이다."라고 극찬했다.

정조, 정치 이상을 실현할 신도시를 건설하다

정조가 왕위를 이어받은 18세기 후반은 당쟁이 극심하던 시기다. 서로 견제하며 발전을 추구하던 붕당정치의 기본원리가 무너지고 하나의 당이 정권을 독점하는 일당 전제의 성향을 띠게 되었다. 노론의 지지를 받은 영조는 제21대 왕으로 즉위한 후 사림에 대한 왕권의 우위를 주장하고 전통적인 붕당론을 부정했다. 왕권 강화책의 일환으로 소론과 남인들도 등용해 탕평책을 실시했다. 탕평책의 실시로 왕권은 강화되었고, 사회적·정치적 동요도 안정시킬 수 있었다. 그러나 붕당정치의 폐단을 근본적으로 해결하지는 못했다.

당파간의 싸움이 최고조에 달해 발생한 사건이 바로 정조의 아버지인 사도세자가 뒤주에 갇혀 죽은 일이다. 표면적으로는 세자가 학문을 게을리 하고 궁녀나 내시를 함부로 죽이며 기녀와 여승을 겁탈한다는 등의 이유를 내세웠지만, 본질적으로는 세자의 왕위계승을 놓고 벌인 노론과 소론 간의 세력다툼에서 비롯됐다. 성리학은 더 이상 사회질서를 유지하는 버팀목의 구실을 하지 못했다. 도덕정치 구현이라는 대의명분은 허울일 뿐, 기득권을 유지하기 위한 보수적인 정치이념으로서만 기능했다.

영조의 뒤를 이어 장헌세자(사도세자)와 혜경궁 홍씨의 맏아들로 태어난 정조가 왕위를 이었지만 상황은 매우 좋지 못했다. 무엇보다 신하들의 권력 싸움이 왕권을 위협하는 극한 상황까지 치달았다. 정조에게는 신하들에 의해 흔들리지 않는 강력한 왕권을 확립하는 것이 우선 과제였다. 영조의 탕평책을 계승해 시행하자 당쟁에 변화가 일었다. 굳건하게 세력을 유지하던 노론은 자신들의 당론을 고수하며 벽파로 남고, 정조의 정치노선에 찬성한 소론과 남인 그리고 일부 노론이 시파를 형성했다.

정조는 학문적으로 남인 계열과 친밀했지만, 노론의 진보주의적인 신진학자들에 의해 제기된 북학사상(실학사상)을 수용했다. 실학자들은 실용성을 강조하는 양명학과 중국과 서양의 기술을 폭넓게 받아들이면서 여러 가지 사회개혁안을 제안했다. 이미 성리학의 틀 속에서 교조화된 지배계층을 넘어서기에는 역부족이었으나 정조의 정치 이상과 부합돼 천천히 자신들의 역량을 키워 나갔다.

왕권이 어느 정도 확립되고, 사회경제적인 안정감을 찾자 정조는 즉위 13년(1789) 사도세자의 무덤을 이장할 것을 결정했다. 양주 배봉산(현 서울 휘경동)에 있는 무덤을 명당으로 알려진 수원으로 옮기고, 동시에 지금보다 남쪽 8km 아래에 있던 수원을 현재의 위치인 팔달산 기슭으로 이전했다. 광주의 두 개 면을 떼어 수원에 붙여 새로운 도시를 만든다는 계획을 실행했다. 이에 따라 백성들을 옮겨 살게 하고, 화성을 건설했다. 한 해 수차례 오른 부친의 능참길 때 머물기 위해 행궁을 짓고, 능사인 용주사를 창건하며 천도 계획까지 세웠다. 그리고 자신은 죽어서 부친의 융릉과 인접한 건릉에 묻혔다.

©수원시청

신기술을 적용한 신개념 성곽

　수원에 신도시를 건설하려는 왕의 계획이 발표되자 중앙 대신들 사이에 반대가 없을 리 만무했다. 그럼에도 그런 반대는 표면화되지 못했다. 왕권이 신권에 비해 월등히 강해서가 아니다. 아버지의 무덤을 좋은 자리로 이장하려는, 즉 '효의 실천'이라는 명분에 누구도 반기를 들 수 없었기 때문이다. 조선의 국가이념인 유교는 무엇보다도 효를 중시했다. 나라에 대한 충보다 앞서는 것이 부모에 대한 효라고 생각하는 사회였다.

　정조는 사도세자의 무덤을 옮기는 한편, 신도시에 사람들이 살 수 있도록 상공업을 통해 경제적 기반을 다지는 데 온갖 힘을 쏟았다. 이주한 주민들의 안정적인 생활을 위해 세금을 감면해 주었으며, 박지원·박제가 등 실학자들의 뜻에 따라 상공업을 장려하기 위해 시장을 열었다.

　오늘날 수원이 왕갈비로 유명하게 된 것도 이 당시에 발달한 시장에서 연원을 찾을 수 있다. 시장 가운데서도 특히 쇠전이 성행해 1950년대 말까지만 해

한국의 가을하늘과 잘 어울리는 수원화성 전경

도 충청도와 전라북도의 소장수들이 몰려들 정도로 컸다. 그래서인지 수원에는 소달구지가 눈에 많이 띄었고, 소갈비를 구워 파는 곳이 많았다고 한다.

시장만으로는 경제를 활성화하는 데 부족해서 부자들 가운데 원하는 사람을 뽑아 수원에 살게 했다. 대신 관리들이 쓰는 관모나 인삼을 독점해 사고팔게 하는 특혜를 주어 시장의 기능을 더욱 활성화시켰다. 도시 경비를 위해 왕의 친위대를 보내 지키게 했으며, 부근 지역의 군영에서 우수한 군인들을 뽑아 배치함으로써 군사력을 증강시켰다. 이렇게 함으로써 수원은 경제·군사적으로 왕의 강력한 배후 도시로 성장하게 되었다.

4년 후 수원이 도시의 성격을 갖추자 정조는 드디어 수원부를 '화성'이라 개칭했다. 화성을 둘러싸는 성곽의 건설을 실학자 정약용에게 맡겼다. 정약용은 전통적인 축성 기술을 바탕으로 중국 성곽의 장점은 물론 서양의 과학기술까지 수용하여 새로운 개념의 성곽을 계획하였다. 그러는 동시에 작업의 효율을 높이기 위해 재료를 규격화하고, 녹로나 거중기 같은 장비를 활용했다.

1794년 2월 정약용의 설계를 바탕으로 영중추부사인 채제공의 주관하에 공사가 시작됐다. 같은 해 7월에 장안문의 무지개문, 8월에 장안문과 팔달문의 누각·장락당·낙남헌·서장대, 10월에 방화수류정이 준공되었다. 이듬해 정월에 강무당과 북옹성, 2월에 북포루·남암문·적대·서노대, 10월에 남옹성·만석거·남장대·영화정·창룡문·남공심돈 등이 만들어졌다. 그리고 1796년 5월까지 화서문, 남수문, 서북공심돈, 북암문, 동북노내, 서포루가 준공되고, 9월 10일 마침내 성곽을 완공하였다.

10년을 계획한 수원화성을 2년 6개월이란 짧은 기간으로 단축한 데에는 신기술의 적용이 큰 효과를 보였다. 대표적인 과학기기로 유형거, 녹로, 거중기 등을 들 수 있다.

유형거는 〈화성성역의궤〉에 11량이 창안, 제작되었다고 기록되어 있다. 무거운 짐을 싣고도 경사지를 쉽게 올라갈 수 있도록 정약용이 고안한 수레다. 기존의 큰 수레는 바퀴가 크고 투박해서 돌을 싣기 어렵고, 바퀴살이 약해 무거운 짐을 올리면 부러지기 쉬운 단점을 가지고 있었다. 무엇보다 제작하는 데

수원화성에는 다양한 방어시설이 갖춰져 있다.

비용이 많이 드는 단점이 있었다. 정약용은 이를 개선해 바퀴가 작고, 바퀴살 대신 서로 엇갈리는 버팀대를 이용해 바퀴가 튼튼한 유형거를 발명했다. 바퀴와 짐대 사이에 반원 모양의 부품인 복토를 덧대 수레 바닥을 높였다. 저울의 원리를 이용한 복토는 유형거의 무게중심을 평형으로 유지시켜 비탈길에서도 가볍게 움직이는 역할을 했다. 유형거의 정확한 모습은 알 수 없지만, 당시 일반 수레 100대가 324일 걸려 운반할 짐을 유형거 70대로 154일 만에 운반했다는 기록으로 보아 뛰어난 성능을 보였음을 짐작할 수 있다.

녹로는 도르래를 이용해 무거운 물건을 들어 올리는 도구다. 성을 쌓거나 큰 집을 지을 때 사용했다. 〈화성성역의궤〉에 따르면 수원화성 공사에 두 틀을 제작해 사용했다고 한다. 틀의 크기는 세로 15척(약 4.5m), 높이 10척(약 3m), 간목의 길이 35척(약 10.6m)이다. 여덟 명이 좌우 각 네 명씩 나뉘어 줄을 감는 얼레를 돌려 물건을 올리고, 일정 높이가 되면 줄 갈고리로 끌어서 원하는 자리에 옮긴 다음 얼레를 늦춰 물건을 내리도록 되어 있다.

최고의 발명품은 거중기다. 도르래 원리를 최대한 이용해 물건을 들어 올리는 도구다. 녹로를 한층 더 발전시킨 것이다. 정조가 무거운 돌을 들어 올리다가 다치는 사람이 발생하지 않도록 돌을 들어 올리는 기계를 만들라는 명을 내리자, 정약용이 정조가 중국에서 들여온 〈기기도설〉이란 책을 참고해 도르래를 많이 사용할수록 힘이 덜 든다는 것에 착안해 개발했다. 〈화성성역의궤〉에 완성된 모습의 거중기와 각 부분을 분해한 그림이 실려 있다. 거중기는 위, 아

래에 각 네 개의 도르래를 연결하고 가장 높은 가로 막대에 두 개의 도르래를 매달았다. 양옆에 도르래를 잡아당길 수 있는 줄을 얼레에 연결해 줄을 감고 푸는 것에 따라 돌이 위아래로 움직이도록 했다. 수원화성 공사에 한 대가 사용됐는데, 왕실에서 직접 제작해 공사현장에 보냈다고 한다.

이처럼 거중기, 녹로 등의 최신 과학기기를 적극 활용함으로써 기간과 비용을 대폭 절감했다. 그럼에도 2년 6개월이란 기간 동안 막대한 인원과 물적 자원이 투자됐다. 석수 642명, 목수 335명, 미장이 295명을 비롯해 기술자만 1만 1820명이 동원됐다. 성을 쌓는 데 사용된 석재는 18만 7600개로 숙지산, 여기산, 팔달산 등지에서 채취됐다. 벽돌은 69만 5000장이 들어갔다. 소요된 식량만도 쌀 6200석, 콩 4550석, 기타 잡곡 1050석이나 되었다. 이외에도 목재 2만

Tips
수원화성의 길이는 얼마나 될까?

수원화성의 길이를 표기하는 데는 어려움이 많다. 각종 자료를 보더라도 둘레가 5.4km, 5.52km 등 서로 다르게 표기하고 있다. 어떤 게 맞는 것일까. 〈화성성역의궤〉에는 '4600 보'라고 되어 있다. 이를 기준으로 미터법으로 환산하면 수원화성의 길이를 알 수 있다. 길이의 단위를 살펴보면 1보는 6척이다. 우리가 흔히 알고 있는 1척은 약 30cm다. 이를 적용하면 1보는 약 1.8m가 되고, 4600보는 8km가 넘는다. 백과사전에 표기된 5.7km나 5.52km와는 많은 차이가 난다. 대부분 자료에 자세한 설명이 없어서 어떤 근거로 둘레를 표기하는지 알 수가 없다. 수원화성의 길이를 알려면 조선시대의 도량형에 대해 이해해야 한다. 세종 때 황종관의 길이를 기준으로 영조척을 만들고, 그에 따라 황종척, 예기척, 주척, 포백척 등을 만들었다. 그러나 실제 운용은 주척을 중심으로 이뤄졌다고 한다. 〈경국대전〉에 기록된 것을 보면 영조척 1척이 황종척 0.899척, 〈증보문헌비고〉에는 영조척 1척이 0.899황종척, 1.499주척에 해당된다고 되어 있다. 현재 덕수궁에 소장되어 있는 황종척의 실제 길이는 34.10cm라고 한다. 이를 기준으로 하면 주척은 20.66cm, 영조척은 30.65cm가 된다. 결론적으로 1보=6(주)척=약 1.20m이니 수원화성의 길이는 5.52km가 된다. 수원시에서 2009년에 수원화성을 GPS 3차원 측량으로 정밀 측정한 결과 5.544km로 확인되었다.

6200주, 철물 55만 9000근, 철엽 2900근, 숯 6만 9000석, 기와류 53만 장, 석회 8만 6000석 등 전체 경비가 87만 3200냥과 양곡 1500석에 이르렀다. 필요한 재원은 서울 수비를 담당하는 금위영과 어영청의 정번전 10년 치를 앞당겨 썼고, 전라도·경상도·평안도 감영의 보조재원을 활용했다.

다양한 방어기능을 갖춘 성곽

조선시대 성곽은 대부분 평상시에 거주하는 읍성과 전쟁 시에 피난처로 삼는 산성으로 나누어 쌓았다. 그러나 수원화성은 산성을 별도로 쌓지 않고 거주하는 읍성에 방어기능을 강화했다. 돌과 벽돌을 함께 사용한 방법, 거중기 등의 과학기계를 사용한 점, 망루의 역할과 총안으로 적의 침입을 막는 공심돈 같은 방어 구조 등은 수원화성만이 갖는 특징이라 할 수 있다.

성곽의 전체 길이는 5.52km로 팔달산 정상에서 타원을 그리며 도시를 감싸고 있다. 밖으로는 높은 성벽을 쌓고 안으로 성벽의 높이까지 돌과 흙으로 벽을 받치는 내탁이라는 방식을 이용했다. 성곽 주위의 해자는 산지에는 두지 않았지만 평지에는 두었다. 특히 성의 서남쪽에 해당하는 화양루와 서남암문 사이는 계곡에서 흐르는 물로 자연해자를 이루었다.

동쪽으로 창룡문, 서쪽으로 화서문, 남쪽으로 팔달문, 북쪽으로 장안문 등 4대문을 내고, 각 성문에는 방어기능을 위한 옹성을 설치하였다. 화성의 정문 역할을 하는 팔달문과 장안문 좌우에는 적을 살피기 위한 4개의 감시대를 두었는데, 이것을 적대라고 한다. 그 외 성곽을 따라 총구멍을 만들어 적을 방어할 수 있도록 한 공심돈 3개, 성벽에서 약 100m 간격으로 돌출되어 성에 접근한 적을 공격할 수 있게 한 치성, 대포를 설치한 포루 5개, 포루 위에 누각을 올려

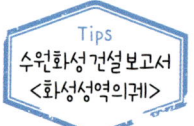

Tips
수원화성 건설보고서
〈화성성역의궤〉

수원화성이 유네스코 세계문화유산에 등재되는 데 결정적인 역할을 한 것이 〈화성성역의궤〉라는 책이다. 이 책은 화성을 건설하는 데 필요한 일정, 경비, 담당자, 도구, 주요 건축물 등 모든 것이 상세하게 적혀 있는 공사보고서다. 10권 9책으로 구성된 의궤는 왕의 명령에서부터 각 건물을 지은 기술자의 출신과 이름, 노역에 동원된 인부의 임금, 자재의 단가까지 수원화성과 관계된 모든 것을 기록한 중요한 문화유산이다. 일제강점기와 6·25전쟁으로 파괴된 수원화성을 본래의 모습으로 복원하는 데 중요한 자료가 되었다.

군사들이 머물 수 있도록 한 각루 4개, 적의 이목을 피해 몰래 드나들 수 있는
비밀통로인 암문 4개 등을 설치했다.

그리고 팔달산 아래에는 행궁을 지어 현륭원에 행차하는 임금이 일시 머물
수 있게 제반시설을 갖추었다.

Tips 수원화성의 대표적 방어시설

① **옹성** 적에게 가장 공격당하기 쉬운 성문을 보호하기 위해 성벽 바깥에 이중으로 쌓은 성벽. 항아리를 반으로 쪼갠 모양이라고 해서 옹성이라 부른다.

② **암문** 적에게 잘 띄지 않는 곳에 비밀스럽게 만든 비상 출입구. 겉으로 드러나지 않도록 성벽 일부를 이용해 은밀한 곳에 설치했다. 비상 시 성 안에서 필요한 병기, 식량 등 물자를 운반할 때 사용한다.

③ **적대** 성문이 공격받을 때 가까이에서 방어하기 위해 성문 옆 성벽을 돌출시켜 좌우에 설치한 치. 성벽에 설치한 치와 구분하기 위해 적대라고 한다.

④ **여장** 성벽 위에 적의 공격으로부터 몸을 보호하기 위해 낮게 쌓은 담장. 여장은 활이나 총을 쏘기 위한 구

멍을 내서 적에 대해 공격과 방어를 동시에 수행할 수 있는 기능을 한다.

⑤ **총안** 활이나 총을 쏠 수 있도록 여장에 뚫어놓은 구멍. 멀리 있는 적을 관찰하고 사격할 수 있는 원총안과 성벽 가까이 붙은 적을 공격하는 근총안이 시설되어 있다.

⑥ **각루** 성곽 모서리 부분에 설치한 치의 일종. 지휘와 관측이 용이한 돌출 지역에 설치했다.

⑦ **돈** 성곽 주변을 감시하는 초소이면서 적의 공격을 방어하는 시설로 사용된다. 수원화성에 있는 공심돈은 가장 높은 지역에 만들어서 적을 관찰하기 쉽도록 했다. 공심돈 내부는 여러 층으로 만들고 위아래에 구멍을 뚫어 적을 공격할 수 있도록 설계했다.

사적 제3호

본래 수원성은 흙을 쌓아 만든 단순한 읍성이었다. 정조가 아버지인 사도세자의 무덤을 이장하면서 새로운 도시로 건설했다. 사람들을 이주시켜 도시의 모양새를 갖추고 수원부를 화성이라 개칭했다. 도시를 둘러싼 성곽 공사를 정조 18년(1794)에 시작해 2년 6개월 만에 완공했다. 수원화성은 전통적인 축성 경험 바탕 위에 동서양의 기술서를 참고해 만든 〈성화주략〉을 지침서로 해 실학자 정약용이 설계를 했으며, 재상을 지낸 영중추부사 채제공이 총괄지휘했다. 당시의 과학적 지식을 총동원하고 중국 성곽의 장점을 취해 길이 5.52km에 달하는 성곽을 만들었다. 우리나라 성곽 중에서 가장 치밀하면서도 우아하고 장엄한 면모를 갖춘 과학적인 성곽이다. 모든 것이 정조의 효심에서 발로한 것으로, 오늘날 수원을 '효의 도시'라고 부르는 이유가 여기에 있다.

팔달문

보물 제402호

수원화성의 남문. 성 서쪽에 있는 팔달산에서 이름을 따왔다. 북문인 장안문과 함께 크고 화려하게 지었다. 화강암으로 된 홍예문 위에 중층의 문루를 세웠다. 성문 밖으로 방어시설인 반원형의 옹성을 쌓았다. 성문 오른쪽 성벽에는 팔달문 공사에 참여한 책임자들의 이름이 공사실명판에 새겨져 있다. 서울 숭례문과 유사한 규모와 형태이나 더 크고 섬세하게 꾸며져 있어 정조가 도읍을 수원으로 옮기려 했다는 주장을 뒷받침하는 근거가 되기도 한다. 숭례문에는 없는 옹성을 갖추고 있어 조선 후기의 성문 건축형태를 알려주는 귀중한 자료다.

보물 제403호

화서문

수원화성의 서문. 화강암으로 된 홍예문 위에 단층의 문루를 세웠다. 성문 밖으로 반원형의 옹성을 쌓았고, 북쪽으로 조금 떨어진 곳에 서북공심돈이 있다. 편액은 초대 화성유수였던 채제공이 썼다.

창룡문

수원화성의 동문. 화강암으로 쌓은 홍예문 위에 단층 문루를 세우고 성문 밖으로 옹성을 쌓았다. 규모와 특징이 화서문과 거의 같다. 창룡문 좌측 성벽에 공사에 참여한 사람의 이름이 새겨져 있고, 문 부근에는 연무대와 활터가 있다.

장안문

수원화성의 북문이자 정문. 화강암으로 된 홍예문 위에 2층 누각을 올리고, 바깥쪽에 둥근 옹성을 갖추었다. 특이한 점은 홍예 위에 오성지라는 큰 물통을 만들었다는 점. 다섯 개의 구멍을 갖춘 오성지는 적의 화공에 대비해 물을 쏟아 부어 성문을 보호하기도 하고 적이 성문에 접근하는 것을 막기 위한 시설이다. 18세기 이후 성을 강화하기 위해 실학자들이 주장한 것을 실천에 옮긴 결과물이다.

서장대
동장대

장대는 장수가 올라서서 군사들을 지휘하는 대를 말한다. 서장대는 팔달산 정상에 있는 중층 누각으로 성 안팎이 모두 보이는 전략적 요충지다. '화성장대'란 편액은 정조가 직접 쓴 글씨. 동장대는 동북공심돈과 동암문 사이에 위치한다. 활쏘기와 말타기 훈련을 할 수 있는 훈련장이 있어 연무대라고도 한다. 3단으로 쌓은 대가 있고, 3층 대에서는 총수가 적을 공격하기 편리하게 했다.

보물 제1710호

서북공심돈

화서문 옆에 세워진 방어시설. 서북쪽 성벽에서 돌출시켜 남쪽 일부만 성곽에 접하고 나머지 삼면이 돌출돼 있다. 내부는 3층으로 꾸며 맨 아래 치성은 석재를 사용하고, 1, 2층 외벽과 3층 아랫부분은 벽돌로 쌓았다. 서북공심돈은 수원화성에서만 볼 수 있는 독특한 시설로 재료의 유연성과 기능성이 우수하며, 치성의 석재 쌓기 기법과 상부 공심돈의 벽돌 축조 기법 등 독창적인 건축형태와 조형미를 가지고 있다.

사적 제478호

화성행궁

행궁은 왕이 행차할 때 머무는 임시거처다. 화성행궁은 1790년 340칸으로 건립되었다가 1796년 화성 축성과 함께 576칸으로 확대됐다. 일반적인 행궁이 100칸에서 150칸 정도로 건축되는 것에 비해 매우 큰 규모다. 이는 정조가 왕위를 이양하고 난 뒤 화성으로 내려와 살고자 했기 때문이다. 혜경궁 홍씨의 회갑진찬연을 베풀었던 효의 상징적인 공간이기도 하다.

화홍문
(북수문)

수원화성의 북쪽 수문. 수원화성을 남북으로 가로질러 흐르는 수원천이 자연스럽게 흐르도록 하기 위해 설치한 수문이다. 단순히 물 흐름을 관리하는 것만 아니라 돌다리의 기능도 겸하고, 방어적 기능도 할 수 있도록 총안과 포혈을 갖추어 설계된 실용적인 시설이다. 방화수류정과 함께 수원화성에서 뛰어난 경관을 지닌 두 곳 중 하나다.

보물 제1709호

**방화수류정
(동북각루)**

수원화성을 축조할 때 성곽 위에 꾸며진 정자. 성곽이 높은 언덕에 지어져 주변을 감시하는 역할을 하지만, 때로는 휴식을 즐길 수 있는 정자의 기능도 한다. 성벽 안으로 연못이 조성돼 꽃과 용연이라는 연못이 어우러진 풍경이 일품이다. 아(亞)자형의 평면 구성을 하고 있는 정교하면서 아름다운 건물이다. 방화수류정이란 이름은 중국 송나라 시인 정명도의 시에서 따왔다고 한다.

＋ 융건릉 융건릉은 당쟁으로 희생된 장조(사도세자)와 경의왕후(혜경궁 홍씨)를 모신 융릉과, 정조와 비 효의왕후를 모신 건릉을 합쳐 부르는 말이다. 사도세자는 효성과 우애가 좋은 데다 왕세자로서의 도량을 갖춰 영조의 칭찬을 받았다. 그러나 그에 반대하는, 정확하게는 정치적 대립관계에 있던 노론과 이들에 동조하는 영조의 계비 정순왕후 일파의 세자가 몰래 궁궐을 빠져나가 평양을 왕래하고 기생들과 온갖 난행을 일삼는다는 무고 때문에 뒤주에 갇혀 죽는 비운을 맞았다. 혜경궁 홍씨는 남편인 사도세자의 일을 중심으로 자신의 일생을 자서전적인 소설로 썼는데, 이것이 궁중문학의 효시라 일컬어지는 〈한중록〉이다. 사도세자의 묘소는 본래 양주 배봉산(현 동대문구 휘경동)에 있었으나, 정조 13년(1789) 용이 여의주를 희롱한다는 지금의 자리로 옮겨왔다.

융릉은 합장릉으로 봉분에는 목단과 연화문이 새겨진 병풍석이 둘러져 있다. 난간석을 하지 않은 대신 방위 표시를 하기 위해 꽃봉오리 모양의 인석에 문자를 새겨 넣었다. 능 앞에는 무인석을 세우고, 홍살문에서 정자각에 이르는 참도는 두 사람이 걸을 수 있을 정도로 넓게 만들었다. 정조는 아버지의 능을 옮겨오면서 추존왕릉임에도 불구하고 온갖 정성을 들여 화려하게 치장하였다.

융릉으로 가는 마지막 갈림길에서 왼쪽으로 가

면 정조와 비 효의왕후 김씨의 합장릉인 건릉이 있다. 효성이 깊은 정조는 아버지의 능 곁에 묻혔다. 건릉은 처음에 정조의 유언대로 융릉 동쪽 언덕에 조성되었으나, 풍수상 좋지 않다고 해서 서쪽 언덕에 효의왕후와 합장했다. 모든 것을 융릉의 예법에 따라, 혼유석을 1좌만 놓았고 봉분에는 병풍석을 두르지 않고 난간석만 설치했다. 난간석주에는 방향 표시를 위해 문자로 십이지를 새겼다.

＋ 용주사 용주사는 사도세자의 명복을 빌기 위한 원찰로 창건됐다. 원래 현 용주사 터엔 신라 문성왕 16년(854) 염거화상이 창건한 갈양사가 있었다. 고려 광종 3년(952)에 소실된 갈양사 터에 새로이 절을 창건하고, 21년에는 우리나라에서 최초로 수륙재를 개설하는 등 청정한 도량으로 명성을 유지했다. 그러나 조선시대 병자호란 때 소실된 후 폐사되었다. 오랫동안 빈터로 남아 있다가 1790년 10월 17일 사도세자의 능

을 수원으로 옮기면서 이문원이 사도세자의 원
찰을 만들 것을 청하면서 갈양사 터에 능사가
지어졌다. 사찰의 낙성식 날 저녁에 정조가 꿈
을 꾸니 용이 여의주를 물고 승천하여 절 이름
을 용주사라 했다고 전한다. 용주사 건립에 정
성을 다한 정조는 당대 최고의 화원 김홍도에게
대웅보전 후불탱화를 그리도록 했다. 창건 당시
정조가 심었다는 회양나무(천연기념물 제264호)
한 그루가 남아 있다.

✛ **수원화성박물관** 수원화성의 역사에 대한 모
든 것을 가장 쉽게 이해할 수 있는 박물관. 수원
화성의 축성과정과 도시발전을 알려주는 화성
축성실과 수원화성 축성에 참여한 인물과 정조
의 8일간의 행차, 화성에 주둔했던 장용영의 모
습을 보여주는 화성문화실 등을 통해 수원화성
의 모든 것을 공부할 수 있다. 축성실에는 정조
가 화성행차 시 입었던 황금갑옷, 〈화성성역의
궤〉와 화성유수 조심태에게 보낸 정조의 비밀편
지, 국내에 2점 밖에 없는 사도세자의 명령서가
있다. 화성문화실에는 수원화성 공사 총책임자
였던 채제공의 초상화(보물 1477호)를 비롯해 정
조가 채제공에게 하사한 비밀어찰을 전시하고
있다.
※ **Open** 09:00~18:00, 매월 첫째 월요일 휴관 **Cost**
어른 3500원 청소년 2000원 어린이 800원 **Tel** 031-
228-4205 **Web** hsmuseum.suwon.ne.kr

여행수첩

✛ **가는 길**
영동고속도로 동수원 IC에서 나와 43번
국도를 따라 시내로 진입하면 창룡문 앞
에 닿는다. 서울에서 대중교통을 이용한
다면 지하철 1호선(병점, 천안행)을 타고
수원역에서 내린다. 역 앞에서 장안문으
로 가는 시내버스를 탄다.

✛ **맛집**
삼부자갈비집
수원 하면 갈비를 떠올릴 만큼 '수원갈비'
를 요리하는 집이 무수하게 많다. 조선시
대 연무대 옆에는 우시장이 열려 최상급
의 소를 취급해 고기가 좋기로 유명했던
고장이기 때문이다. 수원갈비를 얘기할 때
삼부자갈비집, 본수원갈비, 가본정을 수원
의 3대 갈비집으로 꼽는다. 삼부자갈비는
늘 신선하고 질 좋은 갈비만을 내놓아 맛
을 인정받는다. 마블링이 적절하게 되어
있는 갈비는 보는 것만으로도 최상품임을
알 수 있다. 양념갈비는 달지도 않고 양념
맛도 강하지 않아서 갈비의 제맛을 잘 유
지한다.
위치 법원사거리 사이 부근
영업시간 11:30~22:00
전화 031-211-8959
가격 한우생갈비 5만5000원
    한우양념갈비 4만2000원
    양념갈비 3만4000원
    갈비탕 1만원 냉면 7000원
홈페이지 www.sambuja.co.kr

고인돌 유적

2259

Info 문화유산 정보

등재시기 2000년 12월

등재이유 ① 고창, 화순, 강화의 고인돌 유적은 세계에서 유례를 찾아볼 수 없을 정도로 한 지역에 집중적으로 분포되어 있다.

② 고인돌 형식의 다양성으로 발전과정을 규명하는 중요한 유적이다.

③ 선사시대 사회현상, 사회구조, 정치체계 등을 파악할 수 있는 중요한 자료다.

고인돌이 세계문화유산으로 등재된 예는 한국이 유일하다. 고창, 화순, 강화 지역의 고인돌이 세계문화유산으로 등재된 것은 세계에서 가장 밀집도가 높고 다양한 형식의 고인돌이 한 지역에 분포하고 있어서다.

···· ✺ ····

　초등학교 무렵이었던 걸로 기억된다. 우연히 고인돌(당시에는 '지석묘'라고 불렀다)을 영어로 'dolmen'이라고 한다는 걸 알았다. 그때는 '돌멘(맨)'이라니까 '돌로 만든 사람인가' 하고 생각했다. 사진으로 본 고인돌의 모습도 사람과 비슷했다. 두 개의 벽면은 다리 같았고, 그 위에 얹힌 큰 돌은 팔과 몸통 같기도 하고 머리 같기도 했다. 마치 로봇처럼. 그래서 한참 동안 고인돌은 돌로 만든 사람의 형상이라서 이름이 붙은 줄 알았다. 용도는 조각품처럼 미술작품인 줄 알았다. 설마 이렇게 무지막지하게 큰 돌덩이가 무덤일 거란 생각은 꿈에도 못했다.

　시간은 흐르고 배움의 깊이도 더해져서 고인돌이 청동기시대를 대표하는 무덤이라는 걸 알게 됐다. 내가 알던 '돌맨'이 더 이상 사람 모양의 조형물이 아니었다. 그리고 한참의 시간이 흘렀다. 갑자기 'dolmen'은 어떻게 생겨난 단어인지 궁금해졌다. 왜 그런 생각을 했는지 아직도 모르겠다. 책을 뒤져 켈트어(켈트어 중에서도 브리튼어. 켈트어는 인도유럽어족의 한 어파로 기원전 1000여 년경에는 거의 유럽 대륙 전역에 걸쳐 사용되었다)로 'dol'은 책상, 'men'은 '돌'을 뜻한다는 것을 알게 되었다. 의미를 일고 나니 소금은 허탈했다. 풀이하면 '돌로 만든 책상' 아닌가. 고인돌의 생긴 모습을 보고 붙인 이름일 것이다. 한순간 어린 시절 '돌로 만든 사람'이라고 생각했던 내가 아주 어리석게 해석을 한 것은 아니구나 하고 위안을 삼았다.

　그리고 드는 생각 하나. '왜 이렇게 힘들게 무덤을 만들었지?'

세계에서 가장 많은 고인돌이 밀집

우리나라 청동기시대의 대표적인 무덤은 고인돌이다. 세계적으로 8만여 기의 고인돌이 분포되어 있지만 세계문화유산으로 등재된 예는 한국이 유일하다. 우리 땅에만 3만 5000여 기가 발견되었다. 이는 세계 고인돌의 40% 이상을 차지하는 것으로 우리나라를 '고인돌 왕국'으로 불러도 손색이 없을 정도이다. 고창, 화순, 강화 지역의 고인돌이 세계문화유산으로 등재된 것도 세계에서 가장 밀집도가 높고 다양한 형식의 고인돌이 한 지역에 분포하고 있어서다. 수많은 고인돌을 통해 기원 및 성격뿐만 아니라 고인돌을 만든 사회집단에 대해 확인하고, 세계 각국의 고인돌과 비교해 어떻게 변화 발전해왔는지 알아낼 수 있기에 중요한 것으로 평가된다.

고인돌은 세계적으로 분포하고 있으며 지역에 따라 시기와 형태가 다르게 나타난다. 지역적으로는 프랑스 서북부의 브르타뉴, 이베리아 반도를 중심으로 아일랜드부터 유틀란트 반도와 스칸디나비아 남부를 거쳐 캅카스 불가리아, 서아시아의 팔레스티나, 남인도, 중국의 동북지구 동부·남부, 한국 서북부 지역에 탁자형 고인돌이 분포하며, 시리아 북부, 이란 북부, 베트남, 한국 서남부 지역에는 기반형 고인돌이 있다. 세계적인 분포권에서도 동북아시아 지역에 고인돌이 밀집해 있으나 중국이나 일본에는 드물게 분포한다. 우리나라에만 약 3만여 기가 밀집해 있으며, 특히 전남지방에 2만여 기가 집중적으로 분포되어 있는 것으로 알려져 있다.

어떻게 해서 우리나라에 고인돌이 집중적으로 생겨나게 되었을까. 안타깝지만 고인돌이 어떻게 나타났는지에 대해서는 아직 정확하게 밝혀지지 않았다. 다만 학계에서는 한반도에서 저절로 생겨났다는 자생설, 동남아시아에서 바닷길로 전해졌다는 남방설, 시베리아나 중국 동북지역의 돌널무덤에서 전래되었다는 북방설 등의 견해를 내놓고 있다.

자생설은 한반도에 세계에서 가장 많은 고인돌이 밀집되어 분포한다는 사실에 바탕을 둔다. 우리나라 고유의 묘제가 아니고서는 이처럼 많은 고인돌이 전남지방과 같은 특정 지역에 집중적으로 생기기 어렵다는 논리다. 남방설은 동남아시아에서 바닷길을 통해서 중국 동북해안지방과 우리나라에 전해졌다는 것이다. 이는 한반도의 고인돌 분포가 평안도에서 전라도에 이르는 서해안에 몰려 있기 때문이다.

가장 많은 지지를 받고 있는 것이 북방의 돌널무덤에서 변화, 발전했다는 북방설이다. 그 증거로 고인돌에서 출토되는 유물을 든다. 고인돌에서 출토되는 유물은 주로 돌칼, 돌화살 간토기, 청동기, 장신구 등이다. 남해안 지역의 고인돌에서 청동기가 출토되는 경우가 많지만 청동제품의 발견은 드문 편이다. 이

Tips
고인돌의 이름

고인돌은 땅 위에 커다란 돌 2개를 받치고, 그 위에 거대한 바위(덮개돌)를 올린 형태거나 지면에 작은 돌을 놓고 큰 바위를 받쳐 놓은 형태, 땅 위에 바로 덮개돌을 얹은 형태를 하고 있다. 그런데 왜 이름을 분, 총, 묘라고 하지 않고 고인돌이라고 했을까. 그것은 커다란 바위를 받치고 있는 '굄돌'이란 말에서 유래됐기 때문이다. 한자어로는 '지석묘'라고 한다.

중 출토되는 청동기 유물이 중국 랴오닝(요녕) 지방의 청동기문화와 많이 닮았다는 것이다.

우리나라에서 본격적으로 청동기시대가 전개되는 것은 기원전 1000년경이다. 대표적인 유물인 동검의 모양에 따라 전기 비파형동검문화와 후기 세형동검문화로 시기를 구분한다.

비파형동검문화가 랴오닝 지방에 주로 분포한다. 동검의 아래쪽이 위쪽보다 폭이 넓고 둥근 형태며, 가운데 부분 좌우에 돌기가 있다. 마치 중국 악기인 비파와 닮았다고 해서 붙여진 이름이다. 비파형동검문화권이 랴오닝→쑹화강(송화강)→한반도로 이어지며 거의 일치하는 청동기문화권을 형성해 고인돌이 중국 동북지역에서 유행하던 돌널무덤의 영향을 받아 만들어졌다는 것이다. 만일 돌널무덤에서 변화되어 새로운 형태의 무덤인 고인돌이 생겨났다면 북방설

다양한 형태를 보여주는 탁자식, 바둑판식, 개석식고인돌

© 문화재청

은 자생설과 상호보완해 고인돌의 기원을 밝혀야 할 것이다.

그럼 고인돌은 언제부터 만들어지기 시작했을까. 이 문제 역시 명쾌한 답은 없는 상태다. 다만 계속되는 고고학적 발굴과 그를 통해 밝혀지는 자료를 토대로 한국에서는 기원전 8세기로 보는 게 가장 유력하다. 이때부터 기원전 3~2세기까지 고인돌이 만들어진 것으로 보고 있다.

형식은 달라도 기본구조는 비슷하다

우리가 생각하는 고인돌의 가장 일반적인 모습은 두 개의 커다란 돌이 자기보다 훨씬 큰 바위를 받치고 있는 형태다. 그러다보니 다르게 생긴 고인돌에 대해서는 고인돌이 아니라는 생각을 하게 된다. 사실 고인돌은 그 형태가 다양하다. 일반적으로 알고 있는 탁자식 고인돌을 비롯해 바둑판식 고인돌, 개석식

강화 부근리 지석묘는 우리나라의 가장 대표적인 탁자식 고인돌이다.

고인돌 등이 있다.

탁자식 고인돌은 말 그대로 식탁처럼 생겼다. 널판같이 잘 다듬어진 넓은 돌로 'ㄷ'자 또는 'ㅁ'자로 시신을 안치할 무덤방을 땅 위에 만들고 그 위에 편평한 덮개돌을 얹은 모습이다. 일반적으로 받침돌이 두 개만 남아 있는 고인돌이 많은데, 그 이유는 양쪽을 막아놓은 판석이 사라졌기 때문이다. 예전에는 주로 한강 이북에 분포해서 북방식 고인돌이라고도 했다. 하지만 전남지방에서도 발견되는 등 전국에 분포되어 있는 것으로 나타나 북방식이란 이름은 거의 사용하지 않는다.

바둑판식 고인돌은 두툼한 바둑판과 비슷해서 불리는 이름이다. 탁자식 고인돌이 무덤방을 땅 위에 만든 것과 달리 구덩이를 파고 판석이나 강돌 등으로 무덤방을 만든다. 무덤방 가장자리에 4~8개의 받침돌을 놓은 뒤 커다란 덮개돌을 올린다. 탁자식 고인돌과 마찬가지로 주로 남쪽 지방에 많이 분포해 남방식 고인돌이라고 불렀으나 북쪽에서도 발견되어 남방식이란 이름은 거의 쓰이지 않는다.

개석식 고인돌은 지하에 무덤방을 만들고 받침돌 없이 바로 덮개돌을 얹은 형태가 일반적이다. 그러나 지하가 아닌 반지하나 땅 위에 무덤방을 만들어 흙이나 돌로 적당히 쌓은 다음 덮개돌을 올려놓은 것도 있다. 뚜껑식 고인돌이라고도 부른다.

고인돌은 형식에 따라 약간씩 차이가 있으나 기본적으로 구조는 비슷하다. 시신을 안치하는 무덤방, 시신을 올려놓는 바닥시설, 무덤방을 덮는 뚜껑돌, 덮개돌을 받치는 받침돌, 가장 위에 놓이는 덮개돌 등으로 이뤄진다.

무덤방은 고인돌 형식에 따라 차이가 난다. 탁자식 고인돌에서는 받침돌 자체가 무덤방이 된다. 바둑판식이나 개석식 고인돌은 지하에 무덤방을 만든다. 판석이나 강돌을 쌓아 만든다. 이 경우 무덤방 위에 덮개돌이 얹어져서 도굴이 어려운 탓에 유물이 많이 발견된다. 무덤방의 바닥은 판석이나 작게 깬 돌 등을 깔고 시신을 올려놓을 수 있도록 했다. 뚜껑돌은 무덤방을 덮는 데 사용한다. 시신을 보호하기 위해 만들며, 판석 하나로 뚜껑을 하는 경우도 있고 여러 개를 포개 덮는 경우도 있다. 바둑판식 고인돌에서만 보이는 구조물이다. 탁자식이나 개석식 고인돌에서는 덮개돌이 뚜껑돌의 역할을 한다. 받침돌은 굄돌이라고도 한다. 덮개돌을 받치는 역할뿐만 아니라 무덤방을 보호하는 역할도 한다. 덮개돌은 지붕 역할을 하는 가장 큰 돌이다. 고인돌의 형태에 따라 다양하게 나타난다.

암벽에서 떼어 여러 명이 힘겹게 운반

거대한 탁자식 고인돌을 보면 '이걸 어떻게 만들었을까?' 하는 궁금증이 든다. 돌은 어디서 가져왔으며 운반은 어떻게 했는지, 무거운 덮개돌을 어떻게 올렸는지 온통 의문투성이다.

지금까지 알려진 고인돌 만드는 방법은 다음과 같다.

고인돌을 만들기 위한 돌은 강가나 산에 굴러다니는 것을 가져다 쓰지 않고 대부분 암벽에서 떼어낸다. 채석장에서 암벽의 바위틈이나 결을 이용해 구멍을 판 뒤 나무쐐기를 박아 넣는다. 그런 다음 나무에 물을 붓는다. 물에 불은 나무는 부피가 늘어나 점차 팽창하여 바위가 쪼개진다. 이것이 돌을 떼어내는 일반적인 방법이다.

떼어낸 돌은 줄, 지렛대, 통나무 등을 이용해서 목적지까지 옮긴다. 여러 개의 둥근 통나무를 철도 레일처럼 진행 방향으로 깔고 뗏목처럼 만든 통나무 위에 돌을 올려 줄로 묶어 여러 사람이 끌거나 지렛대를 이용했다. 통나무가 바퀴 역할을 해서 돌을 끌기 쉽도록 한다. 돌의 무게가 가볍고 거리가 가까운 곳은 지렛대식, 먼 거리는 끌기식을 이용했을 것으로 짐작된다.

탁자식 고인돌의 경우 운반해온 돌 중 받침돌은 구덩이를 파서 여러 사람이 힘을 합쳐 안으로 밀어 넣는다. 그리고는 받침돌이 흔들리지 않도록 작은 돌로 채워 튼튼하게 고정시킨다. 받침돌 두 개를 세운 후 흙을 쌓아 돌이 묻힐 만큼 완만한 언덕을 만든다. 그리고 채석장에서 돌을 운반해온 것과 같이 덮개돌을 끌어 올린다. 그 후 쌓았던 흙을 걷어내고 받침돌 사이에 시신을 안치한다. 흙을 쌓아 덮개돌을 올렸을 것으로 짐작되는 이유는 덮개돌과 받침돌 사이가 흙

산 능선에 조성된 강화 삼거리 고인돌군

으로 메워져 있던 흔적이 가끔씩 발견되기 때문이다. 마지막으로 받침돌 양쪽을 막음돌로 막으면 고인돌이 완성된다.

고창 고인돌 유적

고창은 참으로 많은 고인돌을 품고 있는 고장이다. 전라북도에 3000여 기의 고인돌이 분포하는 것으로 알려져 있는데, 이 중 60%가 넘는 1568기가 고창에 모여 있다. 단위면적당 밀집도를 따지면 세계에서 가장 조밀한 고인돌 분포지역이다. 숫자 자체로도 어마어마하지만 놀라운 것은 세계에서 유일하게 탁자식, 바둑판식, 개석식 등 다양한 형태의 고인돌을 한 지역에서 볼 수 있다는 점이다. 특히 죽림리에 있는 지상석곽형고인돌은 '고창식 고인돌'이라 불리는 특이한 형식을 보여준다. 탁자식 고인돌보다 낮은 받침돌이 돌널 같은 구조로 놓여 있다. 또 곁에는 같은 높이의 받침돌 여러 개가 바둑판식 고인돌처럼 놓여 있다. 탁자식 고인돌과 바둑판식 고인돌이 섞인 형태로, 고인돌이 변화해가는 과정을 보여주는 중요한 유물이다.

1500여 기의 고인돌 중에서 세계문화유산으로 지정된 고인돌은 447기다. 고창군 전체 지역의 고인돌이 아닌 고창읍 죽림리, 상갑리, 도산리에 있는 고인돌만 지정되었기 때문이다. 고창군에서는 고인돌 탐방을 효과적으로 할 수 있도록 죽림리고인돌을 제1, 2, 3코스로 나누고, 채석장을 제4코스, 상갑리와 봉덕리고인돌을 제5코스, 도산리고인돌을 제6코스로 나눠 탐방코스를 운영하고 있다. 제1코스에서 제5코스까지는 1.8km밖에 되지 않아 걸어서 돌아볼 수 있으며, 제6코스만 멀찍이 떨어져 있다.

제1~3코스는 죽림리고인돌군을 세분화했다. 이 지역은 고창 고인돌의 백미라 할 수 있다. 다른 지역에 비해 특히 고인돌이 많이 있는데, 그 이유는 주변에 많은 채석장을 갖추고 있어서다. 또 북쪽으로 산줄기가 동서로 길게 뻗어 북풍을 막아주고 앞으로는 고창천을 낀 넓은 평야가 펼쳐져 사람이 생활하기에 적합했기 때문일 것으로 추정된다. 세계문화유산으로 지정되기 전 이곳을 방문한 루브르박물관장 장피엘 모엥은 "세계에서 발견된 거석문화 지역 중 가장 아름다운 지역"이라고 격찬하기도 했다.

　제1코스에는 53기의 고인돌이 모여 있다. 이 중에는 탁자식 고인돌도 눈에 띈다. 강화도에서 볼 수 있는 것과는 달리 받침돌이 현저히 낮은 모습이다. 제2코스에서 주목되는 것은 지상석곽형고인돌이다. 탁자식과 바둑판식의 중간 형태의 고인돌로, 고인돌 형태의 변화과정을 밝히는 데 중요한 역할을 한다. 제3코스는 128기의 고인돌이 모인 고창 고인돌 유적의 중심이다. 고인돌의 무덤방 형태가 잘 남아 있고, 특히 지상석곽형고인돌이 집중적으로 분포되어 있다. 제4코스는 고인돌의 재료를 채취하던 채석장이다. 23곳의 채석장이 발견되었다. 그중 일부를 탐방코스로 개발해 쉽게 찾을 수 있다.

　제5코스는 죽림리, 상갑리, 봉덕리에 걸쳐 220여 기의 고인돌이 이어진다. 고인돌이 군집을 이루고 있고 대부분은 열을 지어 있다. 이는 혈연을 기반으로 한 집단의 공동묘역 또는 지배계층의 집단 묘역으로 추정하고 있다. 크기 2m 내외의 소형 고인돌이 많아 소박한 모습을 보여준다. 제6코스는 고창천 건너 지동마을에 위치한다. 탁자식 고인돌 1기, 바둑판식 고인돌 2기, 개석식 고

고인돌은 청동기시대 계급사회의 지배계층 무덤으로 추정된다.

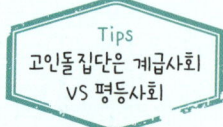

고인돌의 해석을 두고 논란이 되는 것 중 하나가 고인돌을 축조한 사회가 계급사회냐 평등사회냐 하는 문제다.

고인돌이 청동기시대의 대표적 묘제고, 청동기시대의 청동기는 특수한 권력층의 소유물이던 만큼 계급사회의 지배계층 무덤으로 보는 견해가 일반적이다. 고인돌은 규모로 볼 때 수십 명 이상의 성인 남자가 한 번에 동원되어야 한다. 이처럼 인력동원이 가능한 특정 신분을 가진 사람만이 고인돌을 축조할 수 있으니 지배자의 무덤이라고 추정한다. 이에 근거해 고인돌 사회를 계급사회로 보는 것이다.

실제로 덮개돌을 올리는 과정에서 상당한 인원이 동원되어야 한다. 고고학적 실험 결과 장정 60명 정도가 끌어야 6톤의 덮개돌을 얹어서 고인돌을 만들 수 있다는 보고가 있다. 다른 실험 결과로 1톤의 돌을 1마일(1.6km) 옮기려면 16~20명의 인원이 필요하다고 한다. 강화지석묘 덮개돌의 경우 길이 6.5m, 너비 5.2m, 무게 50톤에 달하는데, 이를 옮기는 데 얼마나 많은 인원이 필요했을지 쉽게 짐작이 되지 않는다. 실험 결과를 토대로 계산해보면 800~1000명이 필요하다. 물론 덮개돌의 규모가 3~5톤 정도 되는 것들도 얼마든지 있다. 그렇다 하더라도 고인돌 하나를 세우기 위해서 최소 50명 이상의 인원을 동원해야 했을 것이다. 당시의 인구 규모로 봐서는 엄청난 공사가 아니었을까.

고인돌에 묻힌 주인공에 대해서는 지배자, 그의 가족 또는 지배계층 집단이었을 것이라는 게 일반적이다. 지나치게 큰 덮개돌이 있고, 껴묻거리로 청동기나 장신구 등이 출토된 고인돌은 지배자의 무덤으로 추정한다. 이들 고인돌 주변에는 돌널무덤이나 널무덤이 함께 발견되기도 해서 아마도 고인돌이 가장 격이 높은 무덤이었을 것이라는 주장이다. 또한 고인돌이 단독으로 있는 경우도 있지만, 묘역처럼 집단을 이루며 군집한 경우가 많아 지배계층의 가족 또는 집단 무덤으로 추정하기도 한다. 대체로 고인돌군은 일정한 열을 갖추고 있으며 격의 차이를 보이는 경우도 있다. 이 경우 가부장적인 질서에 따라 고인돌의 위치가 결정되었을 것으로 본다.

이상의 사실을 토대로 유추해보면 고인돌 사회는 기본적으로 인력을 동원할 수 있는 사회, 즉 북방의 유목사회보다는 정착해서 농경생활을 하는 부족집단이었음을 짐작할 수 있다. 또한 대규모 노동력을 동원할 수 있는 지배계층이 있었으리라는 것도 추정할 수 있다.

반면 고인돌을 세운 사회의 기본구조는 계급사회가 아닌 평등사회였다는 관점도 있다. 역사학자들은 이러한 주장의 근거로 고인돌의 수, 구조와 무덤방의 크기, 껴묻거리의 보편성을 증거로 내세운다.

우선 계급사회의 산물이라고 하기에는 지배자 또는 지배계층의 무덤이 너무 많다는 것이다. 전남지방에 나타나는 수만 1만 6000기가 넘고, 한반도 전체를 따지면 3만에서 5만기는 된다. 한 시대의 사회에서 지배계층의 무덤이 이렇게 많이 발견되는 반면, 그보다 훨씬 더 많았을 일반인의 무덤은 거의 발견되지 않고 있다. 이런 희귀한 고고학적 현상은 상식적으로 납득하기 어렵다는 주장이다.

고인돌 구조를 놓고 보아도 덮개돌의 크기와 상관없이 무덤방은 일인 매장용 크기에 불과하다. 보편적인 무덤 구조에서 무덤방의 크기가 신분을 반영한다. 신분이 높을수록 무덤방이 커지는 것이 당연하다. 무덤방이 커진다는 것은 무덤 전체 규모가 커지는 것을 의미한다. 또한 그에 걸맞은 껴묻거리를 함께 묻게 된다. 하지만 고인돌의 경우는 그렇지 않다. 규모는 제각각이지만 무덤방의 크기는 거의 동등하다.

무엇보다 중요한 것은 껴묻거리에서 보이는 평등성이다. 청동검, 천연산 옥제품 같은 특수 신분의 소유물로 볼 수 있는 장식품이 발견되기도 한다. 하지만 전체 유물을 구성하는 석기와 토기는 제작 방식, 기술 수준, 재료 등에 있어 동등한 수준을 보인다. 고인돌에서 발견되는 석기는 간돌도끼, 돌살촉, 간돌검 등인데, 이것들은 제작방법이나 형식, 숫자에서 특별한 신분을 나타내는 증거를 찾기 어렵다. 고인돌 껴묻거리 전용으로 알려진 붉은간토기 원저호(둥글고 편평한 바닥을 갖춘 항아리)가 주거지에서도 발견되고 있어 무덤 주인의 신분을 나타내기보다는 껴묻거리용 특수토기로 본다.

이와 같이 덮개돌을 제외한 여러 요소를 통해 고인돌 사회가 계급사회가 아닌 동일한 신분에 속하는 사람들의 집단이었다고 추정하기도 한다.

인돌 2기가 분포하고 있다. 탁자식 고인돌은 남쪽 지방에서 발견된 것 중 가장 길쭉하고 완전한 형태를 보인다.

화순 고인돌 유적

화순 고인돌은 영산강의 지류인 지석강 주변 들판을 배경으로 남쪽 산기슭에 분포한다. 도곡면 효산리와 춘양면 대신리를 잇는 보검재 양쪽 계곡 일대 5km에 걸쳐 306기의 고인돌이 세계문화유산으로 지정되었다. 대신리는 148기의 고인돌이 좁은 계곡의 산등성이에 빼곡하게 들어서 있고, 효산리는 158기의 고인돌이 널찍한 산등성이에 열을 지어 늘어서 있다.

화순 고인돌은 100톤이 넘는 거대한 고인돌이 많다는 게 특징이다. 대신리에 덮개돌이 길이 7.3m, 폭 5m, 두께 4m 등 무게가 200톤 이상인 고인돌이 있

세계적으로 유명한 화순의 핑매바위고인돌과 다양한 고인돌 모습

© 문화재청

강화도의 고인돌은 탁자식이 주를 이룬다.

고, 효산리에 길이 5.3m, 폭 3.6m, 두께 3m 등 무게가 100톤이 넘는 고인돌이 분포하고 있다. 고창에서와 마찬가지로 지상석곽형고인돌이 발견되고, 채석장이 함께 조사돼 고인돌 축조 과정을 유추할 수 있다. 또한 계곡 사이에 위치해 비교적 보존상태가 좋다. 가락바퀴, 돌촉 등 청동기시대의 유물이 많이 출토되어 전기 청동기시대에 고인돌이 축조된 것으로 확인되었다.

효산리 고인돌 유적에서는 277기의 고인돌과 채석장을 볼 수 있다. 화순 고인돌의 특징은 산 정상에 채석장이 있고, 채석장에서 멀지 않은 곳에 고인돌이 있다는 것이다. 효산리에는 마당바위채석장과 관청바위채석장이 있어 돌을 떼어낸 흔적을 쉽게 발견할 수 있다. 유적 내 관청바위고인돌군은 관청바위채석장에서 가져온 돌을 사용해 고인돌을 만든 곳이다. 54기의 고인돌이 모여 있는데, 특이하게도 고인돌을 축조하기 전에 땅을 평평하게 고른 흔적이 보인다.

대신리 고인돌 유적에는 300여 기가 넘는 고인돌이 있지만, 그중에 세계적으로 유명한 고인돌인 핑매바위고인돌이 있다. 핑매바위고인돌은 무게가 200톤이 넘는 것으로 세계에서 가장 크다. 덮개돌 아랫부분을 인공적으로 둥그렇게 다듬었다. 핑매의 핑은 '팽개치다', 매는 '마고'라는 뜻으로, 이 고인돌에는 마고할미 전설이 깃들어 있다. 마고할미가 하룻밤 사이에 운주사 천불천탑을 쌓기 위해 치마에 돌을 가지고 가다가 닭이 울자 날이 밝았음을 알고 버린 바위라는 것이다. 덮개돌 위쪽에 구멍이 있는 것은 마고할미가 오줌을 눠서 그렇게 되었다고 한다.

효신리에서와 같이 채석장이 가까이 있다. 감태바위채석장에는 돌을 떼려다만 흔적과 떼어내려고 판 홈이 그대로 남아 있어 채석과정을 알 수 있다. 감태바위채석장 아래에는 감태바위고인돌군이 있다. 이곳에는 땅 위로 무덤방이 드러나 있는 고인돌에서부터 고인돌을 만들기 위해 채석했지만 미처 완성하지 못하고 버려둔 돌들도 보인다.

강화 고인돌 유적

강화도는 섬이다. 지금이야 다리로 연결돼 섬이라고 하기보다 육지에 가까운 곳이 되었지만, 다리가 놓이기 전 강화도는 진짜배기 섬이었다. 고려 때 몽고군이 침략해왔을 때도 눈앞에 보이는 강화도를 어찌하지 못했던 사실을 우리는 역사를 통해 배웠다.

섬이란 본디 뭍과는 다른 자연환경 탓에 삶의 모습이 다르게 나타난다. 삶의 모습이 다르다는 것은 사는 방식, 문화 등등 많은 것이 다름을 의미한다. 무덤도 예외일 수 없다. 매장풍습이야말로 지역색이 강하게 드러나기 때문이다. 그럼에도 강화도에는 150여 기에 달하는 고인돌이 널려 있다. 이 중에서 70기의 고인돌이 세계문화유산에 등재되었다.

강화 고인돌은 탁자식 고인돌이 주를 이룬다. 개석식 고인돌이 보이기는 하나 탁자식 고인돌이 강화도의 주인공이다. 특이한 점은 2m 이하의 소형이 많다는 것. 아마도 섬이라는 특성상 고인돌을 바닷가에서 떨어진 산 경사면에 만들어야 했기 때문에 커다란 돌을 높이 끌고 가기가 힘들어 대형고인돌 축조가 어려웠을 것으로 짐작된다. 덮개돌도 크고 두껍기보다 길고 얇은 게 특징이다.

세계문화유산 등재 당시 강화 고인돌을 두고 "고려산을 중심으로 반경 4km 내에 100여 기가 집중되어 하나의 특수한 지역을 이루고 있다는 사실은 고대국가의 형성 과정에서 중요한 시기로 강화도의 실체를 규명하는 데 매우 중요한 고고학적 자료일 뿐 아니라 청동기 문화에 대한 당시 사람들의 정신상, 사회상, 묘제상 등을 알 수 있는 귀중한 자료로서 선사문명의 독특성을 볼 수 있는 귀중한 문화유산"이라고 그 중요성을 밝혔다.

강화 고인돌 중 가장 유명한 것은 강화지석묘다. 교과서나 강화도 홍보자료에도 자주 등장해서 가장 친근한 고인돌이다. 탁자식 고인돌의 표본으로 받침돌이 2.6m, 덮개돌이 길이 6.5m에 무게가 무려 50톤에 달한다. 고인돌공원 안에 홀로 당당하게 시 있는 모습이 늠름하다.

이외에도 차를 타고 돌면서 접근하기 쉬운 곳이 부근리 고인돌군, 부근리 점골 고인돌, 오상리 고인돌군이다. 부근리 고인돌군은 강화지석묘에서 남쪽으로 약 50m 떨어진 곳에 받침돌만 하나 비스듬하게 남아 있고, 북쪽 솔숲에 탁자식 고인돌 1기와 바둑판식 고인돌 1기가 있다. 부근리 점골 고인돌은 길가에 위치해 찾기 쉽다. 작은 규모지만 탁자식 고인돌의 형태를 잘 유지하고 있다. 특히 받침돌 사이에 무덤방을 막는 판석 하나가 남아 있다. 오상리 고인돌군은 12기의 고인돌을 모아 복원한 공원이다. 마치 가족처럼 고인돌이 옹기종기 모여 있다.

Tips 고창, 화순, 강화 고인돌의 공통점

① 고인돌이 모두 산을 중심으로 정상부나 산자락에 위치해 있다. 고창은 성틀봉과 중봉, 화순은 조봉산과 만지산, 강화도는 고려산을 중심으로 대부분 분포한다.

② 강이나 하천 등 물줄기를 끼고 있다. 고창은 고창천과 인천강, 화순은 인근의 지석강, 강화도는 내가천과 금곡천 등의 물줄기를 중심으로 고인돌이 위치해 있다.

③ 단독으로 있지 않고 여러 기가 무리를 지어 있다. 고인돌이 하나만 홀로 떨어져 있는 경우는 없다. 고창과 화순은 한 지역에 수십, 수백 기가 떼를 지어 있고, 강화도는 여러 장소에 몇 기씩 무리지어 있다.

④ 지역적 특색을 분명히 하고 있다. 고인돌 형식에 있어 고창과 화순은 바둑판 고인돌이 주류를 이루고, 강화도는 탁자식 고인돌이 주를 이룬다.

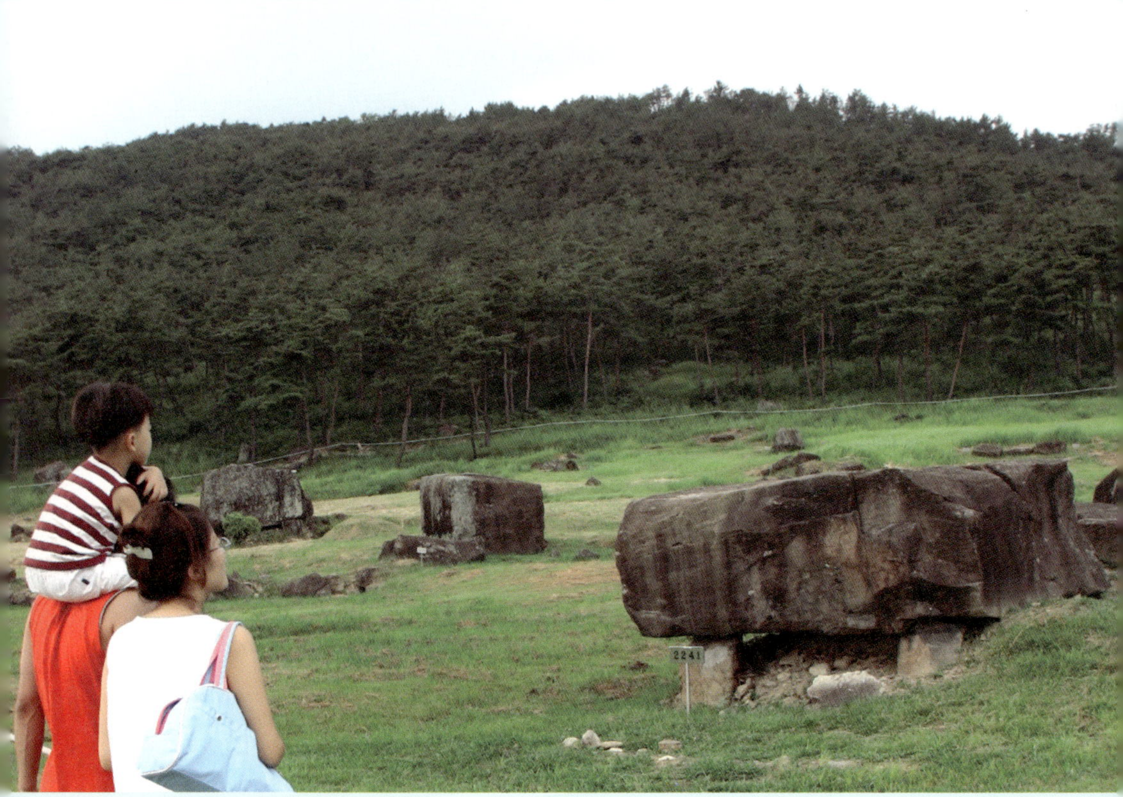

고창 고인돌 유적

고창 죽림리 지석묘군

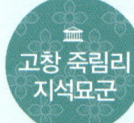

사적 제391호

고창읍 매산마을을 중심으로 죽림리, 상갑리, 도산리에 있는 고인돌 447기가 세계문화유산으로 지정되었다. 기원전 400~500년경 청동기시대 사람들의 집단무덤으로 국내에서 조사된 고인돌의 모든 형식이 나타나고 있어 고인돌 발생과 전개 및 성격파악 연구에 중요한 자료로 평가된다. 특히 상갑리 일대 고인돌은 탁자식 고인돌의 남쪽 한계선으로 학술적 가치가 높다.

© 문화재청

화순 고인돌 유적

화순 효산리와 대신리 지석묘군

사적 제410호

화순군 효산리 모산마을에서 춘양면 대신리로 넘어가는 보성재 양쪽 계곡에 300기 이상의 고인돌이 분포한다. 대산리 산 중턱에는 무게가 200톤이나 되는 덮개돌이 있는 핑매바위고인돌이 있다. 이 고인돌은 현재까지 알려진 고인돌 중 세계에서 가장 크다. 고인돌 주변에 채석장이 남아 있어 고인돌 제작과정을 알 수 있게 해준다.

![강화 고인돌 유적 사진]

강화 고인돌 유적

강화 부근리
지석묘

사적 제137호

강화도 고인돌의 대표격이자 탁자식 고인돌의 표본. 문화재청에 등록된 정식 명칭은 '강화 부근리 지석묘'다. 강화군 하점면 부근에 40여 기의 고인돌이 있는데, 이 중 이 고인돌만 사 적으로 지정됐다. 전체 높이는 2.6m, 덮개돌은 길이 6.5m, 너비 5.2m, 두께 1.2m의 화강암 으로 되어 있다.

강화 고인돌 유적

강화 부근리
점골 고인돌

인천광역시 기념물 제32호

강화역사박물관에서 외포리항으로 연결되는 부근리 국도변에 위치한 고인돌. 고려산 북쪽에서 흘러내린 능선 끝자락에 탁자식 고인돌 1기가 있다. 규모는 크지 않지만 받침돌 사이에 무덤방을 막았던 판석 하나가 남아 있다.

강화 고인돌 유적

강화 삼거리
고인돌군

인천광역시 기념물 제45호

부근리 점골 고인돌에서 멀지 않은 삼거리 진촌마을에 있다. 마을 안에 있는 것은 아니고 앞산인 고려산 능선 상에 탁자식 고인돌 9기가 분포되어 있다. 고인돌 중에는 성혈이라고 하여 덮개돌 위에 작은 구멍이 여러 개 패여 있는 것이 있다.

가볼 만한 곳 고창

✦ **고인돌박물관** 고인돌을 눈으로 봐서 이해할 수 있는 사람은 많지 않다. 아무런 지식 없이 고인돌을 보면 한낱 돌덩이에 불과할지 모른다. 고창으로 고인돌 여행을 간다면 반드시 제일 먼저 들러야 할 장소가 고인돌박물관이다. 고인돌에 대한 기본적인 이해는 물론, 청동기시대 고창 지역에 살았던 선사시대인들의 생활상을 쉽게 배울 수 있다. 2층 상설전시실에 올라가면 고창 고인돌의 특징과 분포현황, 형식과 구조 등 고인돌의 모든 것을 알 수 있다. 야외전시실에서는 고인돌뿐만 아니라 청동기시대를 대표하는 무덤인 돌널무덤, 움무덤, 독널무덤의 실제 모습을 보며 고인돌과의 차이점을 확인할 수 있고, 실제 고인돌을 만들 때 커다란 돌을 어떻게 옮겨 왔는지 체험을 통해 배울 수 있다.

※ **Open** 하절기 09:00~18:00 동절기 09:00~17:00, 매주 월요일 휴관 **Cost** 어른 3000원 청소년 2000원 어린이 1000원(고인돌탐방열차 어른 1000원 청소년 700원 어린이 500원) **Tel** 063-560-2576 **Web** www.gcdolmen.go.kr

✦ **선운사** 미당 서정주 시인이 생전에 가장 사랑했던 절이 선운사다. 백제 위덕왕 24년(577) 검단선사가 신라의 의운과 함께 진흥왕의 시주를 얻어 창건했다는 설이 전한다. 창건설화에 의하면, 죽도 포구에 돌배가 한 척 왔는데 사람들이 끌어올리려 하면 자꾸 바다로 나가는 것이었다. 소문을 들은 검단선사가 바닷가로 나가니

돌배는 저절로 육지로 다가왔다. 배를 육지로 올리고 안을 살펴보니 삼존불상과 탱화, 나한상, 옥돌부처, 그리고 금인이 있었다. 금인의 품속에는 한 장의 편지가 있었는데, 돌배는 멀리 인도에서 왔으며 배 안의 부처님을 인연이 있는 장소를 찾아 봉안하면 오랫동안 중생을 제도할 것이라는 내용이 적혀 있었다. 검단선사는 불상을 봉안할 마땅한 장소를 찾다 연못이던 지금의 절터를 메워 절을 지었다고 한다.

선운사는 4월 동백꽃이 필 때가 가장 아름답다. 입구에서 절 뒤쪽까지 군락을 이룬 3천여 그루의 동백나무에서 붉은 꽃이 활짝 피면 선운사 최고의 비경이 펼쳐진다. 9월에 상사화가 만발할 때도 너무나 아름답다.

※ **Cost** 어른 3000원 청소년 2000원 어린이 1000원 **Tel** 063-561-1422 **Web** www.seonunsa.org

✦ **하전갯벌체험** 고창과 부안 사이에 펼쳐진 심원면 하전리 갯벌체험장은 바다생태학습장이다. 우리나라에서 바지락이 가장 많이 나는 풍족한 갯벌이어서 조개를 캐면서 바다 생태며 뻘의 소중함을 몸으로 배우게 된다. 하전마을은 해양수산부에서 지정한 어촌체험마을. 참가비를 내면 어촌계에서 직접 주관하는 체험 행사에 참여할 수 있다. 하전리 종합안내센터에서 장비를 지급받아 갯벌에 나가 조개 캐는 요령을 배우고 조개를 잡으면 된다. 요령이라면 바지락이 상하지 않도록 갯벌을 긁지 말고 깊게 떠내는 것이다. 어디를 파도 조개가 나오는 풍성함이 있는 곳이니 조개를 잡지 못하면 어쩌나 하는 걱정은 필요 없다. 갯벌체험이 다 끝난 후에는 종합안내센터에 마련된 샤워실에서 몸을 씻고 옷을 갈아입으면 된다.

※ **Open** 체험시간은 물때에 따라 다르다. 미리 체험 가능 시간을 확인해야 한다. **Cost** 어른 1만원 어린이 7000원 **Tel** 063-563-0117 **Web** hajeon.invil.org

✚ **고창읍성** 조선시대 읍성으로 조선 단종 원년 (1453)에 외침을 막기 위하여 전라도민들이 유비무환의 슬기로 총화 축성한 자연석 성곽이다. 일명 모양성(牟陽城)이라고도 하는 이 성은 나주진관의 입암산성과 연계되어 호남 내륙을 방어하는 전초기지로 만들어졌다. 1965년 4월 1일 사적 제145호로 지정된 이 성의 둘레는 1684m, 높이 4~6m, 면적은 16만 5858㎡(5만 172평)로 동서북문과 3개소의 옹성 6개소의 치성(雉城)을 비롯하여 성밖의 해자(垓字) 등 전략적 요충 시설이 두루 갖추어져 있다. 축성 당시에는 동헌과 객사 등 22동의 관아건물이 있었으나 병화로 소진된 것을 1976년부터 성곽과 건물 14동을 복원·정비하였다.

매년 음력 9월 9일 성밟기 풍습이 행해진다. 여자들이 머리에 돌을 이고 성을 밟으면 한해의 재앙과 질병을 가시게 하고 죽어서 극락에 간다는 전설이 있다. 성을 다 밟은 후에는 머리에 인 돌을 성 입구에 쌓아두었는데, 이 풍습은 겨울 동안 얼어서 팽창해 있던 성을 다지고 비상시를 대비하려는 조상들의 지혜가 배어 있는 것이다.

※ **Open** 09:00~18:00 **Cost** 어른 1000원 청소년 600원 어린이 400원 **Tel** 063-560-2710

여행수첩

✚ **가는 길**
서해안고속도로 고창 IC에서 나와 우회전한다. 동서대로를 따라 도산교차로를 지나고 지동육교를 지나면 고인돌교차로가 나온다. 오거리 교차로에서 1시 방향 고인돌 공원길로 접어들면 박물관까지 약 800m 거리다.

✚ **맛집**
우리수산
고창 하면 떠오르는 별미는 풍천장어다. 갯벌체험장이 있는 하전리 인근에는 장어요릿집이 많다. 우리수산은 장어의 질과 맛에서 뛰어나다. 여느 식당과 다름없이 양식 장어를 쓰지만, 일정기간 동안 맑은 물만 먹여서 보관하는 독특한 방법으로 육질을 좋게 한다. 덕분에 기름기가 적어 담백하고 씹히는 맛이 쫄깃하다. 장어를 참숯에 소금을 뿌려서 굽는다. 바닷가 앞이어서 저녁 무렵 창을 통해 바라보는 노을이 장관이다.
위치 고창군 심원면 검당길 121
영업시간 10:00~22:00
전화 063-564-9848
가격 장어(1kg) 6만5000원

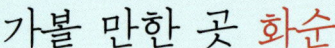

가볼 만한 곳 화순

✚ 운주사 황석영의 소설 〈장길산〉을 비롯해 많은 시인이나 소설가들의 작품에 심심찮게 등장하는 신비의 사찰이다. 언제, 누가 창건을 했는지, 골짜기에 줄지어 늘어선 천불천탑은 어떻게 만들어졌는지 아무것도 알려진 게 없는 불가사의 투성이다. 다만 도선국사가 하루 밤 하루 낮 동안 도력으로 만들었다는 전설만이 천불천탑 주위를 맴돌 뿐이다. 현재 불상 91개와 탑 21기만이 남아 아쉬움을 더하지만, 각양각색으로 생긴 부처와 탑의 모습은 신비함으로 가득하다. 운주사에서 처음 만나는 것은 구층석탑(보물 제796호)이다. 운주사에서 가장 높은 10.7m짜리 석탑인데, 넓은 자연석 위에 지대석과 기단 겸 탑신을 올려 놓아 9층까지 이루었다. 운주사의 지형이 배의 모습과 같아 구층석탑은 돛대의 위치에 자리 잡고 있으며, 마침 생긴 모양도 돛대와 흡사하다. 구층석탑을 지나면 돌로 만든 함

처럼 생긴 석조불감(보물 제797호)과 만난다. 불감의 석실 앞면과 뒷면에는 각각 2.5m 높이의 석불좌상 2구가 안치되어 있다. 석조불감에서 북쪽으로 5m 정도 떨어진 곳에는 사용된 석재가 모두 원형으로 이루어져 보기에도 앙증스러운 원형다층석탑(보물 제798호)이 있다. 제기 위에 떡을 포개놓은 것 같아 일명 '떡탑'이라 불리며, 한국 석탑에서는 보기 힘든 양식으로 고려시대에 만들어진 것이다.

운주사에서 가장 유명한 것은 부부와불과 칠성바위이다. 대웅전 오른쪽 다탑봉 위에 있는 부부와불은 부부가 나란히 누워 있는 모습이다. 길이 12m, 폭 10m의 이 와불이 일어서면 용화세상을 이룰 수 있다는 전설을 가지고 있다. 와불을 보고 내려오는 길에 우측으로 접어들면 원반 모양의 돌 7개가 놓여 있는 것이 보이는데 이것이 칠성바위이다. 북두칠성 7개 별의 밝기와 거리에 비례하여 만들었다는 칠성바위는 신비스럽게 보인다.

※ **Open** 09:00~18:00 **Cost** 어른 3000원 청소년 2000원 어린이 1000원 **Tel** 061-374-0660 **Web** www.unjusa.org

✚ 쌍봉사 신라 제48대 경문왕 8년(868) 구산선문 중 사자산문을 개산한 철감선사가 산수의 수려함에 반해 창건하였다. 철감선사는 당나라에 건너가 불법을 받고 귀국하여 경문왕을 불교에 귀의케 한 고승이다. 쌍봉사란 이름은 철감선시의 호인 '쌍봉'에서 따온 것이라 전해진다. 창건 이후 쇠락한 쌍봉사는 고려 문종 35년(1081) 혜소국사에 의해 창건 당시의 모습으로 중건되었다. 조선시대에는 임진왜란으로 병화를 겪어 인조 6년(1628) 다시 중건하고, 경종 4년(1724)에 중창하였다. 한창 전성기를 누릴 때는 경내의 건물이 약 50동이나 되었다고 전해지

지만, 현재는 대웅전을 중심으로 극락전과 명부
전 그리고 요사채 등의 건물들만 남아 있다. 대
웅전 뒤쪽 오솔길을 따라 몇 걸음 오르면 신라
시대의 부도 가운데 최고 걸작품인 철감선사의
부도와 비가 자리하고 있다.
쌍봉사 대웅전은 원래 3층 목탑이었으나 불에
탄 뒤 옥개 부분만 개조한 것이다. 건물은 조선
숙종 16년(1609)에 중건되고 1724년에 중창되었
다. 3층 옥개는 팔작지붕으로 개조된 다포식 건
물이었다. 우리나라에서 유일하게 목탑의 구조
와 형태를 전하는 건물이라는 희귀성 때문에 보
물 제163호로 지정됐으나, 1984년 4월 신도의
부주의로 인해 불에 타버렸다. 현재의 건물은
1986년 원형대로 복원해 놓은 것이다.
※ **Cost** 무료 **Tel** 061-372-3765 **Web** www.
ssangbongsa.com

+ 도곡온천 화순군 도곡면 천암리 일대는 도
곡온천 단지로 개발되어 있다. 수질은 유황온천
이며 중탄산천이다. 전국의 유황온천 중에서 유
황 함량이 가장 많다. 수온이 섭씨 25~27.5℃
로 사람의 정상 체온보다 낮다. 신경통, 관절염,
피부병 등에 효험이 있는 것으로 알려져 있다.
온 가족이 물놀이를 즐길 수 있는 도곡스파랜드
를 비롯해 지구 내에 여러 온천 시설이 들어서
있다.

여행수첩

+ 가는 길
호남고속도로 서광주 IC에서 나와 1번 국도
를 따라 광주 시내를 거쳐 화순으로 간다.
효덕초등학교 지나 효덕로로 좌회전 후 계
속 직진, 세양동골 지나 큰 삼거리에서 우
회전한 뒤 앵남리삼거리에서 좌회전한다.
도곡온천지구를 지나 효산삼거리에서 좌
회전한 뒤 도곡우체국 지나서 우회전한다.

+ 맛집
양지식당
화순에서 숙회와 추어탕을 잘하는 집으로
유명하다. 미꾸라지를 삶은 후 호박, 버섯,
배추 등 야채와 함께 보쌈으로 먹는 숙회
는 맛이 뛰어나 전국의 미식가들에게 인
정받고 있다. 추어탕과 함께 인기를 끄는
메뉴가 김치주물럭이다. 김치와 돼지고기
를 양념에 같이 버무려 돌솥냄비에 담아
내는데, 뚜껑을 덮어 볶으면서 동시에 찌
는 독특한 스타일이다. 특히 냄비에 부추
를 깔아 김치, 돼지고기, 부추를 함께 싸
서 먹는 맛이 특별하다. 주물럭이 나오기
전에 입맛을 돋우는 반찬으로 나오는 오
징어초무침은 바로 데쳐 막걸리초를 써서
무쳐서 새콤하면서도 순한 맛을 낸다.
위치 화순군 능주면 관영삼거리 부근
영업시간 10:00~22:00
전화 061-372-1602
가격 추어탕 7000원
　　　숙회 2만5000~4만원
　　　주물럭 2만원(2인 기준)

가볼 만한 곳 강화도

✚ **고려궁지** 고려의 수도는 개성이지만, 제23대 고종 19년(1232) 몽고의 침략에 맞서 싸우기 위해 최우의 주장에 따라 도읍을 개성에서 천혜의 요새인 강화도로 옮겼다. 이때 옮긴 도읍터가 고려궁지다. 고려 왕조는 원종 11년 5월 개성으로 환도할 때까지 39년간 이곳에 머물렀다. 고려궁지는 개성의 궁궐과 비슷하게 만들었고, 궁궐 뒷산 이름도 송악이라고 하여 왕도의 제도를 잊지 않으려 했다고 한다. 1637년 병자호란 때 강화성이 청나라 군에게 함락되는 등 여러 차례 전란을 겪으면서 궁궐과 성이 무너지고 말았다. 고려가 멸망하고 조선이 들어선 후 궁터에 승평문, 강화유수부동헌, 이방청, 종각 등이 지어져 현재까지 남아 있다.

※ **Open** 09:00~18:00 **Cost** 어른 900원 청소년 600원 어린이 600원 **Tel** 032-930-7078

✚ **해안진지(광성보, 덕진진, 초지진)** 강화도에서 빼놓을 수 없는 게 섬 곳곳에 세워진 방어시설이다. 강화도는 개화기에 병인양요와 신미양요를 겪었다. 그때마다 번번이 서울을 사수하던 호국의 땅이 되어버렸다. 조선을 집어 삼키기 위해 호시탐탐 기회를 엿보는 서구 열강을 막기 위해 강화도 해안에 수많은 진과 보 그리고 돈대를 쌓았다. 가장 유명한 방어시설이 광성보, 덕진진, 초지진이다. 초지대교에서 우회전해 남동 해안으로 가면 해안을 따라 초지진, 덕진진,

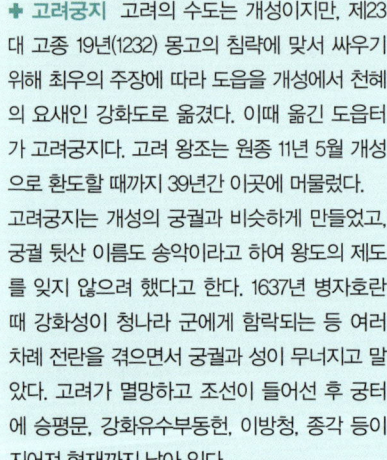

광성보가 차례로 설치되어 있다. 포탄의 흔적이 그대로 남아 있는 초지진과 강화 최대의 포대인 남장포대가 있는 덕진진은 보는 것만으로도 가슴 아픈 역사의 현장이다. 광성보는 '종합 돈대 세트'라 불러도 좋을 만큼 돈대며 진들이 고루 갖춰져 있다. 전망 좋은 역사공원으로 광성돈대와 손돌목돈대, 용두돈대를 끼고 있다. 초입에 있는 안해루와 울창한 소나무 숲을 지나 바다 끝에 서면 아름답기로 유명한 용두돈대다.

✚ **전등사** 고구려 아도화상이 세웠다는 고찰이다. 입구 역할을 하는 삼랑산성을 지나면 울창한 소나무 숲길이 이어진다. 포장되지 않은 흙길이라 딱딱하지 않고 푹신하며, 나무 사이로 불어오는 바람이 무척이나 청량하다. 숲길에서 계단을 오르면 아담한 대웅전이 나온다. 빛바랜 단청에서 오래된 세월이 느껴진다. 대웅전은 네 귀퉁이 처마 밑에 벌거벗은 여인상이 지붕을 이고 있는 것으로 유명하다. 전설에 따르면 절을 짓던 목수가 자신의 사랑을 배반하고 도망친 여인에게 벌을 주기 위해 조각해 넣었다고 한다.

※ **Open** 09:00~18:00 **Cost** 어른 3000원 청소년 2000원 어린이 1000원 **Tel** 032-937-0125 **Web** www.jeondeungsa.org

✚ **동막해변** 강화도가 품고 있는 유일한 해수욕장이 동막해변이다. 동막해변의 매력은 해수

욕과 갯벌체험을 함께할 수 있다는 것이다. 해변의 길이가 200m 정도로 짧은 해수욕장이지만, 수심이 낮고 경사가 완만해서 넓은 바다 풀장을 지녔다. 작지만 큰 해수욕장인 셈이다. 해변을 따라 방풍림으로 조성된 소나무 숲이 뜨거운 햇볕을 막아주는 차양막이 되어 주고, 텐트를 칠 수 있는 아늑한 보금자리가 되어 여행자를 편안하게 반긴다.

물이 빠지기 시작하면 직선 4km까지 갯벌이 드러난다. 그러면 참게, 농게, 쇠스랑게 등 14종의 게가 분주하게 돌아다닌다. 갯벌에 발을 묻고 조금만 펄을 파헤치면 각종 조개류도 잡을 수 있다. 아이들은 질퍽한 갯벌에 들어가 갯벌에 사는 어패류를 찾아내며 갯벌의 중요성을 몸으로 느낀다. 갯벌체험 자체로 즐겁고 신 나는 일이지만, 갯벌에 깃든 생명체의 소중함을 느끼고 환경의 중요함을 깨닫게 된다.

여행수첩

✛ 가는 길

올림픽대로 끝에서 김포 방향으로 달리면 된다. 강화대교까지 이어지는 48번 국도를 따라 김포를 지나 계속 가면 강화대교가 나온다. 다리 건너 계속 직진하면 강화지석묘를 알리는 이정표가 잘 표시돼 있다.

✛ 맛집

대선정

초지진 옆 바닷가에 위치한 대선정은 강화의 별미를 내놓는 곳이다. 시래기를 넣고 지은 밥에 양념장으로 비벼 먹는 시래기밥과 메밀 전분으로 만든 메밀칼싹두기는 대선정에서만 맛볼 수 있는 별미다. 반찬 가운데 압권은 순무김치인데, 강화의 특산물인 순무, 늙은 호박에다 준치나 농어 등 회를 치고 남은 '서더리'를 섞어 만든 것으로 다른 지역에서는 맛볼 수 없는 것이다.

위치 강화군 초지대교 부근
영업시간 09:00〜21:00
전화 032-937-1907
가격 시래기밥 6000원
　　　메밀칼싹두기 6000원
　　　꽃게탕 6만원

07

신라인의 불심이 표현된 불국토

남산지구

Info 문화유산 정보

등재시기 2000년 12월
등재이유 한국 불교 발달에 있어 중요한 많은 유적과 기념물을 보유하고 있다.

서남산 자락에는 신라의 탄생과 멸망이 한자리에 모여 있다. 박혁거세가 태어난 나정에서 신라는 첫발을 내딛었다. 그리고 멀지 않은 곳에 자리한 신라의 가장 아름다운 이궁지 포석정에서 멸망이 시작된다.

····· ✿ ·····

경주의 화려함에 묻혀 남산은 제 본모습을 드러내지 않는다. 많은 사람들이 수학여행으로, 유적답사라는 이름으로 경주 시내를 누비고 다닐 때 남산은 밝은 햇살을 받으며 말 없는 미소만 지었다.

보석은 흙 속에 묻혀서도 스스로 빛을 낸다고 한다. 남산은 그런 존재다. 화려한 몸짓으로 유혹하지도 않고, 강렬한 표정을 지으며 사람들의 시선을 잡아끌지 않는다. 그저 말없이 제모습을 조용히 드러낼 뿐이다. 하지만 그 소리 없는 유혹이 너무나 강렬하다. 그래서 우리는 가던 걸음을 돌려 남산으로 향한다.

남산은 경주에서도 가장 정적이며 성스러운 장소다. 또한 신라 역사의 처음과 마지막을 말없이 지켜본 산증인이다. 나정에서 박혁거세가 태어나며 신라 천 년의 역사가 시작되던 날의 기쁨과 포석정에서 경애왕이 견훤에 쫓기며 사직의 종막을 알리는 슬픔이 모두 이 산에서 이뤄졌다. 그뿐만이 아니다. 고대 신라인들의 예술적 능력과 신심이 고스란히 묻혀 있다. 남산자락의 40여 개 골짜기에는 극락정토를 염원하는 신라인들의 예술혼과 신앙이 담긴 4백여 개의 불적이 신라 천 년과 그 이후의 천 년을 비바람의 모진 시련에도 아랑곳 않고 미소를 짓고 있다.

신라의 시작과 끝을 지켜본 산

남산은 서라벌의 진산이다. 북쪽의 금오산(468m)과 남쪽의 고위산(494m)의 두 봉우리 사이를 잇는 산들과 계곡 전체를 통칭해서 남산이라고 한다. 지형은 남북으로 길게 뻗어내린 타원형이면서 약간 남쪽으로 치우쳐 정상을 이룬 직삼각형의 모습을 취한다. 풍수적으로는 거북이 한 마리가 서라벌 깊숙이 들어와 엎드린 형상이라고 한다. 지세는 크게 동남산과 서남산으로 나눈다. 동남산 쪽은 가파르고 짧은 반면 서남산 쪽은 경사가 완만하고 길다.

서남산 자락에는 신라의 탄생과 멸망이 한자리에 모여 있다. 박혁거세가 태어난 나정에서 신라는 첫발을 내딛었다. 그리고 멀지 않은 곳에 신라의 가장 아름다운 이궁지였던 포석정이 자리한다.

제55대 경애왕은 927년 이곳에서 신하와 궁녀들과 함께 술을 마시며 놀다가 후백제의 견훤이 침입했다는 말을 듣고 서둘러 성남의 이궁에 숨었으나 이내 견훤에게 붙잡혀 자결을 했다. 경애왕이 죽은 뒤 경순왕이 왕위에 올랐으나 935년 고려 태조에게 항복함으로써 992년을 이어온 신라는 역사 속으로 사라

석굴암 본존불과 닮은 미륵곡 석조여래좌상

지고 말았다.

동남산 자락에는 남산에서 가장 다채로운 불상이 숨어 있다. 남산에서 가장 규모가 컸다는 보리사에는 석굴암본존불 만큼이나 잘생긴 부처가 천년풍상을 이겨내고 예나 지금이나 변함없는 미소를 띠고 있다. 탑골에는 거대한 바위 사면에 탑, 불상, 보살상, 비천상, 나한상 등 다양한 내용이 조각된 부처바위가 존재한다. 부처골의 불곡 마애여래좌상은 온화하고 자비로운 미소로 아줌마부처라고 불릴 정도로 친근하다.

비록 산은 높지 않으나 약 40여 개의 골짜기에는 신라인들의 염원과 신라의 혼이 깊이 잠들어 있다. 극락정토를 염원하는 신라인들의 예술혼과 신앙이 하나로 묶여 깊은 골, 바위마다 탑과 불상이 만들어진 것.

지금이야 절터 150여 군데, 불상 130여 구, 석탑 100여 기가 남아 있을 뿐이지만, 일연의 〈삼국유사〉에는 "절은 천상의 별만큼 많고 탑도 기러기 떼처럼 솟아 있는 곳[寺寺星張 塔塔鴈行]"이라고 적혀 있어 신라시대 남산의 위상을 짐작할 수 있다. 오랜 세월을 지나면서 땅속에 묻혔거나 반출된 것을 생각한다면 그 숫자는 상상을 초월할 것이다.

아마도 신라시대에는 경주와 경주평야 그리고 남산이 하나를 이루어 그저 바라보고 지나치던 산이 아니라 생활하고 체험했던 장이었을지 모른다. 그렇기에 신앙 깊은 신라인들이 깊은 골, 바위마다 탑과 불상을 새기며 그들이 염원한 불국토, 극락의 땅을 표현했을지도 모른다.

남산에 불상이 조성된 것은 7세기 초로 추정하고 있다. 대표적인 불상이 불곡 마애여래좌상이다. 부처의 모습이라기보다는 인자한 시골 아낙네가 돌로 만든 집 속에 들어앉아 편히 쉬고 있는 모습에서 당시 신라인들의 삶에 불교가 얼마나 밀착되어 있었는지를 짐작할 수 있다. 7세기 중엽에 어린아이의 천진한

Tips
김시습과 남산

삼각산의 중흥사에서 대과를 준비하던 김시습은 수양대군이 조카인 단종을 쫓아내고 왕위에 올랐다는 소식(계유정란)을 들었다. 그에게 왕위 찬탈은 타협할 수 없는 패륜 행위요, 반역이었다. 10년이라는 긴 세월 동안 방랑을 하던 김시습은 31세에 금오산(남산)에 들어갔다. 이때 용장사에 8년을 머물면서 최초의 한문소설인 〈금오신화〉를 저술했다.

남산의 바위에는 신라인의 예술혼이 담긴 불상이 새겨져 있다.

웃음이 잘 표현된 장창곡석조미륵삼존불의상과 선방곡석조여래삼존불이 조성
되었고, 7세기 후반에 들어와 만다라적 기법이 가미된 탑곡 마애불상군이 조성
되었다. 이후 신라가 삼국을 통일하고 난 후에는 더욱 많은 석탑과 불상이 남
산 전역에 조성되었다.

　남산에 발을 들여놓으면 자연과 인공의 구분 없이 필요한 곳에는 반드시 불
상과 탑이 있어 그 자체가 하나의 자연이 되었음을 알게 된다. 억지로 바위를
쪼개고 잘라내지 않고 평평한 바위가 있으면 불상을 새기고, 높은 봉우리가 있
으면 그를 기단 삼아 탑을 세웠다. 절대로 조각하기에 적합하지 않은 바위에는
불상을 새기지 않았다. 인공적으로 자연을 파괴하지 않으려는 신념에서다. 자
연과 조화를 이룰 때 불상도, 석탑도 더욱 빛난다는 것을 신라인들은 알고 있
었으리라.

남산 중턱에서 인간세상을 굽어보고 있는 부처

　"신라인들은 바위에 부처를 새긴 것이 아니다. 불심으로 바위 속에 있는 부처를 보고, 정을 들어 숨어 있는 부처를 찾아낸 것이다."라는 남산연구소 김구석 소장의 말이 가슴에 와 닿는 것도 남산의 불적이 자연을 억압하지 않고 서로 도와가며 조화를 이루고 있기 때문이다.

왜 남산이었을까?

　왜 신라인들은 남산을 그들의 불국토로 선택했을까?

　신라에는 신라인들이 신성시하던 사령지가 있었다. 남산이 청송산·피전·금강산 등과 더불어 사령지의 하나이면서 도읍인 경주와 가깝기 때문은 아니었을까. 〈삼국유사〉에 따르면, 이곳에서 모임을 가지고 나랏일을 의논하면 반드시 성공했다고 한다. 무엇인가 간절히 원할 때 소원을 들어주는 곳이라면 신성한 장소로 당시 사람들의 마음속에 경외심을 불러일으키기 충분했을 것이다.

남산의 영험함을 알려주는 이야기로 제49대 헌강왕 때의 전설이 하나 전해오고 있다. 남산 산신이 현신해 나라가 멸망할 것을 경고했다는 내용이다.

어느 날 헌강왕이 포석정에 행차하자 남산의 신이 왕 앞에 나타나 춤을 추었다. 신기한 것은 대소신료들 모두 보지 못했는데 오직 왕만이 그 모습을 보았다. 왕은 스스로 춤을 추면서 신하들에게 그 형상을 보였다. 산신은 장차 나라가 멸망할 것을 춤으로 추어 경고한 것이나, 왕은 이를 깨닫지 못하고 오히려 상서로운 기운이 나타났다며 더욱 방탕한 생활을 하다 마침내 나라가 멸망했다는 것이다. 이 전설은 남산이 호국의 보루로 숭배되었음을 알려준다.

경주 시내를 포근하게 보듬고 있는 남산의 형세가 당시 사람들에게는 마음의 평안을 주었을 것이다. 멀리서 바라보면 두루뭉술해 보이지만 실제 산을 오르려면 만만치 않고, 골짜기마다 가득한 바위들은 그들의 불심을 표현하기에 더없이 적합했으리라.

전통적으로 바위는 죽은 사람의 영혼이 안주하는 것으로 여겨 조상숭배의 대상이 되어왔다. 신라인들은 여기에 생명을 불어넣어 기원의 대상으로 삼았다. 보이지는 않지만, 그들이 믿는 힘에 의지하고자 수백 년에 걸쳐 불상을 조각하고 탑을 조성했다. 우리가 남산을 단순한 산이 아니라고 하는 이유가 여기에 있다.

이차돈의 순교 이후 어렵게 불교를 받아들인 신라였지만, 왕실의 적극적인 수용으로 600년을 전후해서는 오히려 고구려, 백제의 불교 사상과 문화를 추월했다. 지속적인 문화발전으로 축적된 기술과 신라인의 불심이 남산에 집약되어 표출되었을 것이다. 신라시대에는 경주와 경주평야 그리고 남산이 하나를 이루어 그저 바라보고 지나치던 산이 아니라 함께 생활하고 체험했던 장이다. 그렇기 때문에 신앙 깊은 신라인들이 이곳을 불국토요, 극락의 땅으로 염원했을 것이다.

남산의 골짜기나 능선을 올라본 사람들은 안다. 산을 오르내리는 동안 '여기다' 싶은 곳에서는 반드시 불상과 석탑을 만났다는 사실을. 참으로 신기한 일이 아닐 수 없다. 과연 천 년 전 신라인도 우리와 생각이 같았던 것일까.

남산의 불적은 그저 과거의 문화유산에 그치는 게 아니다. 역사가 해를 거듭할수록 한 겹 한 겹 쌓여 더욱 깊어지고 풍성해지듯, 남산의 불적은 신라인의 염원과 정성이 한 땀 한 땀 모여 이루어진 불심의 상징이요, 예술의 정수다.

솔향 가득 퍼지는 남산종주길

남산의 불적을 돌아보기 위한 대표적인 코스는 삼릉골에서 시작한다. 남산에서 가장 길고 많은 불상이 있는 계곡이다. 삼릉은 경명왕릉, 신덕왕릉, 아달라왕릉 등 세 능이 있지만 특별한 볼거리는 없다. 다만 소나무 숲 하나만은 일품이다. 고요함이 흐르는 정적인 분위기가 좋다. 코끝에 와 닿는 솔향도 무척이나 상쾌하다. 마치 그 안의 세상은 인간계와는 다른 곳이라는 것을 알려주듯

남산은 신라의 역사와 불교예술을 만날 수 있는 노천박물관이다.

신묘한 분위기를 자아낸다.

솔숲을 지나면 제일 먼저 목 없는 석불좌상을 만난다. 비록 머리가 없어지고 두 무릎이 파손되었지만 늠름한 체격은 뛰어난 불상임을 말해준다. 그리고 몸체에 조각된 자연스런 옷주름과 섬세한 매듭은 뛰어난 예술성은 말할 것도 없거니와 당시 스님들의 복장을 알 수 있게 하는 소중한 자료다. 불상 위로는 환한 미소를 가득 머금고 금방이라도 하강할 것 같은 마애관음보살상이 있다.

산길을 따라 5분여를 오르면 선각으로 그려진 근사한 육존불이 모습을 드러낸다. 병풍처럼 들어선 바위에 앞에는 아미타 삼존불을, 뒤에는 석가모니 삼존불을 새겨놓았다. 원래 마애불은 정으로 쪼아 새기지만, 이 불상은 붓으로 그린 것 같다. 마치 붓으로 도화지에 그림을 그리듯 음각한 솜씨는 신라의 회화미술을 보는 착각이 들게 한다. 정상 쪽으로 500m 위에는 삼릉계석조여래좌상이 있다. 얼굴 부분은 위로 반만 남아 있고 아랫부분은 파괴된 것을 일제시대에 시멘트로 엉성하게 보수해서 흉측한 인상이었다. 국립경주문화재연구소에서 2007년 불상이 위치한 주변을 발굴조사해 본래의 자리를 추정하고, 전문가들의 자문을 통해 깨진 턱 부분과 광배를 보수해 2008년 12월 29일 새롭게 공개했다.

정상을 바라보며 오르는 길목에 삼릉계곡 마애석가여래좌상이 바위벽에 조각되어 있다. 남산의 불상 중 규모나 조각의 우수성 면에서 가장 월등한 작품이다. 상선암 마애석가여래대불좌상을 지나면 곧 금오산 정상이다.

정상에서 바라보이는 불탑을 향해 내려가면 용장골이다. 용장골 정상에 세워진 용장사곡 삼층석탑은 우리나라에서 가장 큰 탑이다. 기단을 별도로 설치하지 않고 자연암반 위에 세워져 산 전체를 기단부로 삼기 때문이다. 산세를 아우르며 서 있는 탑은 남산의 많은 유적 중에서도 가장 장엄한 위엄을 갖추었

Tips
달빛아래
남산기행

달빛 아래 남산을 돌아보는 느낌은 어떨까? 경주남산연구소(054-777-7142)는 거의 매달 한 번씩 무료로 남산달빛기행을 진행한다. 전문가의 인솔에 따라 신라 불교문화의 보고인 남산을 달빛 아래서 만나는 특별한 시간을 갖게 된다. 달빛기행 일정과 코스는 www.kjnamsan.org 참조.

다. 아마도 남산의 여러 골과 경주의 너른 들을 바라보며 신라의 웅혼한 기상이 계속 이어지기를 바라는 신라인의 염원이 담겨 있을 것이다.

용장사곡 삼층석탑에서 가파른 산길을 내려가면 머리가 없는 용장사곡석조여래좌상이 기다리고 서 있다. 쟁반 모양의 둥근 대좌받침과 대좌를 3층으로 중첩한 모습이 이채롭다. 석불 옆 바위에는 세련된 선이 돋보이는 용장사지 마애여래좌상이 있다. 그 아래 용장사터가 있다. 지금은 축대만 남아 있지만 계곡 이름이 용장사에서 비롯되었을 정도로 한때는 남산에서 손꼽히는 큰 절이었다. 용장사는 조선시대 생육신의 한 사람인 김시습과 인연이 깊다. 세조의 왕위찬탈에 격분해 머리를 깎고 전국을 유람하던 김시습은 나이 31세가 되어 남산에 들어왔다. 이때 용장사에 8년을 머물렀고, 최초의 한문소설인 〈금오신화〉를 저술했다.

용장골에서 다시 산을 타고 봉화골 정상에 오르면 옛 신라의 중심지가 내려다보인다. 이곳에서 처음 마주하는 것은 신선암 마애보살반가상이다. 바위면

칠불암 마애불상군에 조각된 부처의 모습

을 잘 다듬어 감실을 파고 새긴 반가상의 마애불이다. 깎아지른 벼랑의 한쪽 바위면에 구름을 탄 듯 앉아 있는 부처는 산 정상에서 경주 벌판을 굽어본다. 마치 인간세상을 헤아려 살피듯. 그 아래 일곱 분의 부처가 환한 미소로 길손을 맞아준다. 칠불암 마애불상군이다. 절벽을 등진 자연암석에 삼존불이, 그 앞에 솟은 바위 사면에 네 분의 부처가 조각되었다. 칠불암이란 이름도 사면불과 삼존불을 합한 데서 붙여진 것이다. 중앙의 본존좌상은 부조로 새겼으나 조각이 깊고 세밀해 입체조각을 보는 듯하다. 남산의 불상 중에서도 으뜸으로 꼽히는 이유도 그 때문이다. 마음이 선한 사람은 칠불암 마애불상군에서 신선암 마애보살반가상이 보인다고 한다. 칠불암에서 봉화골의 우거진 소나무 숲길을 걸어 내려오면 멋스런 2기의 남산동 동·서 삼층석탑과 제21대 소지왕의 전설이 어린 서출지가 기다린다.

Tips 남산 산행 코스(경주남산연구소 www.kjnamsan.org 참조)

① 동남산 산책 부처골감실여래좌상 → 탑곡 마애불상군 → 보리사석조여래좌상 → 미륵골마애여래좌상→
헌강왕릉 → 정강왕릉 → 통일전 → 서출지 → 남산동쌍탑
② 칠불암을 거쳐 천룡사로 통일전 → 서출지 → 남산동쌍탑 → 염불사지→칠불암마애조상군 →
신선암마애보살유희좌상 → 용장계못골모전석탑 → 백운암 → 천룡사지삼층석탑 → 와룡사 → 틉수골
③ 포석정에서 금오정으로 포석정 → 순환도로 → 윤을골마애여래삼체불 → 부엉골마애여래좌상 →
부흥사 → 늠비봉오층석탑 → 절터 → 금오산 전망대 → 상사바위 → 순환도로 → 하산
④ 약수골에서 금오산으로 약수골 어귀 → 대석단 절터 → 석조여래좌상 → 마애대불 → 선방터 →
능선길 → 금오산
⑤ 자전거 코스(서남산) 대릉원 → 천관사지 → 오릉 → 나정 → 일성왕릉 → 남간사지당간지주→
창림사지삼층석탑 → 포석정 → 배리삼존불 → 삼릉 → 경애왕릉

© 경주시청

🔵 남산 용장사지 마애여래좌상 보물 제913호

용장사곡 석조여래좌상 뒤 바위면에 새겨진 통일신라시대 마애불. 대좌와 광배를 모두 갖추고 있다. 머리는 육계가 분명하게 드러나지 않은 나발을 하고 있다. 얼굴은 풍만한 편이나 약한 미소를 머금은 잘생긴 모습이다. 신체의 표현도 옷자락이나 손이 섬세하게 묘사되어 유려하고 세련되었다. 선의 흐름이 선명해 인상이 깔끔하다. 전체적인 수법과 양식이 8세기 중엽의 원숙한 사실주의를 잘 보여주고 있다.

🔵 남산 용장사곡 석조여래좌상 보물 제187호

용장골 정상 부근에 있는 통일신라시대 석불. 자연석 기단 위에 삼층석탑처럼 생긴 둥근 3층 대좌를 올리고 불상을 안치했다. 머리는 없고 몸만 남아 있다. 불상의 목에는 세 줄의 뚜렷한 삼도가 있고 옷깃은 오른쪽 어깨가 드러나게 한 우견편단으로 옷자락이 연화대좌까지 흘러내리듯 표현하였다. 둥근 원형대좌의 맨 윗단은 연화좌로 장식했다.

🔵 남산 불곡 마애여래좌상 보물 제198호

동남산 부처골에 있는 높이 1.42m의 신라시대 마애불. 커다란 바위에 감실을 내고 입체감이 강한 부조로 여래좌상을 새겨 넣었다. 부처골에 있고 감실을 마련했다고 해서 일명 '부처골감실부처'라고도 한다. 고개를 약간 숙이고 두 손을 소매 속에 넣어 다소곳하게 앉아 있는 것이 불상이라기보다는 신라시대의 여인상으로 보인다. 남산에 있는 불상 중에서는 가장 비사실적으로 생겨 고졸한 인상을 준다.

🔵 남산 용장사곡 삼층석탑 보물 제186호

용장골 정상에 세워진 높이 4.42m의 신라시대 석탑. 자연암반을 하층기단으로 삼고 그 위에 상층기단과 탑신을 올렸다. 상륜부는 없어졌지만, 탑 각 부재의 조화가 뛰어나고 안정감이 있어 주위의 환경과 매우 잘 어울린다. 신라인들이 남산을 부처가 사는 불국토로 인식하였음을 볼 때, 이곳이 부처의 세상임을 나타냄과 동시에 산 아래 인간세상을 살펴보는 부처의 마음을 표현한 것으로 볼 수 있다.

남산 신선암 마애보살반가상 보물 제199호

봉화골 정상 높은 절벽에 새겨진 높이 1.9m의 통일신라시대 마애불. 절벽의 바위면을 다듬어 얕게 감실을 파고 이를 광배 삼아 부처의 형상을 두껍게 새겼다. 마애불상으로는 특이하게 오른발을 대좌 아래로 내려 연꽃 족좌를 밟고 왼발은 무릎 위로 올린 반가좌의 모습을 하고 있다. 광배의 윗면에 가로로 길게 파인 자국이 있어 처음에는 목조전실이 세워졌던 것으로 추정된다.

남산 칠불암 마애불상군 국보 제312호

남산에 산재한 불교 유적 가운데 규모가 큰 편으로 암반에 삼존불이 새겨져 있고 돌기둥 같은 바위 4면에 4구의 불상이 새겨져 있다. 삼존불의 가운데 있는 본존불은 앉아 있는 모습으로 석굴암 본존불과 같은 자세를 취하고 있으며, 모습에 위엄과 자비가 넘친다. 대좌의 이중 연꽃무늬가 매우 사실적으로 표현되어 본존불이 마치 만개한 연꽃 위에 앉은 듯하다. 삼존불 앞의 사면불은 각 면의 크기가 달라 불상의 크기도 다르다. 네 불상 모두 연화좌 위에 결가부좌한 상태이나 각기 손의 모양을 달리하고 있다. 조각의 정밀함이 삼존불에 미치지는 못하나 얼굴과 신체는 단정하다.

남산 삼릉계 석조여래좌상 보물 제666호

삼릉골 중턱에 있는 높이 1.42m의 통일신라시대 석불. 당당하고 안정된 신체와 가늘게 표현된 옷자락 등으로 보아서는 훌륭한 불상임을 알 수 있다. 일제강점기인 1923년 정확한 고증 없이 코에서 턱까지 파손된 것을 시멘트로 무성의하게 발라놓아 매우 흉측한 모습이었으나, 2008년 12월 29일 철저한 고증을 통해 원형으로 복구됐다.

삼릉계곡 마애관음보살상 지방유형문화재 제19호

높이 솟은 돌기둥 표면에 형태가 확연하게 드러날 정도로 깊게 새겼다. 왼손에는 정병을 들고, 오른손은 가슴에 들어 설법인을 취하고 있다. 넉넉한 모습에서 풍겨지는 미소는 한없이 친근하고 자비로운 모습이다. 특히 자연암석의 붉은색을 띠는 곳을 립스틱을 바른 입술처럼 연출해 웃음 짓는 모습이 더욱 인상적이다.

남산동 동·서 삼층석탑 보물 제124호

불국사의 석가탑과 다보탑 같이 형식을 달리한 2기의 석탑이 동서로 나란히 서 있는 특이한 예다. 신라의 삼국통일을 전후해서 쌍탑을 세울 때는 일반적으로 같은 양식의 탑을 세우지만, 남산동 동·서 삼층석탑은 예외도 있음을 보여주는 중요한 근거자료다. 서탑은 2층 기단 위에 3층 탑신을 올렸고, 동탑은 모전석탑의 형식을 취하고 있다.

남산 탑곡 마애불상군 보물 제201호

동남산 탑골에 있는 신라시대의 마애불상군. 높이 약 9m, 둘레 약 26m에 달하는 거대한 바위 4면에 30여 점의 불상, 보살상, 비천상 등이 새겨져 있다. 바위의 북면은 석가불이 설법하던 영산정토를 표현하고 있다. 석가여래좌상을 세우고 양옆에 몽고군의 침입으로 불타버린 황룡사구층목탑으로 추정되는 커다란 탑을 새겨놓았다. 남면은 40cm 정도의 틈이 벌어져 바위 두 면에 감실을 표현하고 삼존불좌상을 새긴 것과 상체만 보이는 나한상과 그 앞에 보살형 불상을 조각한 것이 있다. 동면에는 삼존불상과 향로를 받쳐 들고 공양하는 승려상, 수도하는 승려상 등이 새겨져 있다. 서면은 가장 면적이 좁은 곳으로 동방유리광의 세계를 표현하고 있다.

삼릉계곡 선각육존불 지방유형문화재 제21호

병풍처럼 널찍하게 펼쳐진 2개의 바위에 각각 삼존불이 선각으로 새겨져 있다. 앞에 있는 삼존불은 본존불이 왼손을 배에 대고 오른손은 들고 서 있는 모습이다. 좌우에 있는 협시보살은 무릎을 꿇고 본존불을 향해 공양하는 자세를 취하고 있다. 뒤쪽에 있는 삼존불은 본존불이 좌상을 하고, 협시보살이 서 있는 모습이다. 마치 붓으로 도화지에 그림을 그리듯 조각수법이 정교해 우리나라 선각마애불 중에서는 으뜸가는 작품이다.

배동 석조여래삼존입상 보물 제63호

삼릉 인근 삼불사 뒤편의 보호각 속에 있는 3구의 불상. 통일신라시대의 것으로 추정된다. 중앙에 여래상이 있고, 양옆에 보살상이 서 있다. 여래상은 평면의 기단석 위에 서 있는데, 얼굴이 풍만하고 단아하며 입가의 미소가 뛰어난다. 인간적인 정이 느껴지면서도 함부로 범접할 수 없는 신비가 풍긴다. 왼쪽의 보살상은 이중으로 된 연화대좌 위에 서 있는데 3구의 불상 중에서 가장 조각이 섬세하다.

🏛 포석정지 사적 제1호
신라시대 가장 아름다운 이궁지. '성남이궁터'라고도 한다. 이궁이란 별궁을 뜻한다. 현재 이궁 건물은 사라지고 전복 모양의 돌홈만 남아 있다. 언제 만들어졌는지 알 수 없지만, 남산 계곡에서 흘러내리는 물을 끌어들여 돌홈에 흐르게 하고 잔을 띄워 주고받도록 했다. 잔이 홈을 따라 흘러 자기 앞에 오기 전에 시를 짓는 '유상곡수'라는 연회를 즐길 수 있도록 만든 것이다.

🏛 남산 미륵곡 석조여래좌상 보물 제136호
동남산 자락의 보리사 경내에 있는 통일신라시대 석불. 불상 높이 2.44m, 대좌 높이 1.92m. 일명 '보리사지 석불좌상'이라고 불린다. 불신을 비롯해 대좌와 광배를 완전하게 갖추고 있다. 얼굴 부분은 신체와 다른 돌로 만들어졌다. 건장한 체구에 미소를 머금은 표정은 석굴암 본존불과 닮아 있다. 광배에 보상문, 불꽃문을 가득 조각했다. 뒷면에는 얕게 약사여래좌상을 새겨놓았다.

🏛 서출지 사적 제138호
동남산 기슭에 위치한 삼국시대 연못. 제21대 소지왕이 천천정이라는 정자에 행차할 때 까마귀와 쥐가 나타났다. 쥐가 "까마귀가 가는 곳을 쫓아가보라"하니 이상하게 여긴 왕이 신하를 시켜 뒤따르게 했다. 신하가 못에 이르러 돼지 두 마리가 싸우는 것을 보다가 까마귀가 간 곳을 잃어버렸다. 이때 연못에서 한 노인이 나타나 봉투를 건네니, "이것을 열어보면 두 사람이 죽을 것이요, 열어보지 않으면 한 사람이 죽을 것이다"라고 적혀 있었다. 소지왕은 봉투를 뜯어보고 "거문고집을 쏘라"고 한 내용에 따라 궁에 돌아와 거문고집을 향해 활을 쏘니, 왕실에서 향을 올리던 중과 궁녀가 흉계를 꾸미다가 죽임을 당했다는 것이다. 연못에서 글이 나와 계략을 막았다 해서 서출지라고 하였다.

🏛 배동 삼릉 사적 제219호
삼릉골 입구에 조성된 아달라왕, 신덕왕, 경명왕 등 세 왕의 무덤이다. 아달라왕(재위 154~184)은 157년에 처음으로 감물과 마산 두 현을 두고 죽령길을 열었다. 신덕왕(재위 912~917)은 헌강왕의 사위로 있다가 전왕인 효공왕이 후사 없이 죽자 왕위에 올랐으나 재위 6년 동안 특별한 치적은 없었다. 경명왕(재위 917~924)은 후삼국이 패권을 다투던 시기에 왕이 되어 후당에 조공을 바치며 구원을 청했다가 실패했다. 능들의 외형은 원형봉토분으로 일반적인 무덤보다 크다는 것뿐 특징은 없다. 삼릉 중 중앙에 있는 신덕왕릉은 1953년에 조사되어 무덤 안으로 들어가는 통로인 연도를 갖춘 석실분임이 밝혀지기도 했다.

🔴 삼릉계곡 마애석가여래좌상 지방유형문화재 제158호

남산에서 가장 높은 암자인 상선암 위의 자연 암반에 새겨진 높이 6m의 통일신라시대 마애불. 남산에 있는 불상 중 약수골마애여래대불입상 다음으로 크고, 조각도 우수하다. 앉은 모습의 석가여래상으로 머리는 부조로, 신체는 선각으로 단순하게 표현하였다. 크기에 걸맞게 위엄이 있으면서도 입가에 지은 보일 듯 말 듯한 미소는 한없이 자비로운 모습이다. 가늘게 뜬 눈은 멀리 인간세상의 들판을 응시하고 있다.

신라 왕궁이 있는 왕경
월성지구

월성지구를 돌아보는 일반적인 코스는 대릉원 주차장에서 시작한다. 주차장에서 길을 건너면 '세계유산 경주역사유적지구'를 알리는 기념비가 보인다. 이곳에서 월성지구가 시작된다.

　매번 경주를 여행하면서 느끼는 게 하나 있다. 너무나 소중하고 대단한 문화유산임에도 여행자에게 제대로 대접받지 못하는 경우가 많다는 것이다. 아마도 경주라는 도시가 갖는 매력에서 비롯된 것이라 생각된다. 천 년을 신라의 수도로 있었으니 얼마나 많은 유적과 유물이 남아 있을 것인가. 그중에는 석굴암, 불국사, 천마총 등과 같이 우리의 이목을 집중시키는 대표적인 문화유산이 있는 반면, 빈 벌판에 세워진 석탑이나 산중에 외로이 있는 불상 등 관심 밖의 유적도 부지기수다. 경주가 아닌 다른 고장에 있었더라면 주인공 대접을 받았을 텐데, 땅을 1m만 파도 유적이 쏟아진다는 경주에 있다는 이유만으로 소외당하고 있음이 안타깝다.
　월성지구의 문화유산도 상황은 마찬가지다. 첨성대, 동궁과 월지 등 스포트라이트를 받는 곳이 있는가 하면, 주인공임에도 관심을 받지 못하는 월성을 비롯해 소외된 내물왕릉과 고분들이 있다.
　경주가 신라의 천 년 수도로 제자리를 지켜왔다면, 왕궁인 월성은 경주의 핵심으로 정치 중심지로서 제 소임을 다했다. 비록 번듯한 건물도 없이 휑하게

Info 문화유산 정보

등재시기 2000년 12월
등재이유 ① 경주는 천 년 이상 신라의 수도로 자리를 지켰던 역사도시
　　　　 ② 월성은 한국 건축물의 발달에 있어 중요한 유적을 보유하고 있다.

변해버렸지만, 신라의 도읍지였던 시절에는 상황이 사뭇 달랐다. 〈삼국유사〉의 신라 제49대 헌강왕에 관련한 기록을 보면 "왕이 누에 올라 바라보니 초가는 하나도 없고, 집의 처마와 담이 이웃집과 서로 연해 있었다. 노랫소리와 피리 부는 소리가 길거리에 가득 차서 밤낮으로 끊이지 않았다."고 적혀 있다. 지금의 모습에 비춰보면 상상하기 어려운 풍경이다.

동양에서 가장 오래된 천문관측대, 첨성대

월성지구를 돌아보는 일반적인 코스는 대릉원 주차장에서 시작한다. 주차장에서 길을 건너면 '세계유산 경주역사유적지구'를 알리는 기념비가 보인다. 이곳에서 월성지구가 시작된다. 잔디밭 사이로 난 길을 따라 걸어가면 제일 먼저 나타나는 것은 첨성대.

신라 선덕여왕 때에 축조한 첨성대는 현존하는 천문대 중 동양에서 가장 오래되었다. 1400여 년이라는 오랜 세월에도 콜라병처럼 아름다운 원형을 유지하고 있다. 기본 구조는 제일 아랫부분인 기단부, 몸통에 해당하는 원통부, 윗부분인 정자석이 놓인 정상부로 되어 있다. 땅속에는 잡석과 목침 크기의 받침돌, 기단부 서쪽으로는 일렬로 자연석이 놓여 있다. 중간 부분에 남쪽을 향해 창구를 두었다. 내부는 창구를 중심으로 아래쪽은 흙과 돌로 채워져 있고, 위쪽은 꼭대기까지 뚫려 있다.

겉으로 보기에는 돌을 쌓아 만든 평범한 구조물처럼 보이지만, 첨성대에는 정교한 수학적 지식이 담겨 있다. 그 증거를 하나씩 살펴보자.

첨성대를 쌓은 돌의 수는 361개, 콜라병처럼 쌓은 몸통은 27단이다. 몸통 위에 쌓은 우물 정(井)자 모양의 돌까지 합치면 28단이다. 이들 숫자에는 상징적인 의미가 담겨 있다. 361은 음력을 따진 일 년의 날수요, 27은 선덕여왕이 신라의 27번째 왕이라는 것과 관계 있다. 28은 동양의 기본 별자리 수를 상징한다.

창구를 기준으로 아래위로 각각 12단을 쌓았는데 이는 1년 12달, 24절기를 의미한다. 창구는 남향을 하고 있어 춘분과 추분 때는 광선이 첨성대 밑바닥까지 완전히 비치고, 하지와 동지에는 사라져 춘하추동을 정확히 나눌 수 있게 한다. 꼭대기의 정자 모양의 돌은 각 면이 정확하게 동서남북의 방향을 가리킨다. 이처럼 첨성대는 과학적인 구조와 상징성에 아름다움을 더해 신라의 위대한 문화유산으로 사랑받는 것이다.

그렇다고 첨성대가 시련을 겪지 않은 것은 아니다. 첨성대의 기능에 대해서 일부 역사학자와 과학자들이 천문관측대가 아닐지도 모른다는 주장을 제기했다. '하늘에 제사지내던 제단' '선덕여왕을 위한 기념물' '불교를 상징하는 건축물' 등의 여러 가지 이견이 속출했다. 심지어 미사일 발사대라는 주장까지도 나왔다.

왜 이런 주장이 제기되었을까? 첨성대의 구조상 윗부분이 너무 좁아 관측하기 불편하고, 위로 오르내리는 방법이 매우 불편하다는 이유에서다. 또 평지에 위치해서 별을 관측하기 어렵다는 것이다.

현존하는 천문대 중 동양에서 가장 오래된 첨성대

이견이야 어찌됐든 분명한 것은 당시에는 천문관측이 매우 중요한 학문이었다는 점이다. 이는 신라뿐만 아니라 모든 고대국가에서 중요하게 여겼다. 하늘에서 일어나는 천문현상을 통해 나라의 길흉을 점치는 일과 태양·달·행성의 운행을 관측해 역법을 만드는 일이 매우 중요했기 때문이다.

천 년 신라의 중심지, 월성

첨성대에서 정면으로 보이는 나무가 우거진 숲이 월성이다. 물론 숲 자체가 월성은 아니다. 월성은 왕궁 주위를 감싸 안은 성인데 오랜 세월이 지나면서 나무가 자라고 숲을 이뤄 성의 모습은 찾아보기 힘들고 무성한 숲이 눈에 잘 띌 뿐이다.

월성은 신라의 두 번째 궁궐이다. 파사왕 22년(101)에 축조되어 멸망할 때까지 사용되었다. 성 모양이 반달 같다 하여 반월성이라 부르기도 하고, 왕이 계신 곳이라 재성이라고도 한다. 안타깝게도 첫 번째 궁궐인 금성은 정확한 위치가 밝혀지지 않고 있다. 다만 기록에 "월성은 금성의 동남쪽에 쌓은 성"이라

월성은 숲이 우거져 산책하기에 좋다.

는 기록으로 보아 지금의 황성동 일대가 아닌가 추측할 뿐이다. 금성은 경주의 옛 이름인 서라벌과 관련이 깊다. 서라벌이란 쇠를 만드는 곳이라는 뜻으로 쇠 벌을 의미한다. 쇠벌이 변화되어 서라벌이 되었다. 쇠는 한자어로 '금(金)'이다. 그래서 경주를 금성이라고 부른 것이다.

월성의 실체를 보기 위해서는 낮은 언덕을 올라야 한다. 그리고 첨성대를 바 라보면 신라 왕들이 살던 궁궐이 평지보다 높은 위치에 있음을 알게 된다. 자 연적인 언덕처럼 보이지만 실상은 구릉을 깎아 성벽을 쌓았다. 성벽의 실체는 석빙고 방향으로 걸어가면 우측 소나무 아래 돌들이 무분별한 듯하지만 가지 런히 놓인 것이 보이는 데서 확인할 수 있다. 월성을 쌓을 때 흙과 돌을 다져가 며 쌓은 성벽이다. 성벽은 동·서·북쪽에만 있고 남쪽에는 없다. 아마도 절벽 이라는 자연지형을 이용했기에 쌓지 않았던 것 같다.

〈삼국사기〉에는 "파사왕 22년에 쌓은 것으로 둘레는 1423보"라고 되어 있 다. 지금의 단위로 환산하면 동서 길이 900m, 남북 길이 260m, 성 안의 면적 약 19만 8000㎢에 이른다. 결코 작지 않은 규모다. 비록 옛날 화려함을 자랑 하던 건물은 온데간데없고 꽃밭으로 변했지만 넓고 자연경관이 뛰어나 궁성으 로서는 좋은 입지조건을 갖추고 있음을 알 수 있다.

간혹 첨성대와 동궁과 월지가 왜 월성지구에 포함되는지 궁금해하는 여행자 가 있다. 둘 다 월성과는 별개의 것이 아니냐는 것이다. 월성은 신라의 왕이 거 하면서 국정의 대소사를 논하던 장소다. 나라가 부강하고 영토가 확장됨에 따 라 왕궁도 확장하였는데, 신라가 삼국을 통일하고 난 후인 제30대 문무왕 때 첨성대, 임해전 일대가 왕궁에 편입되었다.

월성 안에는 남문과 북문격인 귀정문, 북문, 인화문, 현덕문, 무평문, 준례문 등의 문과 월상루, 망덕루, 명학루, 고루 등의 누각, 왕이 정사를 돌보던 남당, 신하의 조하를 받고 사신을 접견하던 조원전, 삼궁을 관할하던 내성 등 많은 건물이 있었다. 현재는 다 사라지고 조선시대에 축조한 석빙고만 남아 있다.

월성이 궁궐터가 된 것은 석탈해(탈해왕, 재위 57~80)가 살게 되면서부터 다. 여기에는 재미난 설화가 전해진다.

경주가 신라 천 년의 수도로
제자리를 지켜왔다면, 왕궁인 월성은
경주의 핵심으로 정치 중심지로서
제 소임을 다했다.

석탈해가 경주에서 살 만한 곳을 찾기 위해 토함산에 올라 서쪽 육촌을 바라보니 반달 모양의 땅이 눈에 들어왔다. 그러나 이미 신라의 중신 호공이 집을 짓고 살고 있었다. 석탈해는 집을 얻기 위해 계략을 꾸몄다. 호공의 집 주변에 몰래 숫돌과 쇠붙이, 숯 등을 묻었다. 다음 날 호공을 찾아가 "이 집은 내 조상이 대대로 살았던 곳이니 내달라."고 했다. 자신이 집을 비운 사이에 호공이 들어와 주인 행세를 한다고 주장한 것이다. 그러고는 자신의 조상은 쇠를 다루는 대장장이였으니 집 주변을 파보면 증거물이 나올 것이라고 당당히 말했다. 집 주변을 파보니 석탈해의 말대로 숯과 쇠붙이가 많이 나왔다. 이에 호공은 석탈해의 말을 인정하였고, 석탈해는 집을 얻게 되었다. 이 소문이 널리 퍼지면서 제2대 남해왕의 귀에 들어갔고, 석탈해가 슬기로운 사람이라고 생각해 사위로 삼았다. 석탈해는 유리왕에 이어 왕이 되어 이곳을 왕성으로 정했다.

닭이 울던 성스러운 숲, 계림

첨성대에서 월성으로 가기 전 우측에 고목이 무성한 숲이 있다. 경주 김씨의 시조인 김알지의 탄생설화가 있는 계림이다. 본래는 해가 처음 비추는 신령스런 숲이라고 해서 시림이라 불리다가 김알지의 탄생설화 이후 닭이 울었다고 해서 계림으로 바뀌었다.

〈삼국유사〉에는 김알지에 대해 이렇게 적혀 있다.

"탈해왕 9년(65) 호공이 밤에 월성 서리를 걸어가는데 크고 밝은 빛이 시림 속에서 비치는 것이 보였다. 자줏빛 구름이 하늘로부터 땅에 뻗쳤는데, 구름 속에 황금의 궤짝이 나뭇가지에 걸려 있었다. 그 빛은 궤짝 속에서 나왔다. 또 흰 닭이 나무 밑에서 울고 있었다. 호공은 이 사실을 왕에게 아뢰었다. 왕이 숲에 가서 궤짝을 열어보니 어린 사내아이가 누웠다가 곧 일어났다. 마치 혁거세의 고사와도 같아 알지라고 이름 지었다. 알지란 우리말로 어린아이를 일컫는다. 왕이 아이를 안고 대궐로 돌아오니 새와 짐승들이 서로 따르면서 기뻐하여 뛰놀고 춤을 추었다. 왕은 길일을 가려 그를 태자로 책봉했다. 그는 뒤에 태자의 자리를 파사왕에게 물려주고 왕위에 오르지 않았다. 금궤에서 나왔다 하여

성을 김씨라 했다."

김알지는 탈해왕이 태자로 삼았으나 왕위를 사양했다. 그의 육대손에 이르러 왕위에 올랐는데, 그가 제13대 미추왕이다. 이때부터 김씨가 박씨, 석씨와 함께 왕위를 계승했다. 신라의 왕 56명 중 김씨 성을 가진 왕은 38명이나 된다. 비록 김알지는 왕위에 오르지 않았지만 그의 후손이 대대로 왕위를 차지하였기에 계림은 신성한 장소로 여겨졌고, 김씨가 왕이 되어 나라가 번성할 때에는 나라 이름을 계림이라고도 했다.

계림 뒤로 커다란 고분이 여럿 있다. 고분 중 유일하게 이름이 붙은 것이 내물왕릉이다. 왕릉은 높이 5.3m, 지름 2.2m로 주위의 고분에 비해 규모가 작은 편이다. 외형적으로도 큰 특징은 보이지 않는다. 특별한 석물은 없고 둥근 봉문만 갖추었다. 다만 봉분 밑부분에 자연석을 이용해 둘레석(호석)을 돌렸다.

고목이 많은 계림은 신비한 분위기가 난다.

내물왕(356~402)은 신라의 17대 왕이다. 김씨 왕으로는 미추왕 다음 두 번째로 왕위에 올랐다. 중국 전진과의 외교관계를 통해 선진문물을 수입하고, 백제가 왜와 연합해 신라를 침입했을 때 고구려 광개토대왕의 도움을 받아 위기를 벗어나기도 했다. 마립간이란 왕의 칭호도 내물왕 때 처음 사용했다. 마립간이란 대수장을 뜻한다. 김대문의 설명에 의하면 "방언으로 말뚝을 이름이요, 궐은 함조의 뜻으로 자리를 정하여 두는 것이니, 왕궐이 주가 되고 신하의 궐은 아래에 배열하는 것을 이름한 것."이라고 한다.

내물왕대에 사용하기 시작해 제22대 지증왕 때 중국식 왕호를 쓰기 전까지 사용되었다. 마립간이란 칭호의 사용을 통해 당시 왕권이 신장되고 국가체계가 확립되었음을 짐작할 수 있다.

석빙고는 조선시대 얼음을 보관하던 창고다.

조선시대에 돌로 만든 냉장고, 석빙고

　월성 안에서 유일하게 만날 수 있는 문화유산이 석빙고다. 모습은 고분과 비슷하게 생겼지만, 기능은 전혀 다르다. 석빙고는 얼음을 보관하던 돌로 만든 창고다. 옛날에는 얼음창고를 만들어 겨울에 얼음을 채취해 저장했다가 더운 여름에 사용했다. 오늘날의 냉장고인 셈이다.

　월성의 석빙고는 신라의 것이 아닌 조선 영조 때인 1741년에 만들어진 것이다. 석빙고 옆에 세워진 석비를 보면 "조선 영조 14년(1738) 당시 부윤이던 조명겸이 목조의 빙고를 석조로 축조하였다."는 내용이 기록되어 있다. 그러나 석빙고 입구 이맛돌에는 '숭정기원후재신유이기개축(崇禎紀元後再辛酉移基改築)'이라는 글씨가 큼지막하게 쓰여 있다. 이를 통해 조명겸이 만든 석빙고를 4년 뒤에 현 위치로 옮겼음을 알 수 있다.

그렇다면 신라시대에는 석빙고가 없었던 것일까. 아니다. 비록 실체는 남아 있지 않지만, 신라에도 얼음을 보관하고 관리했다는 기록이 있었다. 〈삼국사기〉에 보면 얼음창고를 관리하던 빙고전이란 관청이 있었고, 지증왕 6년(505) 11월 얼음을 저장하여 쓰라는 왕명을 내리기도 했다.

석빙고는 어떤 원리로 한여름까지 얼음을 녹지 않게 보관했던 것인가. 구조를 살펴보면 그 안에서 해답을 구할 수 있다. 경주 석빙고는 월성 북쪽의 성둑을 잘라서 남쪽에 입구를 냈다. 출입구는 계단을 설치해 밑으로 내려가도록 했다. 바닥은 얼음 녹은 물이 고이지 않고 빨리 빠져나가도록 안으로 들어갈수록 경사지게 하고 배수로를 설치했다. 내부 천장은 둥근 아치형 구조다. 홍예 5개를 틀어 올리고 홍예와 홍예 사이에 긴 돌을 걸쳐서 천장을 삼았다. 천장을 아치형으로 하는 이유는 무거운 하중을 받기에 적합한 구조이기 때문이다. 얼음을 보관할 때는 얼음 사이에 왕겨나 짚을 충분하게 깔았다. 얼음이 녹으면서 서로 붙지 않도록 하기 위한 목적과 얼음 표면의 온도 유지를 위함이다.

밖에서 보면 환기통이 세 개가 보인다. 환기통은 석빙고의 온도 유지에 매우 중요한 역할을 한다. 더운 공기는 위로 올라가고, 찬 공기는 아래로 내려간다는 과학적 원리를 이용한 것이다. 더워진 공기가 석빙고 천장에 머물지 않고 밖으로 빠져나갈 수 있도록 함으로써 석빙고 안에는 항상 찬 공기가 머물도록 했다. 화강암으로 만든 석빙고에 흙을 덮고 잔디를 입힌 것도 온도유지를 위해서다. 돌은 열에 쉽게 달궈지는 성질이 있다. 이를 막기 위해 흙을 덮었다. 흙만 덮어 놓으면 비에 씻겨 내려가기 쉬워 이를 방지하기 위해 잔디를 심은 것이다.

자칫 평범한 돌 구조물로 지나치기 쉬운 석빙고지만 자연을 최대한 활용하고 과학적 원리를 적용한 우리 조상들의 높은 지식수준을 알고 바라보면 한국을 대표하는 문화유산임을 알게 된다.

신라 조경예술의 극치, 동궁과 월지

석빙고를 거쳐 월성을 내려오면 차도를 사이에 두고 동궁과 월지가 위치해 있다. 많은 사람들이 동궁과 월지 하면 고개를 갸우뚱거린다. 아마도 안압지라는 이름에 더 익숙한 탓이다. 그런데 세계문화유산에 등재된 이름도, 매표소에서 구입한 입장권에도 분명히 동궁과 월지라고 되어 있다.

안압지라는 이름은 잘못된 것인가. 그렇지는 않은 것 같다. 〈삼국사기〉를 살펴보면 문무왕 14년(674) "궁내에 못을 파고 가산을 만들어 화초를 심고 기이한 짐승을 길렀다."는 기록이 있을 뿐 연못의 이름은 언급되지 않는다. 그저 '궁 안의 못'이라고만 적혀 있다. 그렇다면 안압지라는 이름은 언제, 어떻게 유래되었을까. 신라가 멸망하고 화려했던 건물과 연못은 돌보는 이 없이 폐허가 되었다. 갈대가 무성하게 자란 못 사이를 오리와 기러기만이 유유히 날아다니

야경이 아름다운 동궁과 월지

자 조선의 시인묵객들이 기러기 '안'과 오리 '압'자를 써서 안압지라고 불렀다는 것이다.

연못의 본래 이름은 월지라고 추정하고 있다. 그 근거로 〈삼국사기〉에 제41대 헌덕왕이 새 세자를 월지궁에 머물게 했다는 기록이 있고, 월지와 관련해 '월지전', '월지악전' 등의 명칭이 보인다. 1975년 3월부터 1976년 12월까지 안압지 발굴조사에서 출토된 목간(나무문서)에 '세택'이란 글씨가 적혀 있고, 용왕전에 사용된 것으로 추정되는 토기편이 나옴으로써 안압지의 원래 이름이 월지였을 것으로 보고 있다. 세택이나 용왕전은 동궁과 관련된 호칭이다. 결정적으로 1980년대 '월지'라는 글자가 새겨진 토기 파편이 발굴되어 본래 이름이 월지였을 것으로 보는 것이다.

임해전은 임해전지라는 이름으로 불리기도 했다. 임해전은 월성의 동궁이다. 헌덕왕 때 왕의 동생 수종을 부군으로 삼아 월지궁에 살게 하여 태자가 기거하는 동궁이라는 의미로 사용됐다. 그러나 문무왕 이후 헌덕왕 때까지 태자가 기거했다는 기록이 없어 단순히 '월성 동쪽에 위치한 궁궐'이라는 의미의 동궁으로 보는 것이 맞다는 의견과 임해전도 동궁 전체가 아닌 특정 건물의 이름이었다는 견해가 있다.

정확한 사실 여부는 숙제로 남아 있지만 이곳은 동궁이면서 군신들의 연회 및 회의장소, 귀빈의 접대장소로 이용되었다. 〈삼국사기〉에 효소왕 6년(697) 9월, 혜공왕 5년(769) 3월, 헌안왕 4년(860) 9월, 헌강왕 7년(881) 3월에 군신들의 연회를 베풀었다는 기록이 보인다. 또한 경순왕이 견훤의 난을 겪은 뒤인 931년 왕건을 초청해 위급한 정세를 호소한 주연을 베풀었다는 일화도 있다. 이를 통해 임해전이 동궁이기는 하지만 신라 역사에서 매우 비중이 컸음을 짐작할 수 있다. 아쉽게도 임해선의 모습을 볼 수는 없지만 연못 주위에 남아 있는 건물터의 초석이 궁궐의 위용을 상상케 한다.

연못은 동서 길이 약 190m, 남북 길이 약 190m이며 면적은 1만 5658㎡나 된다. 연못은 어디에서 보더라도 전체가 한눈에 들어오지 않도록 설계된 것으로 유명하다. 입구에서 왼편(서남쪽)으로는 건물을 두고 돌을 다듬어 석축을 높이 쌓아 직선으로 뻗어 있다. 오른쪽(동북쪽)으로는 연못가가 휘어지고 꺾어지며 자연스런 언덕이 이어지도록 했다. 이 언덕은 돌을 쌓고 산을 만들어 중국의 무산 12봉을 본떴다. 높이도 들쭉날쭉해서 시각적 효과를 극대화했다. 직선과 곡선의 절묘한 조화는 좁은 연못을 바다처럼 넓게 느껴지도록 배려한 신라인의 뛰어난 조경술을 보여준다. 연못 안에는 크기가 각기 다른 세 개의 섬이 조성되었다. 이는 전설의 삼신산을 의미한다. 삼신산은 신선이 산다는 중국의 봉래산, 방장산, 영주산을 가리킨다.

임해전은 발굴 조사 결과 건물터 26동, 담장터 8곳, 배수로 2곳, 입수부 1곳 등이 밝혀졌다. 연못을 복원하면서 서쪽 연못가에 세워졌던 5곳의 건물터 중에서 3곳을 복원했으며, 건물이 있었을 것으로 추정되는 자리에는 초석을 복원해 일반인이 알 수 있도록 했다.

유물도 3만여 점이나 출토되었다. 유물들은 왕이 신하와 연회를 벌일 때 빠진 것을 비롯해 신라가 멸망한 후 폐허가 된 동궁에 남아 있던 것이 빗물에 쓸려 못 안으로 들어갔을 것으로 추측된다. 이곳에서 출토된 유물은 국립경주박물관에 안압지관을 별도로 마련해 전시하고 있다.

국보 제31호

첨성대

현존하는 동양에서 가장 오래된 천문대. 선덕여왕 때 만들어졌다. 음력의 일 년 날수인 361 개의 돌을 가지고 27단으로 몸통을 쌓았다. 몸통 위에 쌓은 우물 정자 모양의 돌까지 합치면 28단이다. 27은 선덕여왕이 신라의 27번째 왕이라는 것과 관계 있고, 28은 동양의 기본 별자리 수를 상징한다. 중앙부의 창구를 중심으로 아래위를 각각 12단으로 쌓았다. 이는 1년 12달, 24절기를 의미한다.

Open 하절기 09:00~ 22:00 동절기 09:00~21:00 **Cost** 무료 **Tel** 054-772-5134

임해전지

왕자가 거처하는 동궁으로 사용되면서 외국의 사신이나 국가의 경사가 있을 때 연회를 베풀던 곳이다. 못 가운데 세 개의 섬을 두고 북·동쪽으로 12봉우리의 산을 만들었다. 연못은 직선과 곡선이 조화를 이뤄 어느 곳에서 보더라도 전체가 보이지 않도록 설계했다.
Open 하절기 09:00〜22:00 동절기 09:00〜 21:00 **Cost** 어른 2000원 청소년 1200원 어린이 600원 **Tel** 054-772-4041

© 경주시청

계림

사적 제19호

경주 김씨 시조인 김알지의 탄생설화가 얽힌 곳이다. 본래 해가 제일 처음 비추는 숲이라 해서 '시림'이라 불렸다. 김알지가 태어나고 후손이 신라 왕위에 오르면서부터 계림이라 부르게 되었다. 버드나무, 느티나무, 단풍나무 등 수백 년 이상 된 나무가 신비로운 분위기를 풍기는데, 특히 야간에 조명이 더해지면 숲의 모습이 아주 그윽해 보인다.

내물왕릉

사적 제188호

월성지구 안 고분 중 유일하게 주인이 밝혀져 이름을 얻었다. 봉토 밑둘레에 자연석으로 둘레석을 둘렀고, 무덤을 둘러싸고 있던 담장터 흔적이 보인다. 내물왕 당시 신라무덤은 거대한 규모의 돌무지덧널무덤이지만, 내물왕릉은 규모가 작고 둘레석이 있는 것으로 보아 굴식돌방무덤으로 추정된다. 황남대총을 내물왕릉으로 보기도 하지만, 〈삼국유사〉에 첨성대 남서쪽에 있다는 기록이 지금의 위치와 일치한다.

보물 제66호

석빙고

조선시대에 만들어진 얼음창고로 규모나 기법면에서 뛰어난 걸작이다. 안으로 들어갈수록 바닥이 경사져 배수가 되도록 했다. 반원형 천장에는 3곳의 환기통을 두었다. 석빙고 옆에 세워진 석비와 입구 이맛돌에 새겨진 기록으로 조선 영조 14년(1738) 나무로 만든 빙고를 돌로 축조했다는 사실과 4년 후에 현 위치로 옮겼다는 것을 알 수 있다.

사적 제16호

월성

천 년의 역사 동안 경주가 신라의 중심지였다면, 왕의 궁궐이 있던 월성은 경주의 핵심이었다. 신라의 두 번째 궁궐로 석탈해 때부터 멸망할 때까지 사용되었다. 첨성대에서 바라보면 낮은 언덕처럼 보이나 자연적인 언덕이 아니라 구릉을 깎아 돌과 흙을 섞어 쌓았다. 하늘에서 보면 반달 모양을 닮아 반월성이라고도 하고, 왕이 계신 성이라 해서 재성이라고도 부른다.

신라 고분의 집합소
대릉원지구

경주시청

Info 문화유산정보

등재시기 2000년 12월
등재이유 ① 신라왕, 왕비, 귀족 등 높은 신분계층의 무덤이 있다.
② 무덤의 발굴 조사에서 신라 문화의 정수를 보여주는 금관, 천마도 등 당시 생활상을
파악할 수 있는 귀중한 유물 출토.

대릉원은 경주를 찾는 여행자라면 반드시 들르는 장소다. 신라의 대표적인 무덤인 돌무지덧널무덤의 형태를 눈으로 확인할 수 있는 천마총이 있어서다. 155호분이라 불리다가 천마를 그린 장니가 발견돼 천마총이라 부른다.

경주를 여행하며 받는 첫인상은 고분이 많다는 것이다. 길을 걷다 보면 길가에도 커다란 무덤이 옹기종기 모여 있고, 심지어는 주택가 한가운데에도 무덤이 봉긋하게 솟아 있다. 아마도 경주를 역사도시로 인식시키는 일등공신이 바로 고분이 아닌가 싶다.

천 년 전에 살았던 사람들이 잠들어 있는 공간과 오늘을 사는 사람들이 생활하는 공간이 한데 어우러져 있기에 경주의 신비함과 역사적 가치는 더욱 빛난다. 그런데 이상한 점이 있다. 경주의 고분들은 평지에, 그것도 왕궁인 월성에 가까이 조성된 것이다. 월성 주변인 황오동, 황남동, 노동동, 노서동에 집중적으로 모여 있다.

이들 고분을 마주칠 때면 문득 이런 생각이 든다.

'왕궁 근처가 공동묘지는 아닐텐데, 왜 번화한 수도 한가운데에 커다란 무덤을 만들었을까?'

고대 신라는 철저한 신분제 사회였다. 왕은 일반 백성에 비해 막강한 권력을 행사했고, 권력은 신으로부터 부여받았다는 신민의식도 가지고 있었다. 살아 있을 때나 죽어서나 그 생각은 변함이 없었던 듯하다. 죽어서도 자신의 권위를 나타내기 위해 막대한 돈과 노동력을 들여 백성들 가까운 곳에 무덤을 만들었다. 새롭게 즉위한 왕도 선왕의 권력을 그대로 누리고 싶어 했다. 그래서 신라의 왕들은 경주 도심에 선왕의 무덤을 만들었다. 이를 통해 자신의 힘을 내보이고 백성으로 하여금 존경하도록 하기 위해서다.

천마총은 발굴 후 내부를 복원해 일반에 공개하고 있다.

대릉원의 주인격인 천마총

경주 시내에 있는 고분은 몇 기나 될까. 모두 155기라고 한다. 어마어마한 숫자다. 가히 '고분의 도시'라 불러도 손색이 없을 정도다. 이 많은 고분들 중 어디를 둘러봐야 할지 고민이 안 될 수가 없다. 그렇다고 너무 걱정할 일만은 아니다. 1970년대에 공원화 작업을 마친 대릉원을 중심으로 동선을 잡아 움직이면 경주의 대표적 고분은 어지간히 돌아볼 수 있다.

대릉원은 경주를 찾는 여행자라면 반드시 들르는 장소다. 신라의 대표적인 무덤인 돌무지덧널무덤(적석목곽분)의 형태를 눈으로 확인할 수 있는 천마총이 있어서다. 신라 제21대 소지마립간 또는 제22대 지증마립간의 무덤이라는 의견이 있으나 확실하지 않다. 155호분이라 불리다가 천마를 그린 장니(말 다래)가 발견돼 천마총이라 부른다.

천마총은 경주에서 유일하게 내부가 공개된 왕릉이다. 유물이 출토된 상황을 알 수 있도록 무덤 내부를 복원해 놓고, 천마총에서 발굴된 유물이 무엇인지 알 수 있도록 전시실도 마련했다. 천마도, 금관 등 진품은 국립경주박물관에 옮겨져 전시중이고, 천마총 내부의 것은 모조품이다.

천마총 내부에 들어가면 신라고분, 돌무지덧널무덤의 구조를 확인할 수 있다. 구조를 살펴보면 땅에 구덩이를 파거나 혹은 땅 위에 돌을 깔고 나무로 큰 상자(덧널)를 만들어 그 안에 목관과 껴묻거리를 넣었다. 나무 상자 주위를 돌로 채우고 다시 진흙으로 덮었다. 진흙을 바르는 이유는 빗물이 안으로 스며드는 것을 방지하기 위함이다. 진흙 위에는 산흙을 쌓아 봉토를 만들었다.

돌무지덧널무덤은 신라 특유의 무덤이다. 돌무지덧널무덤이란 이름을 풀이하면 무덤의 형태가 어떤 것인지 알 수 있다. '돌무지'는 '돌 더미', '덧널'은 '곽(널을 넣기 위해 따로 짜 맞춘 매장시설)'을 말한다. '널'은 시신을 넣는 관이나 곽 따위를 통틀어 이른다. 이를 종합하면 돌무지덧널무덤이란 관을 넣을 수 있는 상자(곽)를 만들고 그 위에 돌 더미를 얹은 무덤 형식임을 알 수 있다.

천마총 발굴과 관련해서는 여러 가지 일화가 전해지기도 한다. 그중 재미난 것이 '천마총 발굴은 황남대총 발굴을 위한 시험용'이란 내용이다.

1971년 고 박정희 전 대통령 때 경주관광개발계획이 세워졌다. 신라 천 년의 역사를 간직한 경주를 개발해 웅대하고 찬란한 문화를 관광자원화하겠다는 의도에서다. 이 사업의 일환으로 경주에서 가장 큰 황남대총을 발굴하고 내부를 공개해 여행객들이 볼 수 있도록 하는 것이 있었다. 문제는 우리에게 이 거대한 고분을 발굴할 수 있는 기술과 경험이 부족했던 것이다. 이때 나온 대안이 규모가 작은 고분을 먼저 발굴해서 경험을 축적한 후 황남대총을 발굴해도 늦지 않다는 것이다. 그래서 선택된 고분이 황남대총 옆에 있던 천마총이다.

천마총 발굴을 책임졌던 김정기 박사는 당시 상황을 이렇게 회상한다.

"황남대총을 발굴할 엄두가 나지 않았다. 발굴 경험이 전무하다시피 한 상황에서 잘못 건드렸다가는 실패할 것이 자명했기 때문이다. 그래서 꾀를 낸 게 '98호분(황남대총)은 그 속에 조그만 무덤들이 모여 큰 산처럼 됐을 수도 있다.

만에 하나 그럴 경우 나오는 유물도 없고, 시민들이 숭배해 온 고분의 권위만 떨어뜨릴 수 있다. 근처의 다른 작은 고분부터 파보자'는 거였다. 그렇게 해서 155호분(천마총)을 시험 삼아 먼저 팠다. 만약 천마총 발굴에서 얻는 게 별로 없으면 이를 핑계 삼아 98호분을 안 파려고 했다."

1973년 4월 6일 천마총의 역사적인 첫 삽이 떠졌다. 그러나 고고학자들의 예상은 완전히 빗나갔다. 연습 삼아 시작한 발굴에서 생각지도 못한 유물이 쏟아져 나왔다. 덧널 안에서는 피장자가 차고 있던 금관, 금제과대, 요패, 팔찌, 반지, 목걸이 등의 장신구류와 환두대도가 발견됐다. 껴묻거리함 뚜껑 위에서는 금제조익형관식과 금제접형관식 및 금동모, 금동제경갑 등의 파편이 발견되었다.

가장 놀라운 발견은 가로 75cm, 세로 56cm, 두께 0.6cm의 자작나무 껍질을 여러 겹 겹쳐 사격자로 누벼서 만든 천마도였다. 말 옆구리에 진흙 같은 것이 튀지 않도록 달아매는 다래에 얇은 가죽단을 돌려, 상단 중앙은 반달형으로 팠고, 중앙에 하늘을 나는 백마를 그렸다.

천마총에서 출토된 금관과 천마도

천마도가 처음 발견됐을 때 김정기 박사는 '아차' 싶었다. 1500년 동안 공기가 밀폐된 땅속에 묻혀 있던 것이 갑자기 세상에 나왔으니 무사할 수가 없기 때문이다. 들어내려고 손을 대는 순간 가루가 될지도 모르는 일이었다. '나와서는 안 되는 것이 나왔다. 잘못하면 내가 죽는다'는 생각이 들었다고 하니 당시의 긴장감은 말로 형언할 수 없다. 다행히도 천마도는 무사히 무덤 바깥으로 나와 세상에 빛을 보게 되었고, 이름 없이 155호분이라 불리던 고분에 천마총이란 이름을 안겨주었다.

천마도와 함께 크고 화려한 금관도 출토됐다. 높이 32.5cm의 금관은 세 개의 출(出)자형입식과 양 끝에 녹각형입식을 세운 일반적인 형식의 신라금관이다. 출자형입식의 가짓수는 네 개이며 금관 전면에 영락과 곡옥을 달았다. 곡옥은 대륜에 달린 것이 가장 크고 위로 올라가면서 작아진다.

고분공원으로 조성된 대릉원

시험적 성격의 천마총 발굴에서 기대하지도 않았던 천마도와 금관이 출토됐으니 조사단은 흥분할 수밖에 없었다. 당시 조사단의 일원으로 발굴에 참여한 전 문화재연구소장을 지낸 조유전 박사는 〈발굴이야기〉에서 이렇게 술회하고 있다.

"7월 26일 오전. 드디어 1400~1500년의 깊은 잠을 깨고 신라 금관이 눈앞에 나타났다. (중략) 그런데 그때까지 맑고 쾌청하던 하늘에 갑자기 서쪽에서 먹구름이 몰려와 천둥 번개를 동반한 폭우가 쏟아졌다. 이에 놀란 작업 인부들과 조사원들은 일손을 놓고 피신하기 바빴다. 잔뜩 겁먹은 심정으로 일단 피했다가 다시 금관을 수습하여 세척한 후 준비된 상자에 안전하게 옮겨놓자 그렇게도 기승을 부리던 하늘은 언제 그랬느냐는 듯 맑게 개었다. 천 년이 넘는 오랜 세월 땅속에 묻혀 있던 신라 왕의 넋이 크게 노했나보다고 발굴단원 모두가 이심전심으로 그렇게 느낄 만한 기상변화였다."

우리나라에서 가장 큰 무덤 황남대총

천마총 입구를 중심으로 왼쪽을 보면 연못이 있고, 연못 너머 두 개의 무덤이 붙어 있는 커다란 무덤이 보인다. 우리 조상들이 만든 무덤 중에서 가장 큰 황남대총이다. 황남대총이란 경주 황남동에 있는 커다란 무덤이란 뜻이다.

황남대총은 낙타 등처럼 두 개의 봉분이 굴곡져 있다. 하나의 무덤이 아니라 두 개의 무덤이 붙어 있기 때문이다. 1973년 7월과 1975년 10월에 문화재관리국에서 발굴 조사를 한 결과 남쪽의 무덤은 왕, 북쪽의 무덤은 왕비의 것으로 밝혀졌다. 무덤의 둘레석이 맞물린 상태로 보아 왕의 무덤이 먼저 만들어지고 나중에 왕비의 무덤이 잇대어 만들어졌다. 두 무덤 모두 신라 특유의 돌무지덧널무덤이다.

신라 무덤 이름을 보면 천마총, 황남대총처럼 총이라고 불리는 것이 있고, 28호분, 118호분이라고 해서 분이라 불리는 게 있다. 총은 출토된 유물이나 문헌상으로 봤을 때 왕족의 무덤으로 추정되지만 피장자가 확실하지 않은 경우에 붙인다. 만약 피장자의 신원이 확실하면 ○○왕릉이라 부른다. 분은 일정한 형식을 갖춘 유력자의 흙무덤을 말한다.

노동리고분군의 봉황대는
작은 동산 같기도 하고, 고분 위에 자란 나무들이
마치 자연이 만들어 낸 커다란 분재 같다.

왕의 무덤에서는 60세 전후로 보이는 남자의 유골 일부와 금동관, 금제관수식, 금제목걸이, 유리구슬을 꿰어 만든 가슴장식, 금제 허리띠와 요패 등의 장신구, 그리고 금동장환두대도 1개 등 3만 점이 넘는 유물이 출토되었다. 주로 무기와 생활용품이 쏟아져 나왔다.

반면 왕비의 무덤에서는 금관, 금제 팔찌, 유리그릇 및 병 등 장신구가 월등히 많이 나왔다. 특히 섬유를 꼬아 실을 만드는 방적기구인 가락바퀴(방추차)와 '부인대(夫人帶)'라는 명문이 새겨진 은제허리띠의 끝장식이 발굴되어 왕비의 무덤이라는 사실을 알 수 있었다.

황남대총에서 정문 방향으로 솔숲 사이에 고요함이 깃든 미추왕릉이 자리한다. 대릉원의 고분 중에서 유일하게 능문이 세워져 있다.

미추왕은 신라 제13대 왕이다. 〈삼국사기〉에는 "미추왕은 백성에 대한 마음이 깊어 다섯 사람의 신하를 각지에 보내 백성의 생활을 듣게 하였다. 재위 23년 만에 돌아가시니 대릉에 장사지냈다."는 기록이 있다. 이 기록에 의해 미추왕릉과 나머지 고분들을 묶어서 대릉원이라 부르게 되었다.

미추왕릉은 '죽릉' '죽장릉'이라고도 부른다. 미추왕이 죽고 왕위를 이은 유례왕 때의 일이다. 적국인 이서국(지금의 청도 지역 소국)이 갑자기 공격해 와 곤경에 빠졌는데, 어디선가 귀에 대나무잎을 꽂은 군사들이 나타나 순식간에 적을 물리치고 사라져버렸다. 신라 사람들이 신기하게 여겨 대나무잎의 행방을 살펴보니 미추왕릉 앞에 수북하게 쌓여 있었다. 이를 보고 사람들은 미추왕이 죽어서도 나라를 걱정해 대나무잎으로 군사를 만들어 보냈다고 믿었다. 이때부터 '죽릉' 또는 '죽장릉'이라 하였다.

주택과 어우러진 노동리고분군과 노서리고분군

대릉원 후문을 나오면 사거리 양편으로 두 개의 고분군이 눈에 들어온다. 왼편의 것이 노서리고분군이고 오른편의 것이 노동리고분군이다. 경주의 고분들 중에서 사람들과 가장 인접해서 어우러져 있는 고분이 두 고분군일 것이다. 지금은 봉황로라는 도로를 사이에 두고 서로 마주보고 있지만, 도로가 조성되기

전에는 대릉원과도 연결되어 있었을 것이다.

노동리고분과 노서리고분의 특징은 대릉원과 같은 위엄도 위압감도 존재하지 않는다는 점이다. 높다란 담장도, 울타리도 없다. 사람들 사는 집과도 나란히 붙어 있다. 귀중한 문화재인 것은 분명하지만 어렵고 까탈스런 존재가 아닌 편하고 친숙한 친구 같다. 동네에서 흔히 볼 수 있는 공원인데, 고분이 있는 공원이라는 게 다른 점이다.

눈으로 보기에 무덤이 하나만 있는 곳이 노동리고분군이다. 저마다 안내문이 설치돼 있지만 대릉원에서처럼 읽혀지지 않는 것은 잘 알려지지 않은 탓도 있거니와 천마총처럼 눈으로 확인할 수 있는 게 없어서다. 이 고분들 중 금령총, 식리총이 발굴되었다. 봉황대라는 큰 무덤이 있지만 아직 발굴·조사되지 않았다.

경주는 고분의 도시라 할 정도로 많은 고분이 남아 있다.

봉황대는 높이가 무려 22m에 달한다. 너무 커서 무덤이라기보다 자연적으로 형성된 언덕처럼 보인다. 더욱이 커다란 느티나무 두 그루가 봉분 위에 자라고 있어 무덤이라는 인상을 받기 어렵다. 규모로 보아서는 왕의 무덤일 거라 생각되지만 발굴이 이뤄지지 않아 정확한 것은 알 수 없다. 봉황대는 고려 태조 왕건과 관련된 이야기가 전하는 것으로 유명하다.

왕건은 후삼국을 통일하기 위해 신라를 멸망시키기 위한 계책으로 풍수지리의 대가인 도선과 모의했다. 도선은 경주가 풍수지리상 배가 떠 있는 형상이니 배를 침몰시켜야 빨리 신라가 망할 것이라고 왕건에게 조언했다. 왕건은 풍수가를 신라에 보내 "경주는 봉황의 모습인데, 지금 그 봉황이 날아가려 한다. 봉황의 알을 만들어 봉황이 날아가지 않도록 한 뒤 맑은 물을 좋아하는 봉황을 위해 샘물을 파고, 날갯죽지에 금을 넣어두라."고 거짓을 유포했다. 신라에서는 시내 곳곳에 무덤 같은 알을 만들고 샘을 팠다. 봉황의 알은 흙으로 산을 만들어 배를 무겁게 한 것이고, 샘을 판 것은 배 바닥에 구멍을 뚫은 것이나 마찬가지였다. 날갯죽지에 금을 박은 것은 돛대를 부러뜨리는 것이었다. 왕건은 거짓 풍수로 신라의 멸망을 재촉했고, 신라는 아무것도 모른 채 스스로 멸망을 재촉했다. 이때 만든 봉황의 알이 봉황대라고 한다.

금령총은 봉황대 남쪽에 있는 작은 무덤이다. 밑지름 16m 정도의 무덤으로 규모도 작지만 봉분이 거의 남아 있지 않아 무심코 지나치기 쉽다. 1924년 일본인 우메하라에 의해 발굴되었다. 덧널 내부에서 금관·귀걸이·팔찌·허리띠·신발·쇠솥·옷칠그릇·유리그릇·토기 등이 출토되었다. 특히 배모양토기와 기마인물형토기가 출토되어 당시의 의복과 생활을 짐작케 해주는 좋은 자료로 평가된다. 고분의 크기가 소규모지만 출토품이 화려하고 장신구의 크기가 작은 점 등으로 보아 신라 왕자의 무덤으로 추정된다.

노서리고분은 노동리고분군과 마주하고 섰다. 여기에는 총 14기의 무덤이 있는데, 이 중 1921년에 발굴된 금관총, 1926년에 발굴된 서봉총, 1946년에 발굴된 호우총, 1953년에 발굴된 마총과 1963년에 발굴된 쌍상총이 있다.

호우총은 우리 학자들의 손으로 발굴한 최초의 신라 고분이라는 점에서도 소중하지만, 고구려 광개토대왕의 이름이 새겨진 청동그릇이 발굴됨으로써 당시 신라가 고구려의 영향력 아래 있었다는 것을 증명하고 있다. 청동그릇은 '을묘년국강상광개토지호태왕호우'라고 새겨진 명문으로 보아 광개토대왕이 죽은 지 2년 뒤인 415년에 만들어진 것으로 보인다.

신라시조 박혁거세의 무덤, 오릉

경주 시내에서 경부고속도로로 가는 길목에 신라의 시조 박혁거세의 능으로 알려진 오릉이 있다.

오릉에 가보면 한 가지 의문점을 가지게 된다. 무덤이 하나가 아니라 다섯 기라는 점이다. 오릉이 단순한 무덤 이름이라면 박혁거세의 능이라고 쉽게 생각할 수 있겠으나, 여러 개여서 어느 것이 박혁거세의 능이고 나머지는 누구의 무덤인지 궁금해진다. 이러한 궁금증은 〈삼국유사〉와 〈삼국사기〉의 기록을 통해서 어느 정도 해소가 가능하다.

〈삼국유사〉의 박혁거세에 대한 기록을 보면 다음과 같이 적혀 있다.

"나라를 다스린 지 61년 되던 어느 날 왕이 하늘로 올라갔는데, 7일 후에 죽은 몸뚱이가 땅에 흩어져 떨어졌다. 그러더니 왕후도 역시 왕을 따라 세상을 떠났다. 나라 사람들은 이들을 합해서 장사지내려 했다. 그러나 큰 뱀이 나타나 이를 방해하므로 오체를 각각 장사지내 오릉을 만들고, 또한 능의 이름을 사릉이라고 했다. 담황사 북릉이 바로 이것이다."

오릉 입구에 홍살문을 세운 기둥은 원래 당간지주로 이곳에 담엄사가 있었다는 설과 일치해 이곳이 박혁거세의 능이라는 것을 입증하는 증거이기도 하다. 반면 〈삼국사기〉에는 오릉이 박혁거세와 제2대 남해왕, 제3대 유리왕, 제5대 파사왕 등 4명의 바씨 임금과 박혁거세의 왕후인 알영왕비 등 5명의 무덤이

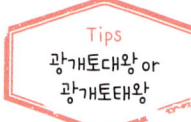

Tips
광개토대왕 or
광개토태왕

광개토대왕의 시호는 '국강상광개토경평안호태왕(國岡上廣開土境平安好太王)'이다. 이를 줄여서 광개토대왕, 호태왕으로 부르기도 한다. '국강상'은 광개토대왕이 묻힌 장소, '광개토경'은 영토와 세력을 넓혔으며, '평안'은 나라와 백성을 평안하게 다스렸음을 의미한다. '호태왕'은 위대한 왕을 뜻한다.

라 되어 있다. 두 기록이 서로 달라 어느 것이 진실인지 확인할 수는 없다. 다만 오릉이 박혁거세의 능이라는 것에는 신뢰성이 떨어지는 게 사실이다. 그 이유는 무덤의 형식에서 찾을 수 있다.

오릉은 발굴 조사되지 않아서 각 무덤의 내부구조는 알 수 없다. 그러나 무덤의 겉모습으로 봐서는 둥글게 흙을 쌓아올린 원형봉토분이다. 가장 남쪽에 있는 1호 능이 높이 10m로 가장 크며, 2호 능은 표주박형으로 봉분이 두 개인 2인용 무덤이다. 정확히 말하면 오릉이 아니라 6개의 능이 있는 셈이다. 또한 이 같은 대형 원형봉토분은 4세기 이후에 신라에 등장하는 돌무지덧널무덤으로 추정돼 박혁거세(BC 69~AD 4) 당시의 무덤은 아니라는 것이다. 결국 오릉은 무덤의 주인이 누구인지도 모르고, 정말 오릉이라는 증거도 확인되지 않은 미스터리한 무덤이다.

사적 제512호

천마총

황남동고분군을 정비해 대릉원이라 이름한 고분공원 안 서북쪽에 위치한 고분. 본래 경주 155호분이라고 불리다가 1973년 발굴할 때 천마를 그린 마구 장비가 발견되어 천마총이라는 이름이 붙었다. 지금은 고분 내부를 복원하여 관람할 수 있도록 하였는데, 신라의 무덤 양식 인 돌무지덧널무덤의 양식을 잘 살펴볼 수 있다.

Open 08:30~18:00 **Cost** 어른 2000원 청소년 1200원 어린이 600원 **Tel** 054-772-6317

황남대총

단릉이 아닌 합장릉이다. 하나의 무덤에 두 구의 시신을 안치한 것은 아니고 무덤 옆에 또 하나의 무덤을 잇대어 조성했다. 전체적인 모습은 쌍봉낙타의 등처럼 두 개의 봉분이 굴곡져 있다. 두 기의 무덤 중 남쪽의 무덤은 왕, 북쪽의 무덤은 왕비의 것이다. 왕의 무덤에서는 60세 전후로 보이는 남자의 유골 일부와 무기와 생활용품 등이, 왕비의 무덤에서는 방적기구인 가락바퀴와 장신구 등이 많이 나왔다.

Open 08:30〜18:00 **Cost** 어른 2000원 **청소년** 1200원 **어린이** 600원 **Tel** 054-772-6317

© 경주시청

미추왕릉

사적 제175호

신라 최초의 김씨 왕인 미추 이사금(재위 262~284)의 능이다. 미추왕은 여러 차례 백제의 공격을 막아내고 농업을 장려했다. 〈삼국사기〉에는 미추왕이 나라를 사랑하는 마음이 깊어 죽어서도 신라가 위험에 처했을 때 대나무잎을 꽂은 군사를 보내 도왔다는 기록이 전한다. 무덤 앞에 혼이 머무는 자리인 혼유석이 있다.

Open 08:30~18:00 Cost 어른 2000원 청소년 1200원 어린이 600원 Tel 054-772-6317

노동리 고분군

고려 태조 왕건이 도선국사의 도움으로 풍수지리를 이용해 신라의 멸망을 스스로 재촉하게 했다는 설화가 전하는 봉황대라는 큰 무덤이 있다. 봉황대 남쪽에는 무덤의 규모는 작지만 기마인물형토기 두 점이 출토된 금령총이 있다. 1970년대에 고분을 정비할 때 고분들 사이의 집을 허물고 고분 위에 자란 나무들은 캐냈으나 봉황대는 나무가 자란 채로 그대로 두었다. 마치 자연이 만든 분재 같다.

🏛 노서리 고분군

노동리고분군과 길 하나를 사이에 두고 마주한 노서리고분군에는 총 14기의 무덤이 있다. 이 중에는 1921년 발굴 당시 신라 금관이 출토된 금관총과 1946년에 우리 학자들의 손으로 처음 발굴한 신라 고분인 호우총이 유명하다. 금관총은 1921년 신라 고분 가운데 처음으로 금관이 발견돼 이름 지어졌으며, 경주의 고분 발굴에 대한 관심을 높이는 결정적인 계기가 되었다. 호우총에서는 5세기 초 신라와 고구려 간 힘의 역학관계를 증명해주는 '광개토대왕'의 명문이 적힌 청동그릇이 발견되었다.

2011년 7월 인접지역 고분군 통합에 따라 노동리 고분군 등과 함께 사적 제512호 '경주 대릉원 일원'으로 재지정되었다.

사적 제172호

🏛 오릉

〈삼국유사〉에는 신라의 시조 박혁거세의 능이라고 전하고, 〈삼국사기〉에는 박혁거세와 알영왕후, 제2대 남해차차웅, 제3대 유리이사금, 제4대 파사이사금의 무덤이라고 기록하고 있다. 능은 원형봉토분으로 남쪽에 있는 1호 능이 가장 높고 크다. 2호 능은 봉분이 두 개인 2인용 무덤이다. **Open** 하절기 09:00~18:00 동절기 09:00~17:00 **Cost** 어른 1000원 청소년 600원 어린이 400원 **Tel** 054-772-6903

사적 제161호

**동부
사적지대**

동부사적지대는 경주시 황남동, 인왕동 일대 신라 유적이 집중적으로 분포된 곳이다. 월성을 비롯해 첨성대, 임해전지 등도 포함하는 지역이나 이들 유적은 각각 별개의 사적으로 지정되었다. 유네스코에서 세계문화유산으로 지정되면서 월성지구와 구분하였고 월성지구 내 고분들을 동부사적지대에 포함시켰다. 고분들 중에는 내물왕릉도 있으나, 이는 별도의 사적으로 월성지구에 포함되었다.

사적 제246호

재매정

김유신 장군의 집이 있었던 자리로 추정되는 곳에 있던 우물. 김유신이 오랜 기간 집을 비우고 전장을 오갈 때, 집 앞을 지나면서 가족을 보지도 않고 말 위에서 우물물을 마시고는 "우리 집 물맛은 옛날 그대로구나" 하고 떠났다는 이야기가 전해지고 있다. 우물 옆 비각에 조선 고종 9년(1872) 이만운이 쓴 비석이 있다.

동양 최대의 절터

황룡사지구

Info 문화유산 정보

등재시기 2000년 12월

등재이유 ① 황룡사 구층목탑 등 발굴을 통해 신라시대 웅장했던 대사찰의 규모를 짐작할 수 있다.

② 출토된 4만여 점의 유물은 신라 역사를 연구하는 귀중한 자료가 된다.

③ 독특하거나 지극히 희귀하거나 혹은 아주 오래된 유산

분황사 옆 논 가운데에 황량한 들판이 눈에 띈다. 자칫 무관심 속에 지나치기 쉬운 황룡사터다. 눈에 보이는 건 넓은 땅과 큼지막한 돌덩이뿐이다. 그렇지만 이곳이 신라 제일이자 동양 최대의 절인 황룡사가 있던 자리다.

경주를 여행하다 보면 참으로 많은 절을 만난다. 세계문화유산으로 등재된 불국사를 비롯해 신라에 처음으로 세워진 흥륜사, 선덕여왕과 인연 깊은 분황사, 한국의 둔황석굴이라는 골굴사, 건칠보살상이 모셔진 기림사, 문무왕의 호국룡 전설이 서린 감은사지 등등 헤아릴 수 없을 정도로 절이 많다. 아마도 신라 땅에 부처가 살고 있다고 믿었던 사람들이 불국토를 염원하며 절을 세웠던 듯하다.

경주의 수많은 절 중에서 가장 중심이 되는 곳은 어디일까? 아마도 지금은 흔적으로만 남아 있는 황룡사가 아니었을까. 왕궁인 월성에서도 지척이고, 2만여 평이 넘는 규모에 엄청난 크기의 목탑과 불상이 있었던 것으로도 황룡사의 존재가치를 짐작할 수 있다. 불행하게도 오늘날 황룡사에는 아무것도 남아 있지 않다. 논 가운데 절터와 구층목탑과 건물이 서 있었을 것으로 보이는 자리에 돌들만 남아 있다. 흔적만으로 웅장했을 절의 모습을 상상할 수 있다. 그렇지만 상상할 수 있는 이들은 얼마 되지 않는다. 대부분의 여행자에게는 그저 들판에 널브러진 돌에 불과하다. 있으되 아무것도 없는 것과 마찬가지인 상태다.

우리에게 필요한 것은 황룡사에 옷을 입히려는 노력이다. 물론 아무런 옷이나 걸치게 해서는 안 된다. 황룡사가 본래 입고 있던 옷이 무엇인지 찾아내 제 옷을 입혀야 한다. 그러기 위해서는 황룡사가 어떤 옷을 입고 있었는지 밝혀야 한다. 그리고 제 모습을 찾은 황룡사를 머릿속에 떠올리면 신라 제일의 절 모습이 그려질 테다.

신라 제일의 사찰, 황룡사지

　분황사 옆 논 가운데 황량한 들판이 눈에 띈다. 자칫 무관심 속에 지나치기 쉬운 황룡사터다. 비록 눈에 보이는 건 넓은 땅과 큼지막한 돌덩이뿐이다. 그렇지만 이곳이 신라 제일이자 동양 최대의 절인 황룡사가 있던 자리다. 황룡사는 칠처가람터의 하나로 규모나 사격이 신라의 국찰로 손색이 없었다. 신라의 왕은 국가에 큰일이 있을 때마다 강당에 친행해 100명의 고승이 모여 강하는 백고좌강회를 열어 불보살의 가호를 빌기도 했다.

　본래 황룡사 자리는 궁궐을 지으려던 땅이다. 〈삼국유사〉에 따르면 제24대 진흥왕 14년(553) 2월에 월성 동쪽에 새로운 궁궐을 짓는데 황룡이 나타났다. 왕은 이를 기이하게 여기고 궁궐을 절로 고쳐 황룡사라 하고 17년 후인 569년에 담을 쌓아 완공했다. 그러나 황룡사가 온전하게 제모습을 갖춘 것은 오랜

황룡사 구층목탑이 세워졌던 자리와 황룡사지 전경

국립경주박물관에 재현해 놓은 황룡사 가람배치

시간이 흐른 뒤다. 진흥왕 35년(574) 본존불인 금동장륙상이 조성되었다. 구층 목탑이 세워진 것은 제27대 선덕여왕 14년(645)의 일이다. 이처럼 황룡사는 진흥왕에서 진지왕, 진평왕을 거쳐 선덕여왕에 이르기까지 4대왕 93년이라는 긴 시간에 걸쳐 지어진 큰 절이다.

　지금 황룡사에 남아 있는 것은 건물과 불탑, 불상의 자리를 알려주는 초석뿐이다. 별것 아닌 것 같지만 이것들은 황룡사의 실체를 규명하는 귀중한 자료다. 이를 토대로 황룡사의 구조를 살펴보면 신라의 전형적인 가람배치 형식인 일탑식임을 알 수 있다. 남북일직선상에 남문, 중문, 불탑, 중금당, 강당을 차례로 두었다. 중문에서 강당까지는 사각형의 회랑을 둘렀다. 중금당 좌우에 2채의 금당을 병렬로 배치했고, 그 앞에 경루와 종루를 두었다. 전체적인 가람배치는 백제의 일탑일금당식 가람배치를 따르고 있지만, 불전 좌우에 각각의 불전이 놓인 것은 고구려의 일탑삼금당식 가람배치의 영향을 받은 것으로 보

황룡사지에서 출토된 치미와 신라에서 가장 오래된 탑인 분황사모전석탑

인다.

황룡사터 중앙의 중금당에는 건물 초석과 함께 돌로 만든 큰 대좌들이 남아 있다. 황룡사에 모셨던 불상을 세웠던 흔적이다. 중앙에는 불상과 보살상, 양 옆으로 십대제자상과 두 구의 신장상을 세웠다. 불상과 보살상을 세웠던 대좌 에는 가운데 두 개의 구멍과 뒤쪽에 한 개의 구멍이 있다. 가운데 구멍은 불상 을, 뒤쪽 구멍은 광배를 고정시켰던 자리다. 신라의 삼보 중 하나인 황룡사장 륙상을 세웠던 것이다.

황룡사장륙상에 대해서는 〈삼국유사〉에 설명되어 있다.

"(인도) 아육(아소카)왕이 부처에게 공양을 하고자 금과 쇠를 모아 세 번이나 장륙존상을 조성하려 했으나 모두 실패했다. 이때 태자가 홀로 일을 거들지 않 아 왕이 그 까닭을 물으니, 혼자 힘으로는 성공하지 못할 것을 이미 알고 있었 다고 말했다. 왕은 태자의 말을 옳게 여겨 재료를 배에 싣고 남인도의 16개 나라와 중국, 주변 소국과 촌락을 두루 다니며 불상을 조성하려 했으나 성공하지 못했다. 최후로 신라에 이르러 진흥왕이 문잉림에서 장륙존상을 주조하였다."

불상은 진흥왕 34년(573) 10월에 주조하기 시작해서 이듬해인 574년 3월에 완성했다. 무게는 3만 5007근으로 황금 1만 198푼이 들었고, 두 보살은 철 1만 2000근과 황금 1만 136푼이 들었다고 한다. 높이는 1장 6척이므로 4.5~5m 정도의 큰 불상이다.

중금당 앞이 구층목탑이 서 있던 자리다. 1976년부터 10년간 발굴조사를 통해 정면과 측면이 모두 7칸이고, 1층 탑신에는 중앙의 심초석을 중심으로 모두 64개의 초석이 놓였다는 것을 밝혀냈다. 각 초석은 지름 약 1m 내외로, 사방에 8개씩 질서정연하게 놓여 있다. 한 변의 길이가 22.2m인 정사각형 자리에 높이는 상륜부 42척(약 15m), 탑신부 183척(약 65m), 전체 225척(약 80m)의 거대한 탑이 서 있던 것이다.

〈삼국유사〉에는 당나라에 유학한 자장이 중국 태화지 옆을 지나는데 신인이 나타나 "그대의 나라는 여자를 왕으로 삼았으니 덕은 있으되 위엄은 없다. 그런 탓에 이웃 나라에서 침략을 도모하는 것이니 어서 돌아가라. 황룡사의 호법용은 나의 큰아들로 범왕의 명을 받아 절을 보호하고 있으니 절 안에 구층탑을 세우라. 그러면 이웃 나라들은 항복할 것이며, 구한이 와서 조공을 하여 왕업이 길이 편안할 것이요. 탑을 세운 뒤에 팔관회를 열고 죄인을 용서하면 외적이 해치지 못할 것이다."라고 하였다.

선덕여왕 12년(643) 자장은 당나라 황제가 준 불경, 불상, 가사 등을 가지고 신라로 돌아와 불탑을 세울 것을 왕에게 청했다. 이에 백제의 장인 아비지가 구층목탑 조성을 주관했다. 그가 거느리고 일한 장인이 200명이나 되었다.

아비지는 처음 절의 기둥을 세우던 날 백제가 멸망하는 꿈을 꾸고는 마음속에 의심이 일어나 일을 멈췄다. 갑자기 땅이 진동하고 하늘이 어두워지더니 노승 한 사람과 장사 한 사람이 금전문에서 나와 그 기둥을 세우고는 사라졌다. 아비지는 일손을 놓은 것을 후회하고 불탑을 완성하였다. 구층목탑이 완성되자 자장은 중국 오대산에서 가져온 부처의 진신사리 100알을 탑 기둥 속과 통도사 금강계단, 대화사 불탑에 나누어 봉안했다.

신라의 승려 안홍이 지은 〈동도성립기〉에는 구층목탑의 1층은 일본, 2층은 중화, 3층은 오월, 4층은 탁라, 5층은 응유, 6층은 말갈, 7층은 단국(거란), 8층은 여적(여진), 9층은 예맥을 진압시킨다고 하였다.

이처럼 웅장했던 황룡사의 모습은 고려 고종 25년(1238) 몽고군의 침략으로 역사 속에서 사라졌다. 경주 전역이 불길에 휩싸였고 화마는 황룡사에도 뻗쳐 황룡사의 모든 것을 삼켜버렸다. 자장이 〈보살계본〉을 강설하고 원효가 〈금강삼매경론〉을 연설한 화려하고 웅장했던 건물도, 신라삼보인 장륙상과 구층목탑도, 성덕대왕신종보다 4배나 더 큰 종도 이때 사라지고 말았다.

신라 석탑의 시작, 분황사 모전석탑

황룡사 북쪽으로 접해 있는 분황사는 선덕여왕 3년(634) 창건되었다. 전불시대 칠처가람터의 하나로 성스럽게 여겨졌다. 황룡사가 나라와 백성의 평안을 위한 절인 반면 분황사는 왕실의 안녕을 기원하는 절이다.

분황사를 대표하는 것은 분황사 모전석탑이다. 신라의 불탑 가운데 가장 오래된 분황사 모전석탑은 화강암으로 조성한 일반적인 불탑과는 재료도, 모양새도 사뭇 다르다. 마치 건축물처럼 육중해서 불탑이라는 말이 잘 어울리지 않는 특별함을 지녔다.

분황사모전석탑의 '모전(模塼)'이란 '벽돌을 모방하다'는 의미다. 모전석탑은 돌을 벽돌 모양으로 다듬어 쌓은 불탑이다. 돌을 자르고 다듬어 건물을 짓듯 하나하나 올렸으니 규모가 커지는 건 당연한 일인지 모른다. 그럼에도 분황사모전석탑은 영양산해리오층모전석탑(일명 '봉감모전석탑'), 제천 장락동 칠층모전석탑, 강진 월남사지 삼층석탑에 비해 훨씬 크다. 기단의 한 변이 무려

**Tips
신라삼보**

신라삼보란 호국을 상징하는 국가적인 보물인 황룡사장륙상, 황룡사구층탑, 천사옥대 등 세 가지를 말한다. 천사옥대는 진평왕이 왕위에 오른 뒤 상황이 보낸 천사에게 전해 받은 옥대라고 적혀 있다. 진평왕은 하늘과 땅에 제사 지낼 때와 종묘에 제사 지낼 때 반드시 옥대를 허리에 둘러 왕의 신성성과 권위를 나타냈다.

탑이라기보다 건축물에 가깝게 보이는 분황사모전석탑

13m에 달한다. 단층으로 쌓은 기단도 높이가 약 1.06m다. 탑신도 3층만 남아 있지만 원래는 9층이었다는 기록이 있다.

기단 위 네 귀퉁이에는 화강암으로 조각한 사자가 한 마리씩 앉아 있다. 불탑을 지키는 수호지답게 힘차고 당당한 모습을 한 사자는 수컷 두 마리, 암컷 두 마리다. 육중한 탑신 1층에는 4면에 입구가 열려 있는 감실을 두고 두 짝의 돌문을 달았다. 감실 안에는 머리가 없는 불상이 놓여 있으나 불탑을 조성할 당시부터 있던 것은 아니다. 돌문에는 양쪽으로 반라의 인왕상을 세웠다. 인왕상은 불법을 수호하는 신에 걸맞게 강인한 힘이 느껴지며, 자세히 살펴보면 저마다 무늬가 다른 옷을 걸쳤다.

일제강점기인 1915년 일본인이 수리했는데, 2층과 3층 사이에서 사리장엄구를 비롯해 병 모양의 그릇, 실패와 바늘, 침통, 은합, 금은제 가위 등이 발견되었다. 이 유물들은 선덕여왕을 위해 분황사를 건립하고 모전석탑을 세웠다는 것을 뒷받침한다고 볼 수 있다. 현재 분황사모전석탑에서 나온 유물은 국립경주박물관에 옮겨져 있다.

모전석탑과 보광전 사이에는 삼룡변어정이란 우물이 있다. 화강암을 팔각형으로 깎아 겉모양을 만들었는데, 팔각은 부처가 가르친 팔정도를 상징한다. 전설에 따르면, 제38대 원성왕 때 호국룡 세 마리가 이 우물에 살고 있었다고 한다. 원성왕 11년(795) 당나라 사신이 돌아가면서 술수를 부려 용을 물고기로 변하게 한 뒤 몰래 가졌는데, 왕이 이 사실을 듣고 사신을 다시 불러들여 용을 되찾았다고 한다.

분황사를 이야기할 때 빠지지 않는 인물이 원효다. 원효가 〈화엄경〉 60권을 10권으로 해석한 〈화엄경소〉, 신라의 호국경전 중 하나인 〈금광명경〉을 해설한 〈금광명경소〉 등 방대한 불서를 저술한 장소가 분황사이기 때문이다.

원효와 요석공주 사이에서 태어난 설총은 원효가 죽자 아버지에 대한 그리움으로 원효의 유해와 진흙을 섞어 소상을 만들었다. 그리고 분황사에 안치해 공경하고 사모하는 마음을 다했다. 어느 날 설총이 정면이 아닌 옆에서 절을 하자 소상이 갑자기 고개를 돌려 설총을 보았다고 한다. 소상은 일연이 〈삼국사기〉를 저술할 때까지 고개를 돌린 채로 있었다고 한다.

월성에 있던 7군데의 전불시대 절터. 전불시대는 석가모니 이전에 세상에 출현했다는 일곱 부처의 시대다. 〈삼국유사〉에 의하면 칠처가람터는 불법이 길이 유행하던 땅이다. 일곱 개의 절터는 금교 동쪽 천경림(흥륜사), 삼천기(영흥사), 용궁의 남쪽(황룡사), 용궁의 북쪽(분황사), 사천의 끝(영묘사), 신유림(천왕사), 서청전(담엄사) 등이다.

사적 제6호

황룡사지

동양 최대의 절인 황룡사가 있던 터. 황룡사는 553년부터 645년까지 4대왕을 거치며 93년이라는 긴 시간에 걸쳐 완공됐다. 고려시대인 1238년 몽고군의 침략으로 불에 타 사라진 것을 1976년부터 10년간 발굴조사를 통해 구층목탑을 비롯 금당, 강당, 경루, 종루, 남문, 중문, 회랑 등의 자리를 확인했다. 현재는 각 자리에 건물과 불탑, 불상의 자리를 알려주는 초석만 남아 있다. 몽고 침략 때 황룡사의 자랑이었던 구층목탑과 장륙상이 불에 타 없어졌다.

국보 제30호

**분황사
모전석탑**

선덕여왕 3년(634) 분황사가 창건될 때 함께 세워진 것으로 추정된다. 신라의 석탑 중 가장
오래된 것으로 일반적인 석탑양식과는 달리 돌을 벽돌처럼 다듬어 만든 모전석탑이다. 기단
을 단층으로 하고 그 위 네 모서리에 화강암으로 조각한 사자를 한 마리씩 배치했다. 초층탑
신 4면에 감실을 파고 화강암으로 돌문을 달았다. 돌문에는 입체감이 돋보이는 인왕상을 새
겼다.

Open 08:00~18:00 **Cost** 어른 1300원 청소년 1000원 어린이 800원 **Tel** 054-742-9922 **Web**
www.bunhwangsa.org

경주를 방어하는 동쪽 요새

명활성

명활성은 명활산 골짜기를 감싸고 있는 포곡형 산성이다. 비록 발굴을 통해 복원한 성벽 구간은 50m 남짓이나 본래 토성 약 5km, 석성 약 4.5km나 되는 엄청난 길이의 성이다.

경주역사유적지구가 유네스코 세계문화유산으로 등재되었을 때, 낯선 이름 하나가 눈에 들어왔다. 산성지구의 명활성이다. 남산, 월성, 대릉원, 황룡사지구는 너무도 친숙한 곳이라 반가운 마음이 앞섰다. 그런데 명활성은 느낌이 달랐다. 잘 알지 못하는 곳이다 보니 '여긴 어디지?' '경주에 이런 곳도 있었나?' 하는 생각이 먼저 들었다.

모르고 있었으니 명활성이 어떻게 생겼는지, 역사적으로 얼마나 중요한지 알 턱이 없다. 무수히 경주를 오가면서도 한 번도 가보지 않았음이 창피하고 미안했다. 부랴부랴 지도를 찾아들고 위치를 확인했다. 그러면서 또 한 번 놀랐다. 의외로 왕궁인 월성과 너무나 가까운 곳에 있다. 시내에서 보문단지로 가다 보문호 앞 삼거리에서 경주세계문화엑스포공원 방향으로 우회전하면 바로 명활성을 알리는 이정표가 나온다. 신경써서 찾지 않으면 쉽게 지나칠 수도 있다. 도로에서 산성 입구로 접어들면 산성까지 멀지도 않다. 걸어서 5분이면 족하다. 세계유산으로 지정되면서 처음으로 알게 된 명활산성에 올라 그 실체를 찬찬히 살폈다.

Info **문화유산 정보**

등재시기 2000년 12월
등재이유 ① 신라의 축성술 연구에 귀중한 자료
　　　　　 ② 왕경 방어시설의 핵심지구

경주를 지키고자 하는 마음, 명활성

성이란 외적의 침입에 대비해 흙이나 돌을 높이 쌓아 올린 큰 담이다. 단순히 외적에 대한 방어기능만 있는 것은 아니다. 지역 공동체 구성원들을 통제하는 행정적인 목적과 그들의 인명과 재산을 보호하는 목적도 포함된다.

조선 세종 때의 학자 양성지는 우리나라를 '성곽의 나라'라고 했다. 성을 쌓는 기술이 뛰어나고 그 수도 많았기 때문이다. 성곽 중에서도 가장 많은 것은 산성이다. 산지가 대부분인 지형적 특성을 이용해 산성을 많이 축조한 탓이다. 그래서 얻은 이름이 '산성의 나라'다.

육지로는 고구려, 백제와 연해 있고, 바다에서는 왜적이 호시탐탐 노략질의 기회를 엿보고 있는 상황에서 신라의 왕들은 전국에 산성을 축조하였다. 그중에는 수도 경주를 보호하기 위한 산성도 여럿이다. 경주의 동쪽 관문에 쌓은 명활성은 남산성, 선도산성, 북형산성, 부산성 등과 함께 수도를 방어하는 역할을 담당했다.

명활성은 명활산 골짜기를 감싸고 있는 포곡형 산성이다. 비록 발굴을 통해 복원한 성벽 구간은 50m 남짓이나 본래 토성 약 5km, 석성 약 4.5km나 되는 엄청난 길이의 성이다. 허나 안타깝게도 언제 누가 무슨 이유로 성을 쌓았는지는 알 수 없다. 제18대 실성왕 4년(405) 명활성에 침입한 왜적을 물리쳤다는 〈삼국사기〉의 기록으로 보아 그 이전에 쌓았음을 짐작할 수 있다.

성을 쌓은 방식도 토성과 석성이 섞여 있는 것으로 처음에는 흙으로 성을 쌓았다가 후대에 돌로 쌓았다. 돌로 성을 쌓을 때도 다듬지 않은 돌을 사용해 신라 초기의 산성임을 말해준다.

성벽은 바깥쪽만 돌로 벽을 만들어 경사가 급하고 안쪽은 흙과 돌을 다져서 밋밋하게 쌓아 올렸다. 이렇게 쌓는 것을 '내탁법'이라고 한다. 삼국시대에 만들어진 산성은 대부분 내탁법을 사용했다. 내탁법의 산성이 적으로부터 성을 방어하기 편리해서다. 반면 우리가 영화나 드라마에서 흔히 볼 수 있는, 성벽의 안과 밖을 모두 수직에 가까운 벽으로 쌓는 것을 협축법이라 한다.

명활성이 경주를 지키는 전략적 요충지이며, 중요한 장소였음을 알려주는 사례는 역사기록을 통해서 알 수 있다. 〈삼국사기〉 직관지에는 '명활전'이라는 것이 보이는데, 이는 명활성을 관장하는 관청으로 추정된다. 그만큼 명활성이 중요했음을 알려주는 단서다.

역사적으로 중요한 사건도 많다. 제19대 눌지왕 15년(431)에는 왜적이 이곳을 포위하고 점령하려 했다. 제20대 자비왕 16년(473)에는 산성을 고쳐 쌓았는데, 이는 자비왕 2년(459) 7월에 동해안에 침입한 왜적이 경주까지 쳐들어와 월성을 포위한 적이 있었기에 수도 방어를 튼튼하게 하기 위한 것으로 보인다. 18년(475)부터 제21대 소지왕 10년(288)까지 왕이 명활성으로 들어가 거주했다. 당시에는 고구려가 삼국 중 가장 번성한 때다. 광개토대왕이 영토를 확장하면서 백제의 개로왕이 아차성에서 죽고 백제는 한성(서울)에서 웅진(공주)으로 천도했다. 신라도 고구려의 영향력에서 벗어날 수 없었다. 죽령과 동해안을 통해 끊임없이 위협을 받았다. 이런 시대적 상황을 종합해보면 자비왕이 명활성으로 들어간 것은 고구려의 남진에 대비한 것임을 알 수 있다.

명활성을 쌓은 내용을 기록한 명활산성작성비

비담의 난 근거지

명활성에서 일어난 가장 큰 사건으로 '비담의 난'을 꼽을 수 있다. 비담은 2009년 방영한 TV 드라마 '선덕여왕'에서 선풍적인 인기를 끌었던 인물이다. 드라마에서는 진지왕과 미실 간의 사생아로 등장했다. 그러나 그의 출생연도, 부모 등에 대한 기록은 전혀 없다. 다만 〈삼국사기〉에 선덕여왕 14년(645)에 화백회의 수장인 상대등에 올랐으며, 647년 선덕여왕을 폐하고 스스로 왕위에 오르고자 반란을 일으켰다가 10일 만에 진압당해 구족이 멸했다는 기록이 있을 뿐이다.

비담이 난을 일으키고 근거지로 삼은 장소가 명활성이다. 상대등이 된 비담은 정치 주도권을 놓고 김춘추, 김유신과 경쟁했다. 하지만 세력이 밀리게 되자 선덕여왕이 정치를 잘못한다는 이유를 내걸어 염종 등 진골 귀족들과 함께 반란을 일으켰다. 선덕여왕을 폐하고 스스로 왕이 되고자 하는 이유에서다. 반란의 규모는 매우 컸고 사태도 위급하게 전개되었다.

명활성은 경주 동쪽을 방어하는 전략적 요충지다.

반란의 이면에는 왕권을 중심으로 한 중앙집권화정책을 강력하게 추진하려는 왕실과 자신들의 위치를 불안하게 여긴 귀족 간 힘의 논리가 작용했다. 김춘추, 김유신과 손을 잡고 중앙집권화를 강력히 추진하는 선덕여왕에 반대해 신라 최고 관직인 상대등을 중심으로 귀족이 불만을 표출한 것이다.

왕권을 노려 반란을 일으킨 비담은 명활성에 웅거하고, 김유신이 지휘하는 왕군은 월성에 집결해서 격전이 벌어졌다. 10여 일 동안 공방이 벌어졌지만 승부는 좀처럼 나지 않았다. 그러던 어느 날 밤 월성에 큰 별이 떨어지는 사건이 일어났다. 비담은 이를 보고 여왕이 패전할 조짐이라며 군사들의 사기를 복돋웠다. 이에 김유신은 율동의 성부산에서 허수아비를 만들어 불을 붙인 뒤 연에 매달아 하늘로 띄웠다. 그리고는 사람들을 시켜 "어젯밤에 떨어진 별이 다시 하늘로 올라갔다"고 하여 군사들의 사기를 독려했다. 비로소 10일 만에 난을 진압하고 비담을 잡아 구족을 멸하였다. 난이 벌어진 와중에 선덕여왕은 병환으로 죽고, 진덕여왕이 제28대 왕으로 즉위했다.

비담의 난 이후 왕권을 견제하려던 귀족세력은 점차 후퇴하고, 김춘추가 무열왕으로 등극하면서 강력한 중앙집권국가 체제를 성립하였다.

성을 쌓고 이를 기록으로 남기다, 명활산성작성비

1988년 8월. 명활성에서 엄청나게 중요한 일이 발생했다. 명활성 내에서 포도농사를 짓던 농부가 성벽지에서 성벽 일부가 빗물에 드러나면서 모습을 보인 비석을 발견했다. 높이 66.8cm, 두께 16.5cm의 직사각형 비석에는 전면이 꽉 차도록 글자가 뚜렷하게 적혀 있었다. 글자를 확인하니 명활성을 쌓을 당시의 기록이었다. 비문은 9행, 총 148자로 쓰였다.

Tips 산성의 형식

산성은 입지조건과 지형 선택 기준에 따라 테뫼식과 포곡형으로 구분된다. 산봉우리를 중심으로 정상 주위에 머리띠를 두른 것처럼 축조한 산성을 테뫼식이라 한다. 보통 규모가 작은 산성에 사용된다. 산성 안에 넓은 계곡을 포함하고, 주위의 산릉에 따라 성을 쌓은 것을 포곡형이라 한다. 성의 길이가 2000m 내외지만 6000m 이상의 대형 산성도 적지 않다.

辛未年十一月中作城也上人羅頭本波部
伊皮尔利吉之郡中上人烏大谷仇智支下干支
匠人比智烋波日幷二人抽兮下干支徒作受長四步
五尺一寸　叱兮一伐徒作受長四步五尺一寸
利波日徒受長四步五尺一寸合高十步長十
四步三尺三寸此記者古他門中西南回
行其作石立記衆\人至十一月十五日
作始十二月二十日了積卅五日也
書寫人須欣利阿尺 (원문)

신미년 11월에 성을 쌓았다. (총책임자) 상인나두는 본파부의 이피이리 길지이고, (다음 책임자) 군중상인은 오대곡의 구지지 하간지이다. 장인 비지휴 파일과 공인 추혜 하간지 등이 길이 4보 5척 1촌을 담당했고, ▨질혜 일벌 등이 길이 4보 5척 1촌을 맡았다. ▨리 파일 등이 4보 5척 1촌을 담당했다. 이를 모두 합하면 높이 10보, 길이 14보 3척 3촌이다. 이 기록은 고타문에서 서남쪽으로 돌아가서 돌을 다듬어 쓰고 적었다. 여러 사람이 와서 11월 15일에 공사를 시작해 12월 20일에 마치니 총 35일이 걸렸다. 서사인은 원흔리 아척이다. (해석)

비문에 새겨진 신미년의 연대에 대해서는 진흥왕 12년(551) 또는 진평왕 33년(611)으로 추정된다. 그러나 성을 쌓는 데 동원된 인부들의 이름을 밝힌 것이나 나두상인이란 글자가 보이는 것이 남산신성비와 성격이 같아 진흥왕 때로 보는 견해가 일반적이다.

내용은 작성 간지가 있는 서누 / 축조공사 총책임자의 인명 / 축성공사 실무자의 인명 및 담당 거리 / 공사 담당 위치 / 작성 참가자의 수 / 공사기간 / 글쓴이의 인명 순으로 기재되어 있다. 이처럼 성을 쌓을 때 비를 세우는 것은 공사에 대한 책임소재를 분명히 하고, 축성에 참가한 사실을 기념하기 위해서다.

비석에 적힌 글자를 통해 신라 진흥왕 대 관직과 직명을 비롯해 1개 집단 안에 3개의 분단으로 편제된 역 동원체제를 이해할 수 있다. 성을 쌓는 데 걸린 공사기간이 35일이라는 것을 통해 역을 동원해 성을 쌓는 데 여러 달이 걸리지 않았음을 알 수 있다.

사적 제47호

경주의 동쪽 명활산에 쌓은 산성. 동해를 통해 경주로 침략하는 적을 막기 위해 쌓은 성이다. 대부분 성벽은 무너져 겨우 몇 군데서만 옛 모습을 확인할 수 있다. 현재 성벽 일부만 정비되어 있다. 정비된 산성은 돌로 축조한 석성이나 본래 토성 약 5km, 석성 약 4.5km로 쌓았다고 한다. 축성연대는 정확히 알 수 없고, 〈삼국사기〉에 실성왕 4년(405) 왜구가 명활성을 공격했다는 기록으로 보아 그 이전에 조성된 것임을 알 수 있다.

가볼 만한 곳 경주

✚ 국립경주박물관 경주를 여행할 때 가장 먼저 방문해야 하는 곳이 국립경주박물관이다. 도시 전체가 박물관이라고 할 만큼 유물과 유적이 넘쳐나지만, 박물관에서 신라 역사에 대한 체계적인 지식을 얻어야 훨씬 유익한 여행을 할 수 있기 때문이다. 경주박물관에서 관람할 곳은 상설전시관 세 곳(고고관, 미술관, 안압지관)과 특별전시관, 야외전시관이다. 고고관은 신라 초기의 유적들이 모여 있는 곳으로 신라를 대표하는 금관, 기마인물형토기 등의 유물을 만날 수 있다. 미술관에서는 임신서기석 등의 금석문, 신라 왕경도 등을 볼 수 있는 역사자료실과 각종 불교 조각품을 볼 수 있다. 안압지관은 임해전지에서 출토된 3만여 점의 유물 가운데 예술성이 뛰어난 것으로 선별해 전시하고 있다. 실내전시관 외에도 반드시 돌아봐야 할 곳이 야외에 전시된 성덕대왕신종, 고선사지삼층석탑을 비롯한 경주 곳곳에서 가져온 석불, 석등 등 불교 관련 석조물이다.

※ **Open** 09:00~18:00(토요일, 공휴일 1시간 연장), 09:00~21:00(3~12월 중 매주 토요일), 매주 월요일 휴관 **Cost** 무료 **Tel** 054-740-7500 **Web** gyeongju. museum.go.kr

✚ 태종무열왕릉 태종무열왕은 본명이 김춘추로 탁월한 정치력과 뛰어난 외교술로 당나라와 연합하여 삼국을 통일하는 대업의 기반을 닦았다. 특히 김유신과는 막역한 친구 사이로, 김유신의 누이동생을 아내로 맞아들였다. 그의 무덤은 선도산 자락의 송림 속에 자리 잡고 있다. 원형봉토분으로 둘레 110m, 높이 11m에 이르며, 봉분 아래에는 자연석을 축대처럼 쌓고 큰 돌을 드문드문 심어 둘레석을 둘렀다. 이 같은 둘레석 구조는 다른 신라 고분의 것보다 한 단계 발전한 형식이다. 능 앞의 비각에는 무열왕의 업적을 기리기 위해 세운 태종무열왕릉비(국보 제25호)가 세워져 있다. 비신은 사라지고 이수와 귀부만 남아 있지만, 현재 남아 있는 이수와 귀부 중에서도 가장 대표적인 것이다. 이수는 가운데 '태종무열대왕비'라는 여덟 글자를 중심으로 양옆으로 용 세 마리가 서로 얽혀 여의주를 받고 있다.

※ **Open** 09:00~18:00 **Cost** 어른 1000원 청소년 600원 어린이 400원 **Tel** 054-772-4531

✚ 김유신묘 김유신은 가야국의 시조인 김수로왕의 12대 손으로 진천에서 태어났다. 가야가 멸망하고 신라로 건너와 15세에 화랑이 되어 고구려와 백제의 싸움에서 여러 차례 전공을 세웠다. 그 후 태종무열왕을 도와 삼국을 통일하는 데 결정적인 역할을 수행하였다. 태종무열왕은 그의 업적을 치하해 태대각간의 작위를 주었으며, 흥덕왕은 김유신이 79세의 나이로 죽자 흥무왕으로 추봉하였다. 김유신묘는 경주 고속버스터미널 옆을 흐르는 서천을 건너 우측으로 흥무로를 따라가면 나온다. 송화산 줄기의 구릉 위 소나무가 울창한 곳에 조성된 묘는 지름이 30m에 달하는 큰 무덤이다. 왕릉은 아니지만 신라 통일의 중추적인 역할을 한 영웅답게 왕릉에 버금가는 정도로 묘가 꾸며져 있다. 봉분은 원형으로 봉토를 쌓아 올리고, 아래에 봉토 붕괴 방지를 위한 둘레석을 둘렀다. 둘레석에는 십이지신상을 새겨 각 방위를 수호하고 있는데,

이 묘에 조각된 십이지신상은 왕릉의 것과 차이를 보인다. 왕의 것들이 갑옷을 입고 무기를 든 것에 반해 평상복에 무기를 들고 있다. 조각은 얕게 표현되었지만 수법이 세련되었다. 십이지신상은 괘릉, 성덕왕릉에도 새겨져 있지만, 이들에 비해 보존 상태가 좋아 눈으로도 모습을 식별할 수 있다.

※ **Open** 하절기 09:00~18:00 동절기 09:00~17:00 **Cost** 어른 1000원 청소년 600원 어린이 400원 **Tel** 054-749-6713

✚ **최씨고택** 경주 '최 부잣집'으로 더욱 유명하다. 최씨 집안은 조선 중기 무렵에 이곳에 정착했는데, 300년 동안 10대 만석꾼의 집으로 조선에서도 내로라하는 부잣집이었다. 또한 9대에 걸쳐 진사를 배출한 가문으로 부와 명예를 모두 갖춘 명문가이다. 원래 99칸 집에 대지만도 약 6600m², 후원은 약 3만 3000m²에 달했다고 전해지는데, 지금은 'ㅁ'자 안채와 대문채, 사당만 남아 있다. 최 부잣집을 이야기할 때 빠지지 않는 말이 '만 석 이상의 재산을 모으지 마라' '과객을 후하게 대접하라' '흉년에는 땅을 사지 마라' '사방 백 리 안에 굶어 죽는 사람이 없게 하라' 등이다. 최씨 집안에서 빚은 교동법주는 주요무형문화재로 지정되었다. 본래 최 부잣집의 터는 원효대사와의 사이에서 설총을 낳은 요석공주가 살았던 요석궁터였다고 한다.

여행수첩

✚ **가는 길**
경부고속도로 경주 IC를 나와 직진하면 오릉사거리다. 우회전하면 서남산의 중심 삼릉까지 5분 거리다. 서출지, 칠불암이 있는 동남산은 오릉사거리에서 보문단지 방향으로 직진하다 7번 국도와 만나는 사거리에서 우회전한다. 사거리에서 좌회전하면 국립경주박물관, 임해전지가 나온다.

✚ **맛집**
건천시장 식육식당
30년 동안 한결같은 고기 맛을 유지하는 고깃집이다. 고기의 결이 곱고 선홍빛이 선명하며 마블링이 고루 퍼져 있어 한눈에 보아도 품질이 좋다는 것을 알 수 있다. 참숯을 피워 고기를 굽고 익은 고기는 집 된장에 찍어먹기에 고소한 맛을 더해준다. 주인은 고기에 자신이 있어 양념구이를 찾는 손님에게는 즉석에서 양념을 해서 낸다. 월요일과 목요일, 고기가 들어오는 날에는 특별히 선도가 좋은 뭉티기살(생고기)을 맛볼 수 있다.
위치 건천읍 농협 맞은편
영업시간 09:00~20:00
전화 054-751-0137
가격 한우등심 1만8000원
　　　갈비살 1만8000원
　　　뭉티기살 2만원

08

조선 500년 역사가 숨쉬는 공간

조선왕릉

Info 문화유산정보

등재시기 2009년 6월 30일
등재이유 ① 풍수지리사상을 바탕으로 조영되었다.
② 엄격한 질서에 따라 내부 공간을 구성하면서도 아름다운 주변 산세와 어우러져
주목할 만한 신성한 공간을 창출하였다.
③ 봉분과 조각, 건축물들이 전체적으로 조화를 이룬 탁월한 사례로 동아시아 묘제의
중요한 발전단계를 보여준다.
④ 조선시대부터 오늘날까지 600년 이상 제례의식을 거행하면서 살아 있는 전통을
간직하고 있는 독특한 공간이다.

조선왕릉은 모두 42기가 존재한다. 이 중 제1대 태조의 비 신의왕후 제릉과 제2대 정종의 후릉 등 2기가 북한에 있다. 현재 우리나라에 있는 동구릉을 비롯해 왕릉 40기가 세계문화유산으로 등재되었다.

· · · · ❀ · · · ·

아름드리 수목들이 어우러진 왕릉은 호젓한 가족나들이 장소로 우리들의 발길을 잡는다. 그러나 조금만 관찰력이 있는 사람이라면 조선시대의 왕릉이 대부분 서울을 중심으로 크게 벗어나지 않음을 느꼈을 것이다. 대개 왕릉은 풍수가 좋은 명당 중의 명당에 위치하는데, 그렇다면 우리나라의 명당은 모두 서울 근교에 모여 있는 것일까.

그 해답은 의외로 간단하다. 왕실의 능역을 도성인 한양을 중심으로 반경 10리 밖, 100리 안에 두도록 하는 법이 존재했기 때문이다. 100리라면 경복궁에서 수원 정도의 거리다. 예외가 있다면 제6대 단종의 능인 장릉이다. 단종이 세조에게 왕위를 빼앗기고 영월로 유배를 떠난 뒤 그곳에서 사약을 받아 죽었기 때문이다. 세조가 "단종의 시신을 옮기면 삼족을 멸하겠다."고 엄명을 내렸기 때문에 죽어서도 서울로 돌아오지 못했다.

1392년 조선을 건국한 태조 이성계부터 1910년 국권을 일본에 빼앗긴 순종까지 27명의 왕과 왕비의 능 44기가 남아 있다. 이 중 유네스코 세계문화유산에 등재된 조선왕릉은 40기다. 왕에서 폐위된 제10대 연산군, 제15대 광해군의 무덤은 왕릉이 아니라 강등된 묘이기 때문에 포함되지 않는다. 태조의 비 신의왕후 제릉과 제2대 정종의 후릉 등 2기는 북한에 있어 등재에서 제외되었다.

왕릉이 조성되기까지 3~5개월 걸려

왕이 승하하면 국장을 담당할 임시기구인 도감이 설치된다. 보통 3개월에서

도시의 빌딩과 울창한 숲이 조화를 이루는 선릉

5개월에 이르는 국장 기간 동안 빈전도감, 국장도감, 산릉도감 등 세 기관에서 제사와 장례, 왕릉 택지 선정에서 축조까지 나누어 담당한다.

빈전도감은 왕의 옥체를 안치한 빈소의 제사와 호위를 담당한다. 필요한 수의와 홑이불 등 각종 물품들을 준비한다. 1명의 당산관과 1명의 당하관으로 구성되는 조금은 한가한 직무라 할 수 있다.

국장도감은 왕의 장례에 관한 업무를 담당한다. 관과 상여 등에 해당되는 재궁, 거여 그리고 부장품들을 준비한다. 주요 임무는 무엇보다도 궁궐에서 왕릉까지 이르는 발인 행렬을 책임지는 것이다. 구성 직책으로 예조판서와 호조판서, 기술관리청인 선공감과 네 명의 당하관에 기술직 관원을 두었다.

왕의 유해는 무덤에 안장될 때까지 영침에 누워 통상 3개월에서 5개월을 기다려야 한다. 왕릉의 생기를 받기 전에 유해가 부패되어서는 안 되기에 선공감은 공조의 주관으로 유해 보관장치를 만든다. 그것을 설빙이라 하였다. 설빙은 빈소로 사용하는 방 가운데에 대나무 평상과 대나무 그물을 짜 유해를 모셔 놓고 동빙고에서 가져온 얼음으로 주위를 둘러쌓는 것이다. 이때 습기가 유해에 접근하는 것을 방지하려고 습기를 잘 빨아들이는 미역을 사용했다. 수개월의 국장 기간 동안 교체된 미역은 산더미를 이루었고, 처분되어야 할 미역이 암암리 시중에서 싼값으로 팔렸기에 '국상 중 미역값'이라는 속담을 낳기도 했다.

산릉도감은 왕릉 현장에서 토목공사, 석물 조성과 건축물 조영 등 가장 힘든 역사를 담당하던 기관이다. 공조판서, 선공감, 당하관 2명 및 여러 명의 기술직 관원들로 10명 안팎이 있었다. 실제 현장에서 부역하는 인원은 건원릉의 경우 한 달 이상 6000명(충청도 3500명, 황해도 2000명, 강원도 500명)이 동원되었다.

조선의 왕릉은 한양을 중심으로 10리 밖 100리 안에 조성하는 것이 원칙이다.

국장 진행에서 가장 중요하게 여긴 것은 왕릉의 택지다. 새롭게 왕위를 이을 왕은 부왕의 죽음 앞에 예를 다하는 게 도리였다. 따라서 최고의 길지에다 능을 조성해야 했다. 이는 효의 윤리이기도 했지만 국가의 번영과도 관련 깊은 것이라 여겼다.

능지는 미리 정해 놓는 것이 아니라 왕실에서 그때마다 풍수지리에 밝은 지관을 보내 최고의 명당을 찾도록 했다. 승하한 날로부터 통상 보름이 지나면 왕릉 택지를 보러 다녔다. 풍수지관들과 함께 대신들이 한양 주변 백리 안팎의 이곳저곳을 돌아다니며 풍수가 좋다고 천거된 후보지는 조정에서 논의를 거쳐 재위 왕의 결정으로 정해졌다.

능 자리로 택지된 곳은 풍수설에서 말하는 명당이다. 명당이란 큰 산과 물이 있는 배산임수의 지형에 지맥이 흐르다가 멈춘 곳이다. 북쪽에 내룡이라 하여 주산이 있고, 주산에서 좌우로 청룡, 백호가 뻗어 있다. 묘역 안에 시내가 흐르되 동쪽으로 흘러 모아지는 곳이면 더욱 좋다. 묏자리 앞으로 안산이라 하여 낮고 작은 산과 더 먼 곳에 그보다 높은 조산이 있어야 한다. 이러한 명당에 지맥이 닿아 생기가 집중되는 곳을 혈이라고 하는데, 이 혈이 최고의 묏자리인 것이다. 풍수에 의하면 이런 곳이라야 시신이 직접 당에 접하여 생기를 얻을 수 있다고 한다.

이렇게 명당을 선택하면 마지막으로 토질 검사를 거친다. 관이 들어설 땅은 물기가 없으면서도 너무 건조하지 않아야 한다. 흙의 입자가 곱고 윤이 나야 이상적이다. 이 같은 까다로운 조건이 만족되어야 비로소 왕의 무덤 자리로 손색이 없는 셈이다.

조선시대에는 풍수지리설을 지나치게 중시한 나머지 이미 조성한 능이라도 새로운 풍수설이 등장해 불길하다 하면 다른 곳으로 옮기는 등 폐단도 적지 않았다. 중종의 계비인 문정왕후는 서삼릉 내에 장경왕후와 함께 모셔졌던 중종의 능을 풍수상의 이유를 들어 선릉 옆으로 옮기고 자신이 그 곁에 묻히고자 했다. 그러나 새로운 능의 지대가 낮아 장마철이면 흙을 다시 쌓아야 하는 일이 발생해 뜻을 이루지 못하고 서울 공릉동에 안장됐다.

조선의 왕릉은 풍수지리를 바탕으로
엄격한 질서에 따라 조성되고, 아름다운 주변
산세와 어울려 신성한 공간을 만들어낸다.

〈조선왕조실록〉에는 간혹 왕릉을 옮기자는 신하들의 상소가 보인다.

"(능의 지세가 좋지 못하여) 아마 땅에 묻히신 선왕의 육신도 불안할 것이며, 하늘에 계신 영혼도 전하에게 기대하는 바가 있을 것입니다."

물론 천재지변으로 능이 파괴되어 복구가 불가능한 경우나 새로 왕이나 왕비를 합장할 때에도 왕릉을 옮겼다. 조선의 왕릉 중 13기가 본래 자리에서 다른 곳으로 옮겨졌는데, 이 중 8기가 풍수지리설에 의한 것이었다.

왕릉을 옮긴 대표적인 예는 조선의 제4대 임금인 세종과 왕비 소헌왕후 심씨의 합장릉인 영릉이다. 영릉은 처음에는 경기도 광주 대모산 기슭에 있다가 예종 원년(1469)에 지금의 여주로 옮겨졌다.

왜 세종대왕의 무덤을 옮기려 했을까. 처음 대모산 자락에 장례를 지낸 뒤로 문종의 재위가 짧았고, 단종이 숙부인 수양대군에게 왕위를 찬탈당했기 때문이다.

조정의 대신들은 이 모두가 대모산의 지세가 불길한 탓에 일어난 것으로 보았다. 그리하여 여주로 옮겼는데, 여주의 영릉은 조선의 왕릉 중 풍수학적으로 가장 뛰어난 것으로 꼽힌다.

왕릉의 형식

500년 동안 조성된 왕릉은 지형조건, 시대적 배경 등에 따라 각각 다른 특색을 지니고 있으면서도 일정한 형식을 유지하고 있다. 왕릉 조성의 기본 형식을 알면 40기의 조선왕릉 어느 곳을 방문해도 어렵지 않게 둘러볼 수 있다.

능역에 들어가자면 작은 내를 건너야 한다. 이는 궁궐의 정전에 들어갈 때 정전의 정문과 궁궐 대문 사이를 흐르게 한 명당수의 개울을 건너는 것과 같은

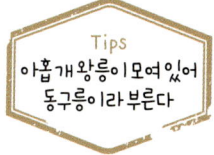

Tips
아홉 개 왕릉이 모여 있어 동구릉이라 부른다

경기도 구리시 검안산 기슭에는 조선의 왕과 왕비가 잠들어 있는 아홉 개의 능이 조성되어 있다. 태조의 능인 건원릉을 비롯해 현릉(문종과 비 현덕왕후), 목릉(선조와 비 의인왕후, 계비 인목왕후), 휘릉(인조의 계비 장렬왕후), 숭릉(현종과 비 명성왕후), 혜릉(경종의 비 단의왕후), 원릉(영조와 계비 정순왕후), 수릉(추존왕 익종과 비 신정왕후), 경릉(헌종과 비 효현왕후, 계비 효정왕후) 등이 있다. 아홉 개의 능이 같은 능역 안에 있어 동구릉이라 부른다.

조선왕릉 중에는 왕의 시신이 묻혀 있지 않은 곳이 있다. 서울의 선릉과 정릉이다. 선릉은 제9대 성종이 잠들어 있던 능이다. 임진왜란이 한창이던 1593년 왜군이 한양을 점령하면서 궁궐과 가까이 있던 선릉을 파헤치고 관을 꺼내 불태웠다. 이때 성종의 시신이 온데간데없이 사라졌다. 왜란이 끝나고 성종의 시신을 찾으려 백방으로 살펴보았지만 끝내 찾지 못했다. 결국 선릉은 유해를 잃어버린 빈 무덤이 되었다.

선릉 옆의 정릉도 임진왜란 때 선릉과 함께 수난을 당했다. 정릉은 제11대 중종의 능이다. 왜군에 의해 무덤은 파헤쳐지고 관은 꺼내져 불타버렸다. 무덤 주위에는 잔해만 흩어져 있었다. 그런데 능역에서 신원을 알 수 없는 시신이 발견되었다. 조정에서는 중종의 시신인지 확인하기 위해 얼굴을 아는 사람들을 보내 확인토록 했다. 살펴보니 중종보다 살쪄 보였고, 수염도 없었다. 눈 사이에 있던 녹두점도 없었다. 문제는 시신의 부패가 심해 이것만으로는 진위 여부를 확인하기 어려웠다. 결국 미확인 시신은 관에 넣어 다른 곳에 묻고, 중종의 무덤에는 관이 파헤쳐질 때 흩트러진 재흙을 수습해 관에 넣어 묻었다. 임진왜란이란 난리를 겪으면서 선릉과 정릉은 조선왕릉 중 왕의 시신을 잃어버린 능이 되었다.

이치다. 왕릉과 속세를 구분하는 것으로 청결한 마음으로 왕에게 나아가라는
의미를 담고 있다. 능역 입구에는 신성한 장소임을 알리는 홍살문이 서 있다.
홍살문 오른쪽에 벽돌을 네모반듯한 모양으로 깐 배위가 있다. 왕이 선왕의 제
사를 지내러 올 때 바로 이곳에서 절을 하고 들어갔다.

　홍살문 뒤로 정자각까지 얇고 넓적한 돌을 길게 깔았다. 이를 참도라고 한
다. 가운데 높은 길은 선왕의 혼령이 다니는 신도, 낮은 길은 왕이 다니는 어도
이다. 살아서나 죽어서나 흙을 밟지 않는 임금에 대한 예우의 뜻이 담겨 있다.

　참도를 따라 올라가면 전면에 정(丁)자 모양을 하고 있는 정자각이 서 있다.
이곳에서 제례를 올리게 된다. 정자각으로 오를 때는 반드시 동쪽 계단으로 올
라갔다가 제사가 끝난 뒤에는 서쪽 계단으로 내려온다. 동쪽은 해가 솟는 곳으
로 소생과 부흥을 뜻하고, 서쪽은 해가 지는 방향으로 소멸을 상징한다.

왕릉은 〈국조오례의〉를 바탕으로 조성된다.

주의 깊게 살펴보면 동쪽 계단은 두 개, 서쪽 계단은 하나라는 것을 알 수 있다. 참도를 혼령과 왕이 같이 걸어와서 각각 정해진 계단으로 정자각에 오르기에 동쪽에는 계단이 두 개다. 제사가 끝나면 혼령은 능에 남게 되기에 서쪽에는 제사 지낸 사람이 내려갈 계단만 있으면 되는 것이다.

　정자각 좌측의 비각은 왕릉의 묘비를 안치하기 위한 조성물이다. 비각 앞쪽에는 능제를 지낼 때 필요한 제물을 준비하는 수복방이, 정자각 우측 뒤쪽에는 축문을 태워 묻는 예감이 눈에 띈다. 정자각 뒤쪽으로는 작은 동산 모양을 흙더미로 조성한 강이 있다. 강은 조선왕릉에서만 볼 수 있는 특징이다.

　풍수상 땅속을 흐르는 생기는 흙을 몸으로 삼는다. 강을 조성하는 이유는 생기가 모이는 저장탱크 위에 왕릉(무덤)이 있어야 생기를 많이 받을 수 있을 거라는 풍수지리적 믿음 때문에서다. 또한 일반 무덤과 차별되도록 높은 강을 권자로 삼아 등극한 왕릉을 보여주는 시각적 효과를 준 것이기도 하다. 강을 사초지라고도 부르며, 사초지 위에 오르면 장대석이라 부르는 긴 돌이 사각형모양을 이루며 놓여 있다.

　무덤 앞쪽으로는 섬돌처럼 장대석을 3단 형식으로 쌓았다. 첫 단 공간에는 석마와 무인석, 둘째 단 공간에는 문인석이 각각 한 쌍씩 서로 마주보도록 세워졌다. 문치주의를 내세웠던 조선왕조 특성상 무인석보다 문인석을 한 단 더 높은 장대석 위에 매김질 시켜 놓았다. 문인석 사이 한가운데에 팔각형으로 된 석등인 장명등을 앉혔다. 마지막 단에는 봉분 바로 앞에 제물을 차려 놓는 상석, 그 좌우로 망주석이 세워졌다. 봉분 밑부분에는 12각이 병풍석을 둘러 봉분이 무너지지 않도록 보호하고 있다.

　봉분 주위로 또다시 난간석을 두르고, 석양과 석호 두 쌍을 각각 좌우로 벌려 놓았다. 석호는 능을 지키는 수호신이다. 석양은 사악한 것을 물리친다는 의미와 함께 명복을 비는 뜻을 담고 있다. 다만 왕의 자리에 오르지 못한 추존왕릉은 한 쌍으로 줄여 왕릉과 차별을 두었다. 그리고 봉분 주위로는 능을 감싸듯 앞면만 터 놓은 담장, 즉 곡장을 둘렀다. 무덤의 기가 흩어지지 않게 하기 위해서다.

정자각에서 바라본 홍살문

홍릉에는 기린, 코끼리, 사자, 낙타 등 여러 동물의 석물이 세워져 있다.

후대의 평가에 따라 조와 종으로

'태, 정, 태, 세, 문, 단, 세…' 27명이나 되는 조선 왕의 계보는 우리에게 너무나도 익숙하다. 우리가 부르는 이런 명칭은 정작 왕 본인이 살아생전에 불린 적이 없다. 죽은 이후에 붙여진 이름이기 때문이다.

우리가 알고 있는 태조, 태종, 성종, 선조 등의 이름은 임금이 죽은 후 종묘에 신위를 모실 때 드리는 이름으로 이를 묘호라 했다. 묘호는 재위 시의 행적에 대한 평가인 동시에 추모의 뜻을 담고 있다. 어떤 임금에게는 조를 붙이고 어떤 임금에게는 종을 붙였는데, 조와 종은 어떤 차이가 있을까?

역대 27명의 왕 중 조가 붙은 임금은 7명, 종이 붙은 임금은 18명이다. 조, 종을 달리 붙인 것은 중국의 경서 〈예기〉에 따른 것이다.

"공이 있는 자는 조가 되고, 덕이 있는 자는 종이 된다."

일반적으로 왕으로 있는 동안 외적의 침입과 국내의 큰 난을 당했지만 이를 잘 극복한 왕에게는 조를 붙였다. 반면 나라 안팎으로 태평성대를 누린 왕이나 왕위를 정통으로 계승한 왕에게는 종을 붙였다.

태조는 조선왕조를 건국한 초대 왕에 대한 칭호로 사용되었고, 세조는 계유정란으로 조카인 단종의 왕위를 빼앗았지만 쇠약했던 왕권을 회복해서 조자 묘호를 받았다. 선조와 인조는 임진왜란과 병자호란이라는 국난에서 왕조의 정통성이 끊어지지 않도록 위기를 극복해서 조자의 묘호를 받았다.

반정을 통해 왕위에 올랐지만 종자가 붙은 임금도 있다. 중종은 연산군의 폭정을 바로잡고, 왕조를 다시 중흥시킨 공을 세웠다. 따라서 그의 아들 인종은 즉위 초에 아버지의 묘호를 조로 칭하려고 했다. 그러나 신하들이 "선왕이 비록 중흥의 공이 있기는 하나 성종의 직계로 왕위를 계승하였으므로 조로 하기보다는 종이 마땅합니다."라고 반대하여 중종으로 칭하게 되었다.

Tips
무인석은 왕릉에만 세울 수 있다

무인석은 왕과 왕비의 무덤이 아니면 세울 수 없었다. 무인석을 세운다는 것은 그 사람이 군대를 지휘한다는 뜻이기 때문에 오직 왕만이 세울 수 있었다. 일반 백성이 무덤에 무인석을 세우면 반란행위로 보고 사형에 처했다.

일반적으로 조와 종에는 큰 차이가 없다. 그러나 왕들의 의식 속에 종보다 조가 격이 높다는 선입견이 자리하게 돼 종에서 조로 뒤바뀐 경우가 몇차례 있다.

제14대 선조도 당초에는 묘호를 선종이라 칭했다. 그러나 광해군 8년에 선조로 바뀌었다. 이를 두고 조정에서는 "조나 종은 하등 좋고 나쁜 차이가 없는 것이니, 본래대로 선종으로 복귀시킴이 옳다."고 반대하기도 했다.

하지만 조선 후기로 갈수록 왕들은 조와 종에는 품격의 차이가 있다고 믿었다. 그래서 선조 외에도 영조, 정조, 순조 등도 처음에는 종의 묘호가 붙었다가 후대의 왕들이 다시 조로 바꾸었다.

임금 중에는 조나 종의 묘호를 받지 못하고 군으로 불린 경우도 있다. 연산군과 광해군이 바로 그 주인공들이다. 왕위에 올랐지만 반정에 의해 축출됨으로써 왕자에게나 붙이는 '군'의 칭호에 머물러야 했다. 이는 연산군과 광해군이 후대로부터 왕으로서 인정받지 못했음을 의미한다.

조선왕릉 현황

지역	지구	왕릉 수	묘호 및 능호	소재지
서울	정릉	1	제1대 태조왕비(신덕왕후) 정릉	성북구 정릉동
	현인릉	2	제3대 태종 헌릉, 제23대 순조 인릉	서초구 내곡동
	선정릉	2	제9대 성종 선릉, 제11대 중종 정릉	강남구 삼성동
	태강릉	2	제11대 중종왕비(문정왕후) 태릉 제13대 명종 강릉	노원구 공릉동
	의릉	1	제20대 경종 의릉	성북구 석관동
경기도	동구릉	9	제1대 태조 건원릉, 제5대 문종 현릉 제14대 선조 목릉 제16대 인조왕비(장렬왕후) 휘릉 제18대 현종 숭릉 제20대 경종왕비(단의왕후) 혜릉 제21대 영조 원릉, 제24대 헌종 경릉 추존 문조(제24대 헌종 부) 수릉	구리시 인창동
	홍유릉	2	제26대 고종황제 홍릉 제27대 순종황제 유릉	남양주시 금곡동
	광릉	2	제7대 세조 광릉	남양주시 진접읍
	사릉	1	제6대 단종왕비(정순왕후) 사릉	남양주시 진건읍
	영녕릉	2	제4대 세종 영릉, 제17대 효종 영릉	여주군 능서면
	서오릉	5	제8대 예종 창릉 추존 덕종(제9대 성종 부) 경릉 제19대 숙종 명릉 제19대 숙종왕비(인경왕후) 익릉 제21대 영조왕비(정성왕후) 홍릉	고양시 덕양구 용두동
	서삼릉	3	제11대 중종왕비(장경왕후) 희릉 제12대 인종 효릉, 제25대 철종 예릉	고양시 덕양구 원당동
	온릉	1	제11대 중종왕비(단경왕후) 온릉	양주군 장흥면
	파주 삼릉	3	제8대 예종왕비(장순왕릉) 공릉 제9대 성종왕비(공혜왕후) 순릉 추존 진종(제22대 정조 양부) 영릉	파주시 조리읍
	파주 장릉	1	제16대 인조 장릉	파주시 탄현면
	김포 장릉	1	추존 원종(제16대 인조 부) 장릉	김포시 풍무동
	융건릉	2	사도세자(제22대 정조 부) 융릉 제22대 정조 건릉	화성시 태안읍
강원도	장릉	1	제6대 단종	영월군 영월읍

※ 북한(개성시) 소재 조선왕릉인 제1대 신의왕후 제릉, 제2대 정종의 후릉은 세계문화유산에서 제외됨.
제10대 연산군, 제15대 광해군의 무덤도 포함되지 않음.

⚱ 건원릉(동구릉 내) 사적 제193호

조선을 건국한 태조 이성계의 무덤. 동구릉 가장 깊숙한 곳에 위치해 있다. 태조는 계비 신덕왕후 강씨와 함께 묻히기를 원했으나, 계모인 강씨와 관계가 좋지 않았던 태종이 부왕의 유언을 따르지 않고 신덕왕후의 무덤인 정릉과 멀리 떨어진 이곳에 태조의 능을 축조했다. 무덤은 고려 왕릉 중 가장 잘 정돈된 공민왕과 노국공주의 합장릉인 현정릉을 모태로 삼았다. 봉분 아래에는 봉토의 유실을 방지하기 위해 12각의 화강암 병풍석을 둘렀다. 병풍석에는 방울, 방패 무늬와 구름 속에 서 있는 십이지신상이 새겨져 있다. 봉분 주위에 난간석을 두르고 석호와 석양을 각각 네 마리씩 배치하였다. 봉분 앞에는 망주석을 세웠다. 정면을 제외하고 석조물을 둘러싼 3면에 곡장을 둘러 1단을 이루고, 이보다 한 단 아래 장명등을 중앙에, 양옆에 문인석 한 쌍과 석마를 두었다. 마지막 3단에는 무인석과 석마를 한 쌍씩 두었다. 병풍석에 새겨진 문양이나 봉분 앞에 문인석과 무인석을 세운 것은 고려 현정릉의 영향을 받은 것이고, 난간석을 두른 것이나 장명등을 세운 것은 조선시대의 새로운 양식이다. **Open** 하절기 06:00~18:30 동절기 06:30~17:30, 매주 월요일 휴관 **Cost** 어른 1000원 **Tel** 031-563-2909

⚱ 현릉(동구릉 내) 사적 제193호

제5대 문종과 현덕왕후 권씨의 능. 홍살문부터 정자각, 비각 등의 부속 시설물은 하나만 있고, 정자각 뒤 좌우 언덕에 왕과 왕비의 무덤이 단릉처럼 조성되어 있다. 효성이 극진했던 문종은 살아서는 물론 죽어서도 부왕인 세종대왕을 가까이에서 섬기고자 영릉 오른편 언덕을 능지로 정했으나, 땅을 파보니 바위가 있고 물이 나서 취소하고 건원릉 동쪽으로 능을 썼다고 한다. 현덕왕후 권씨는 단종의 모친으로 오랜 세월 우여곡절을 겪은 후에 문종의 옆에 모셔졌다. **Open** 하절기 06:00~18:30 동절기 06:30~17:30, 매주 월요일 휴관 **Cost** 어른 1000원 **Tel** 031-563-2909

⚱ 영릉 사적 제195호

제4대 세종대왕과 소헌왕후 심씨를 모신 능. 세종대왕의 능은 처음에 경기도 광주의 대모산 기슭에 있었다. 그러나 풍수지리를 이유로 여주로 옮겼다. 영릉은 조선 최초의 합장릉이다. 봉토 주위에 병풍석을 두지 않고, 봉분 속에도 석실을 마련하지 않고 관을 구덩이인 광중에 내려놓고 그 사이를 석회로 메워서 다지는 회격으로 하였다. 그 이유는 예종의 부왕인 세조가 비용과 국민의 노역을 줄이기 위해 석실과 병풍석을 쓰지 말라는 유언을 했기 때문이다. 실제로 동원되는 인력이 6000명에서 절반인 3000명으로 줄었다고 한다. **Open** 하절기 09:00~18:30 동절기 09:00~17:30 **Cost** 어른 500원 **Tel** 031-885-3123

장릉 사적 제196호

제6대 단종의 능. 조선의 왕릉이 대부분 서울 근교에 있는 것에 반해 장릉은 멀리 강원도 영월에 위치해 있다. 숙부인 수양대군(세조)이 계유정란을 일으켜 왕좌를 찬탈하고 단종을 강원도 오지인 영월 청령포에 유배 보냈기 때문이다. 능의 규모는 다른 능에 비해 초라하다. 후대에야 왕릉으로 추봉되었기 때문이다. 다른 왕릉과 다른 점은 단종에 대한 충절을 지킨 신하들을 배향하기 위한 배식단이 설치된 것이라 하겠다. **Open 하절기** 09:00~19:00 **동절기** 09:00~18:00 **Cost** 어른 1400원 어린이 1200원 **Tel** 033-370-2619

사릉 사적 제209호

제6대 단종의 비 정순왕후 송씨의 능. 정순왕후는 18세 때 단종이 영도로 유배를 가면서 헤어진 뒤 단종이 그 해에 사약을 받고 죽자 과부가 되었다. 이때 직위도 왕후에서 부인으로 강등되었다. 처음 능에 봉해질 때는 대군부인의 직위여서 왕릉에 비해 간소하게 꾸몄다가, 단종이 복위되면서 비로소 모습을 갖추게 되었다. 봉분에 병풍석과 난간석이 생략되어 있고, 석양과 석호도 한 쌍씩만 세워져 있다. 일반적으로는 두 쌍씩 세우지만, 장릉이나 사릉처럼 추봉되었을 때는 한 쌍씩만 세워 차등을 두었다. **Open 하절기** 09:00~18:30 **동절기** 09:00~17:30 **Cost** 어른 1000원 **Tel** 031-573-8124

광릉 사적 제197호

제7대 세조와 정희왕후 윤씨의 능. 세조는 자신의 능지 주변 지역을 능림으로 지정해 엄격하게 보호하였다. 그 뒤 440여 년 동안 왕실의 관리 아래 풀 한 포기의 채취도 금지되었을 정도로 잘 가꾸어져 지금은 전국에서 가장 수려하고 울창한 숲으로 변모했다. 정자각 뒤에는 좌우에 언덕이 조성되고 왼쪽에 세조의 능, 오른쪽에 정희왕후의 능이 각각 단릉의 형태로 되어 있다. 능의 봉분에는 병풍석이 보이지 않는다. 세조가 "내가 죽으면 속히 썩어야 하니 석실과 석곽을 사용하지 말 것이며, 병풍석을 쓰지 말라"는 유언을 내렸기 때문이다. 실제로 병풍석과 석곽을 조성하지 않아 능 조성에 동원된 인력을 대폭 줄여 비용을 절감하고 민폐를 덜게 되었다고 한다. **Open 하절기** 09:00~18:30 **동절기** 09:00~17:30 **Cost** 어른 1000원 **Tel** 031-527-7105

🛕 선릉(선정릉 내) 사적 제199호

제9대 성종과 계비 정현왕후 윤씨의 능. 옆에 아들인 중종의 능인 정릉이 있어 선정릉이라고도 한다. 선릉은 성종의 능과 정현왕후의 능이 같은 능호를 사용하지만 각각 다른 언덕에 조성된 동원이강릉이다. 정자각 뒤로 보이는 것이 성종의 능이고 동쪽 언덕에 있는 것이 정현왕후의 능이다. 봉분에 십이지신상이 새겨진 병풍석과 난간석을 세웠다. 세조가 '병풍석을 세우지 말라'는 유지를 내린 뒤로 광릉(세조의 능) 이후에 조성된 왕릉에는 병풍석을 세우지 않았는데, 성종대에 와서 다시 세운 것이다. 봉분 근처까지 올라가서 석물들을 볼 수 있도록 능 양옆으로 계단을 만들어 놓았다. 선릉은 임진왜란 때 왜군에 의해 파헤쳐지고 시신을 넣은 관인 재궁이 불태워지는 수모를 겪었다. **Open** 하절기 06:00~21:00 동절기 06:30~21:00 **Cost** 어른 1000원 **Tel** 02-568-1291

🔵 정릉(선정릉 내) 사적 제199호

제11대 왕인 중종의 능. 선릉과 같은 구역에 있어 선정릉으로 불린다. 능의 형식은 곡장, 병풍석, 난간석, 상석, 장명등, 석호, 석양, 문·무인석 등 〈국조오례의〉에 따라 충실하게 조성되었다. 본래 중종의 능은 서삼릉에 있었으나, 명종 17년(1562) 중종의 계비인 문정왕후에 의해 지금의 자리로 옮겨졌다. **Open** 하절기 06:00~21:00 동절기 06:30~21:00 **Cost** 어른 1000원 **Tel** 02-568-1291

🔵 태릉 사적 제201호

제11대 중종의 계비인 문정왕후 윤씨의 능. 같은 능역 안에 명종과 인순왕후의 능인 강릉이 있어 '태강릉'이라 부른다. 문정왕후는 중종의 세 번째 비다. 아들인 명종을 12세의 어린 나이에 왕위에 오르게 하고 수렴청정을 펼쳤다. 섭정을 하는 동안 동생인 윤원형이 실력을 행사하며 인종의 외척인 윤임 세력을 제거하는 을사사화를 일으켰다. 태릉의 모든 석물들은 〈국조오례의〉에 따라 설치하였고, 봉분에 병풍석과 난간석을 두르고 있다. **Open** 하절기 09:00~18:30 동절기 09:00~17:30 **Cost** 어른 1000원 **Tel** 02-972-0370

🔵 희릉(서삼릉 내) 사적 제200호

제11대 중종의 계비 장경왕후 윤씨의 능이다. 장경왕후는 단경왕후가 폐위되자 왕비에 책봉되었다. 그러나 인종을 낳은 후 산후병으로 죽고 말았다. 처음에는 헌릉 인근에서 장사 지냈으나, 22년 후인 중종 32년(1537) 지금의 자리로 이장했다. 중종이 승하하고 능이 희릉 곁에 정해지면서 동원이강 형식으로 능을 조성해 정릉이란 능호를 썼다. 그러나 1562년 중종의 또 다른 계비인 문정왕후가 중종의 능을 선릉 곁으로 옮기자 희릉으로 불리게 되었다. **Open** 하절기 06:00~18:30 동절기 06:30~17:30 **Cost** 어른 1000원 **Tel** 031-962-6009

🔵 목릉(동구릉 내) 사적 제193호

제14대 선조와 비 의인왕후 박씨, 계비 인목왕후 김씨의 능. 동구릉 가장 깊숙한 곳에 위치해 있다. 같은 능역 안의 각각 다른 언덕에 왕릉과 왕비릉을 조성했다. 제일 왼쪽이 선조, 가운데가 의인왕후, 오른쪽이 인목왕후의 능이다. 목릉은 석물의 조형미가 가장 졸작이라는 평을 받을 만큼 모양새가 없다. 그 이유는 왕릉이 조성된 시기가 병란을 겪은 직후여서 장인을 구하기 어려웠기 때문이라고 한다. 두 왕비의 능에는 병풍석만 두르지 않았을 뿐 별 차이는 없다. **Open** 하절기 06:00~18:30 동절기 06:30~17:30 **Cost** 어른 1000원 **Tel** 031-563-2909

🏛 영릉 사적 제195호

제17대 효종과 비 인성왕후의 능. 세종대왕의 능인 영릉과 인접해 있다. 효종은 병자호란으로 청나라에 인질로 끌려간 봉림대군이다. 왕릉과 왕비릉이 한 언덕에 같이 있다. 봉분을 나란히 두지 않고 특이하게도 위아래로 조성했다. 정자각에서 바라보면 왼쪽이 효종릉, 오른쪽이 인성왕후의 능이다. 쌍릉임을 나타내기 위해 왕릉에만 곡장을 한 것이 보인다. 본래 효종의 능은 동구릉에 있었는데, 현종 14년(1673) 능에 배치된 석물에 작게는 손가락 하나가, 크게는 팔뚝이 들어갈 만한 틈이 생겨 빗물이 고일 우려가 있다고 해서 여주로 옮겨왔다. **Open** 하절기 09:00~18:30 동절기 09:00~17:30 **Cost** 어른 500원 **Tel** 031-885-3123

🏛 숭릉(동구릉 내) 사적 제193호

제18대 현종과 비 명성왕후 김씨의 능. 왕릉과 왕비릉 모두 병풍석은 없고 난간석으로 두 봉분이 연결되어 있다. 왕과 왕비를 하나의 곡장 안에 모셔 봉분이 나란히 2기로 조성된 쌍릉이다. 숭릉은 양옆으로 익랑을 붙여 정자각의 규모가 크다. 지붕도 맞배지붕이 아닌 팔작지붕이다. 봉분 앞에 세운 망주석 위쪽에 '세호'라는 작은 동물 조각이 뚜렷하게 조각된 점도 눈길을 끈다. **Open** 하절기 06:00~18:30 동절기 06:30~17:30 **Cost** 어른 1000원 **Tel** 031-563-2909

© 문화재청

⚜ 경릉(동구릉 내) 사적 제193호

제24대 헌종과 효현왕후 김씨, 계후 효정왕후 홍씨의 능. 동구릉에 조성된 왕릉 중에서 마지막 아홉 번째 능이다. 헌종이 죽은 이후 길지를 찾다가 풍수상 명당의 조건을 갖춘 십전대길지라 하여 능터를 결정했다고 한다. 눈에 띄는 것은 세 개의 봉분이 나란히 있는 삼연릉이라는 점이다. 삼연릉은 조선 왕릉 중 경릉이 유일하다. 정면에서 보았을 때 왼쪽이 헌종, 가운데가 비 효현황후, 오른쪽이 계후 효정황후의 능이다. **Open** 하절기 06:00~18:30 동절기 06:30~17:30 **Cost** 어른 1000원 **Tel** 031-563-2909

⚜ 홍릉(홍유릉 내) 사적 제207호

제26대 고종황제와 명성황후의 능. 명성황후의 능은 청량리 천장산 아래 있었다. 고종은 명성황후를 보기 위해 종로에서 청량리까지 전차를 놓기도 했다. 고종이 죽고 능을 남양주시에 조성하면서 명성황후의 능도 옮겨와 합장했다. 홍릉은 황제의 능이기 때문에 홍살문에서 마주 보이는 건물도 고종황제의 신위를 봉안한 침전이다. 홍살문에서 침전에 이르는 길 양옆에는 문인석, 무인석, 기린, 코끼리, 해태, 사자, 낙타, 말 등의 석물이 세워져 있다. 봉분에는 현종 이후 설치하지 않았던 병풍석을 화려하게 둘렀고, 꽃문양으로 장식한 난간석도 설치했다. **Open** 하절기 09:00~18:30 동절기 09:00~17:30 **Cost** 어른 1000원 **Tel** 031-591-7043

가볼 만한 곳 영릉

✦ **신륵사** 신라시대에 창건되어 천 년을 훌쩍 넘긴 오랜 역사를 간직한 절이다. 우리나라에서는 유일하게 강변에 자리 잡고 있다. 조포나루가 있는 천송리의 아담한 봉미산 끝자락에 자리를 틀고, 뒤편으로 아스라이 다가드는 산세의 윤곽을 뒤로한 채 남한강을 굽어보고 있다. 가람이 크지는 않지만 명찰답게 흐트러짐 없이 단아하다. 조선 초기 억불정책으로 쇠락해가던 신륵사는 왕실의 후광을 입고 번창했다. 그래서 한때 임금의 은혜를 갚는다는 뜻의 보은사로 불리기도 했다. 신륵사란 이름은 남한강과 관련이 있다. 남한강에 용마가 나타났는데 매우 거칠어 다룰 수 없었다. 이를 인당대사가 나서서 고삐를 잡으니 순해졌다. 신륵사의 '륵자'가 바로 말 고삐를 잡는다는 뜻이다. 신륵사 절 앞에는 남한강이 한 굽이를 돌면서 넓은 모래톱을 만들어 놓았다.

※ **Cost** 어른 2200원 청소년 1700원 어린이 1000원 **Tel** 031-885-2505 **Web** www.silleuksa.org

✦ **고달사지** 신사지란 과거에 절이 있던 자리를 말한다. 고달사지는 신라 경덕왕 23년(764)에 창건된 후 고려 광종 이후 왕실의 보호를 받았던 고달사가 있던 자리다. 절터 안에는 과거의 영화를 뒤로한 채 몇 점의 유물과 절터만 남아 있다. 고달사지부도(국보 제4호)와 원종대사혜진탑비 귀부와 이수(보물 제6호), 원종대사혜진

탑(보물 제7호), 고달사지석불좌(보물 제8호)가 남아 있다. 고달사지쌍사자석등(보물 제282호)은 국립중앙박물관으로 옮겨졌다. 고달사지부도는 흔적만 남은 절터가 무색하게 아름다운 모습이 손상되지 않은 채 그대로 보존되어 있다. 당당한 모습으로 남아 있는 다른 보물들과 절터 유적이 찬란한 고달사의 옛 모습을 어렴풋이 짐작하게 한다. 곳곳에 노란 꽃을 피운 산수유나무 군락이 아름답다.

✦ **명성황후 생가** 명성황후 하면 "나는 조선의 국모다"라는 말이 가장 먼저 생각난다. 고종의 비로 뛰어난 외교력으로 자주성을 지키고자 노력하다 일본 낭인에게 시해당한 비운의 여인이다. 생가는 그녀가 어렸을 때 살던 집이다. 안채만 남아 있던 것을 1995년 복원했다. 명성황후가 공부한 방이 있었던 자리에는 '명성황후 탄강구리(명성황후가 태어난 옛 마을)'라고 적힌 비가 서 있다. 생가 앞에는 기념관이 건립되어 각종 자료와 유품이 전시되어 있으며, 161석 규모의 공연장인 문예관도 있다. 매년 10월 8일에는 명성황후 시해를 추모하는 추모제가 열려 황후의 넋을 기리는 문화 행사가 벌어진다.

※ **Open** 하절기 09:00~18:00 동절기 09:00~17:00 **Cost** 어른 1000원 청소년 700원 어린이 500원 **Tel** 031-887-3575 **Web** www.empressmyeongseong.kr

✦ **목아불교박물관** 목조각 부문의 무형문화재 제108호인 목아 박찬수 선생이 제작하고 수집한 6000여 점의 불교 관련 작품을 전시한 박물관이다. 정문으로 들어서면 조각상들과 석탑 그리고 연못과 수목들이 아름답게 조화를 이루는 야외 조각공원이다. 미륵삼존대불, 백의관음, 자모관음, 비로자나불상, 삼층석탑 등과 다양한 동자

브론즈 작품을 포함해 약 40여 점이 전시되어 작은 공원 같은 느낌을 준다.

전시관은 3층부터 돌아보도록 되어 있다. 3층은 박물관장인 박찬수 선생의 작품을 중심으로 다양한 목조각 작품들을 전시해 놓았다. 대부분의 작품이 십이지신상, 11면 42수관음상, 백의관음상 등의 불상과 보살상으로 조각품들의 섬세함이 절로 감탄을 자아내게 한다. 2층은 나한전과 유물실로 꾸며져 있다. 다양한 나한의 모습과 불교 관련 유물 그리고 일반 유물들이 전시되어 있다. 1층은 기획전이나 특별전이 열리는 공간으로 평소에는 목조각품을 전시, 판매하는 공간으로 이용된다.

※ **Open** 하절기 09:00~18:00 동절기 09:00~17:00
Cost 어른 5000원 청소년 3000원 어린이 3000원
Tel 031-885-9952 **Web** www.moka.or.kr

여행수첩

+ 가는 길
중부내륙고속도로를 이용하는 게 제일 가깝다. 서여주 IC를 나와 좌회전 후 42번 국도를 탄다. 세종대교 건너기 전 사거리에서 좌회전하면 첫 번째 삼거리가 영릉 가는 길이다.

+ 맛집
걸구쟁이네
걸구쟁이네는 사찰음식으로 이름난 집이다. 사찰음식과 도토리 수제비 등의 음식을 내놓는다. 사찰음식 중에서도 '표고버섯 찹쌀 전병 무침'과 '우엉구이'가 별미. '표고버섯 찹쌀 전병 무침'은 표고버섯과 애호박 그리고 찹쌀을 넣어 전병을 만들어 양념에 무쳐낸다. 조미료를 사용하지 않기 때문에 버섯의 향이 입맛을 돋운다.
주소 경기도 여주군 강천면 강문로 707
영업시간 11:00~19:00
전화 031-885-9875
가격 사찰정식 1만3000원

양동마을

Info 문화유산 정보

등재시기 2010년 7월 31일
등재이유 ① 14~15세기에 조성된 한국의 대표적인 전통마을
② 조선시대 유교 사상을 바탕으로 자연과 조화를 이룬 전통 건축양식을 잘 보여준다.
③ 유교적 삶의 양식과 전통문화가 현재까지 잘 계승된다.

양동마을의 지세는 설창산 문장봉에서 산줄기가 뻗어내려 네 줄기로 갈라진 능선과 골짜기가 '말 물(勿)'자 형국이라고 한다. 산을 등지고 앞으로 물길을 내려다보는 전형적인 배산임수형이다.

· · · · 🍀 · · · ·

경주 양동마을이 안동 하회마을과 함께 세계문화유산으로 등재됐다는 소식이 전해졌을 때 많은 사람들이 '양동마을이 하회마을 근처에 있는 전통마을인가?'라고 생각했다. 경주에 위치해 있다고 하면 "경주에서 그런 곳을 본 적이 없다", "경주 어디에 있느냐?"는 질문을 하기 일쑤였다. 경주 하면 불국사나 첨성대를 먼저 떠올리는 게 당연하긴 한데, 경주라고 하면 시내 유적지를 중심으로 생각하니 당연히 양동마을의 존재를 모를 수밖에. 무관심이 불러온 무지의 결과다.

2010년 세계문화유산 등재 후 양동마을의 상황은 많이 변했다. 육백 년이 넘는 세월 동안 굳건하게 제 모습을 지켜온 마을을 구경하기 위해 전국에서 여행자들이 몰려든다. 조용하던 마을은 사람들의 발길로 분주해 한층 생기가 넘친다. 외지 사람들로 인해 생활하기가 불편할 텐데 마을 사람들은 멀리서 찾아와 준 이들이 고맙다며 친절을 베푼다.

우리가 해야 할 일은 친절이 유지될 수 있도록 예의를 지키고 마을이 품은 역사와 가치를 존중하는 일이다.

산이 높으면 골이 깊고, 골이 깊으면 반드시 비경을 품고 있다고 했다. 양동마을처럼 역사가 깊은 곳일수록 이야기는 많고, 사람들의 온기는 크기 마련이다. 양동마을의 가옥과 그 속에서 생활하는 이들이 지켜온 가풍이나 조선시대 선비가 추구하고자 한 정신을 하나씩 살펴보고 찾아내자. 그래야 양동마을이 단순한 구경거리가 아닌 살아 숨 쉬는 박물관이라는 것을 느낄 수 있다.

양동마을은 외손마을이다

양동마을 입구에 들어서는 순간 알게 된다. 하회마을이 물길이 돌아가는 너른 평지에 들어선 것에 비해 양동마을은 산등성이와 골짜기를 끼고 가옥이 들어선 모습이 판이하게 다름을. 양동마을의 지세는 설창산 문장봉에서 산줄기가 뻗어내려 네 줄기로 갈라진 능선과 골짜기가 '말 물(勿)'자 형국이라고 한다. 산을 등지고 앞으로 물길을 내려다보는 전형적인 배산임수형이다. 경주의 재화가 형산강을 따라 북동쪽으로 올라와 마을의 안락천에 실려 들어오는 형상이라 하니 풍수지리적으로는 명당 중의 명당이라 할 수 있다. 그런 까닭인지 산등성이와 골짜기를 끼고 들어선 마을의 풍경이 평화롭고 안정돼 보인다.

마을 가운데로 안계라는 시냇물이 흐른다. 이를 경계로 동서로 하촌과 상촌으로 나뉜다. 또 마을 입구에서 산 안쪽으로 들어가면서 남촌과 북촌으로 구분

양동마을은 한국의 대표적인 전통마을 중 하나다.

된다. 평평한 평야지대가 아닌 산자락을 끼고 들어선 마을이라 지세의 높낮이에 따라 가옥이 들어서 있다.

가옥이 들어선 위치에 따라 조선시대 유교적 질서 또는 신분질서를 알 수 있다. 대체로 양반 가옥은 높은 지대에 있다. 신분이 높은 양반이 평민이나 노비보다 아래에 살 수는 없는 일이다. 위에서 내려다봐야 신분질서에 맞는다. 같은 양반 가옥이라도 종가가 마을 가장 높은 곳에 있다. 그 밑으로 자손들의 집이 들어서 있다.

유서 깊은 양반 가옥 아래에는 초가가 낮은 지대에서 둘러싸듯 위치한다. 이들 초가는 '가랍집'이라고 하는 것이다. 보통 양반집 하인들은 행랑채에 기거하거나 문밖에 집을 지어 살았다. 이들을 외거노비라 부르는데, 그들이 살던 집을 가랍집이라고 한다. 외거노비의 집을 부르는 이름은 지역마다 각각 달랐다.

가랍집은 경상도 지역에서 사용하는 이름이다. 전라도에서는 '호지집', 평안도에서는 '마가리집', 황해도에서는 '웃집'이라고 불렀다.

이처럼 좋은 명당터에 뿌리를 내리고 산 사람들은 누구일까. 고려시대에서 조선시대 초기까지 해주 오씨, 아산 장씨가 살았다고 하나 확실하게 알 수는 없고, 여강 이씨와 월성 손씨가 조선시대 초기에 들어온 후 지금까지 살고 있다.

영남대학교에서 발간한 〈경북지방고문서집성〉에는 여강 이씨인 이광호가 마을에 거주하기 시작해 그의 손녀사위가 된 풍덕 류씨 류복하가 처가에 들어와 살았다고 적고 있다. 이어 청송 출신의 월성 손씨 손소가 류복하의 무남독녀와 결혼해 안덕에서 양동으로 이주했다. 손소가 처가의 재산을 모두 상속받아 살게 되었다. 이광호의 5대 종손인 이번이 손소의 둘째 아들 손중돈의 누이

마을 입구에서 바라본 양동마을 전경

에게 장가들어 영일에서 양동마을로 옮겨와 살면서 이언적을 낳음으로써 손씨
와 이씨 두 가문에 의해 양동마을의 역사가 본격적으로 시작되었다. 흔히 양동
마을을 '외손마을'이라고 부르는 것은 류복하, 손소, 이번이 모두 처가로 이사
해 살았기 때문이다.

과거급제자만 117명 배출한 명문 마을

양동마을은 오랜 역사만큼이나 뛰어난 인재가 많이 배출되었다. 여강 이씨
와 월성 손씨 집안에서만 문과 26명, 무과 14명, 사마 76명을 배출했다. 과거
급제자가 117명이나 되니 인재 많기로 둘째가라면 서운한 마을이다.

양동마을을 대표하는 첫 번째 인물은 손소다. 제7대 세조 5년(1459) 식년 문
과에 병과로 급제해 승문원정자로 등용되었다. 승정원주서로 있을 때 문예시

양동마을에는 조선시대의 한옥이 잘 보존되어 있다.

에서 장원을 했다. 1464년 정월 〈의방유취〉의 교정을 잘못 봐서 파직되었다가 7월에 집현전이 폐지되면서 예문관이 기능을 대신하도록 했을 때 겸예문관으로 복직돼 11월 병조좌랑을 거쳐 종묘서령이 되었다.

손소가 가장 두각을 나타낸 것은 이시애의 난(1467) 때다. 이시애는 함길도를 근거로 한 호족이었다. 함길도는 지리적으로 북방 이민족과 접해 있는 곳이라 지방관은 명망 있는 호족 중에서 임명해왔으나 세조가 중앙집권 체제를 강화하는 방편으로 북도 출신의 수령을 줄이고 서울에서 직접 관리를 파견했다. 호패법을 강화해 지방민의 이주를 금지했다. 이러한 정책으로 함길도인들의 불만은 쌓였고, 이시애는 불만을 가진 호족들을 규합해 세조 13년(1467) 세조의 정책에 반대해 반란을 일으켰다. 이것이 '이시애의 난'이다. 손소는 이시애의 난을 평정하는 데 큰 공을 세워 적개공신 2등에 녹훈되고, 내섬시정으로 특진되었다.

이씨 가문을 대표하는 이는 회재 이언적이다. 이언적은 조선 전기 정치, 사상사에서 자신의 성리학 이론을 숙성해 낸 첫 세대 학자이자, 자신의 이론을 정치적으로 표출하기 위해 평생을 노력한 인물이다. 주희의 주리론적 입장을 정통으로 확립해 이황에게 전수했다.

이황의 문집 〈퇴계집〉에는 이언적을 이렇게 표현한다.

"선생은 스스로 학문에 힘써서 남모르는 사이에 날로 드러나고 덕행이 부합했으며 뚜렷이 문장으로 드러나고, 훌륭한 말을 후세에 남겼다. 이러한 분을 우리나라에서 구한다면 그에 짝할 만한 사람은 있지 않을 것이다."

본래 이름은 적이었으나 중종의 명으로 언자를 더해 언적이 되었다. 손소의 아들인 손중돈을 스승으로 삼아 학문을 익혔다. 제11대 중종 9년(1514) 문과에 급제해 이조정랑, 사헌부장령, 밀양부사를 거쳐 1530년 사간이 되었다. 이때 김안로의 등용을 놓고 반대하다 관직에서 쫓겨나 경주 자옥산에서 성리학 연구에 전념했다.

명종 즉위년(1545) 윤원형 일파가 을사사화를 일으키자 사화에 연루된 자들을 심문하는 추관에 임명되었으나 스스로 관직에서 물러났다. 1547년 윤원형

일파가 조작한 양재역벽서사건에 무고하게 연루돼 강계로 유배되었다가 세상을 떠났다. 양재역벽서사건은 당시 외척으로 정권을 잡고 있던 윤원형 세력이 반대파를 숙청한 사건이다. 이로라는 사람이 경기도 과천 양재역에서 "위로는 여주(문정왕후), 아래에는 간신 이기가 있어 권력을 휘두르니 나라가 곧 망할 것."이라는 내용의 벽서를 발견해 명종에게 보고했다. 당시 왕을 대신해 섭정하던 문정황후는 명종에게 관련자들을 숙청할 것을 요청했다. 이 일로 윤원형을 탄핵한 바 있는 송인수, 윤임 집안과 혼인관계에 있는 이약수를 죽이고, 20여 명을 유배했다. 이언적도 무고하게 연루돼 강계에 위리안치되었다.

관가정에서 심수정까지 양동마을 순례

양동마을을 돌아볼 때는 마을 중턱에 600년 된 은행나무를 기준으로 시작한다. 은행나무와 마주하는 커다란 집은 관가정이다. 조선시대에 사헌부 대사헌을 지낸 손중돈이 지은 살림집이다. 관가정이란 이름은 '곡식이 자라나는 것을 보듯이 자손이 커가는 모습을 본다'는 뜻을 담고 있다. 관가정이라 적힌 현판이 걸린 사랑채 마루에 올라서면 너른 들판이 내려다보인다. 집의 구조는 'ㅁ' 자형에 남서 방향으로 사랑채를 이어 붙였다. 사랑채는 돌을 1m 높이로 쌓고, 그 위에 세웠다. 태극무늬가 그려진 중문에 들어서면 안채가 나온다. 안채에서는 부엌을 볼 수 없는 게 특이하다. 본래 안방 전면에 부엌이 있었는데, 일제강점기에 서백당이 종가가 되면서 방으로 개조해 사용하는 것으로 추정된다.

관가정 왼쪽에 보이는 크고 화려한 집은 향단이다. 관가정과 함께 양동마을의 두 가문을 대표하는 고택이자, 여강 이씨 가문을 상징하는 가옥이다. 이언적이 경상도 관찰사로 부임할 때 중종이 어머니의 병을 돌볼 수 있도록 배려해 지은 집이라고도 하고, 이언적을 대신해 어머니를 모시던 동생 이언괄에게 지어준 집이라고도 한다.

향단은 행랑채, 안채, 사랑채가 모두 한 몸체로 이뤄지고, 마당이 두 개나 배치된 특이한 구조. 마당 사이로 큰 방과 마루가 바깥과 분리된 형태를 취하는데, 이는 바깥에서 안쪽이 잘 보이지 않도록 한 구조다. 여성을 위한 특별한 배려인 셈이다. 원래 99칸의 건물이었으나, 6·25전쟁 때 파괴된 것을 보수하면서 56칸으로 줄었다.

여강 이씨의 종가인 무첨당도 빼놓을 수 없다. 이언적이 1543년에 여강 이씨 종가 별당으로 세운 건물이다. 별당으로 지었지만 여강 이씨 종가로 집안의 대소사를 논의하거나 손님들을 대할 때 사용했다. 현재 무첨당은 사랑채로 사용하고 있으며, 제사가 있을 때는 제청으로도 사용한다.

사랑채는 'ㄱ'자형 평면에 대청을 중심으로 좌우에 온돌방을 두고, 좌측 앞으로 튀어나온 누마루가 있는 구조이다. 대청에 앉으면 정면으로 물봉동산의 대나무와 참나무 숲이 보이고 비스듬히 마을로 올라오는 큰길이 한눈에 들어온다.

대청에는 정면에 '무첨당'이라 적힌 현판을 비롯해 오른쪽에 '좌해금서(左海琴書)', 왼쪽에 '물애서옥(勿厓書屋)'이라는 현판이 걸려 있다. '좌해금서'는 흥선대원군이 죽필로 직접 쓴 것이다. '좌해'는 영남을 나타내고, '금서'는 거문고와 책이라는 의미다. 영남의 대표격인 무첨당의 풍류와 학문을 높이 평가하여 하사한 것이다. 마주하고 있는 '물애서옥'은 책을 보관하던 서고가 있던 곳이란 의미이다. 누마루에도 '오체서실(五棣書室)', '세일헌(世一軒)', '청옥루(靑玉樓)', '창산세거(蒼山世居)'와 같이 많은 현판들이 걸려 있다.

무첨당은 건축학적으로도 특별하다. 지붕에 두 가지 양식이 존재한다. 대청과 온돌방이 있는 생활공간의 지붕은 맞배지붕이고, 누마루의 날렵하고 화려한 지붕은 팔작지붕이다. 각기 다른 지붕을 얹은 것은 두 공간이 시간을 두고 따로 지어졌기 때문이다. 각 공간의 역할과 의미에 따라 지붕도 서로 다른 양식을 취한 것이다.

사랑채와 안채 사이의 계단 위에는 사당을 두었다. 사당은 단청이 아름답게 채색된 삼문과 맞배지붕을 갖춘 건물이다. 마당을 지나면 안채로 연결된다. 안채는 주인이 거주하고 있어 들어갈 수 없다.

양동마을에서 제일 안쪽에 자리한 고택은 서백당이다. 월성 손씨의 종가로 양동마을에 처음으로 자리 잡은 손소가 1454년에 지었다. 경사가 심한 땅에 지어져 집의 높낮이를 맞추기 위해 안채와 사랑채를 높은 기단 위에 세웠다.

대문을 들어서면 마당이 나오지 않고 사랑 기단과 누마루가 앞을 막고 있다. 왼쪽으로 돌아 들어가면 안채로 향하고, 오른쪽으로 돌아 들어가면 사랑마당과 사당으로 가는 길로 이어진다. 안채는 생활공간이라 사생활 보호를 위해 여행객의 출입이 금지되어 있다.

사랑마당으로 가면 '서백당'이라고 쓴 현판이 눈에 띈다. 옛 사람들은 사람 이름과 마찬가지로 집에도 좋은 뜻을 지닌 이름을 지었다. 서백당은 '참을 인(忍) 자를 100번 쓴다'는 의미이다. '종가의 살림을 맡은 손씨 집안의 종손으로 살아가려면 가문의 어렵고 복잡한 일들을 참아내어 집안의 화목을 도모해야 한다'는 의미를 담고 있다.

사랑채 뒤 높은 곳에 사당이 자리한다. 사당 앞 정원에는 손소가 집을 지은 기념으로 심은 향나무가 뛰어난 기품을 뽐낸다. 550년이 넘은 향나무는 집안의 역사와 함께 해온 산증인이다.

서백당에서 내려와 마을길을 건너면 심수정이 기다린다. 심수정은 형 이언적을 위해 벼슬을 마다하고 어머니를 봉양한 이언괄을 추모해서 지은 여강 이씨 집안의 정자이다. 양동마을 정자 가운데 가장 규모가 크며, 정자와 행랑채 2동으로 구성되어 있다.

정자는 대청을 중심으로 동쪽과 서쪽에 각각 온돌방을 두었다. 앞쪽으로는 난간을 갖춘 누마루가 있다. 강학당으로 가는 길 옆 담장 너머로 보이는 행랑채는 방, 마루, 방, 부엌이 연결되고 서북쪽으로 광이 붙어 있다.

정자에는 후손들에게 가르침을 주는 세 개의 현판이 걸려 있다. 정면 위에 '심수정' 현판이 걸려 있고, 오른쪽 방 문틀 위에 '이양재(二養齋)'라 쓴 현판이 있다. 심수정은 '마음 가운데의 물'이라는 의미로 생활의 절제와 규범을 잘 지키던 이언괄의 사상이 묻어나는 현판이다. 이양재는 '선비는 음식과 언어는 삼가고 심신과 덕을 닦는 데 힘써야 한다'는 의미이다. 대청 모서리에 걸린 '삼관헌(三觀軒)'은 '세 가지를 보면 그 사람을 알 수 있다'는 뜻으로 어진 사람은 그 대하는 태도를 보면 알 수 있고, 지혜로운 사람은 그 일 처리하는 것을 보면 알 수 있으며, 굳센 사람은 그 뜻을 보면 알 수 있다는 의미이다. 마지막으로 누마루에 걸려있는 '함허루(涵虛樓)'는 겸손한 성품을 지닐 것과 겸손을 덕으로 삼아야 함을 당부하는 의미이다.

심수정은 평상시 문이 닫혀 있어 내부를 볼 수 없으나, 강학당 올라가는 길에서 집 뒤로 돌아가면 산속에 포근하게 자리한 심수정의 모습을 볼 수 있다.

심수정 앞길을 따라가면 산중턱에 대문도 담장도 없는 강학당이 나온다. 이씨 가문의 아이들이 글을 배우던 서당이다. 아이들이 공부하는 장소를 집 가까운 곳이 아닌 산중턱에 세운 이유는 간단하다. 공부의 뜻은 높고 멀리 있으며, 성취 과정은 힘들다는 것을 스스로 깨닫게 하기 위함이다.

이외에도 양동마을에는 수졸당, 근암고택, 두곡고택, 안락정, 수운정 등 많은 고택과 정자가 있다.

양동마을

중요민속문화재 제189호

조선시대 월성 손씨와 여강 이씨 두 양반 가문이 대대로 살아온 집성촌. 마을 뒤편 설창산을 주봉으로 '말 물(勿)'자 모양으로 뻗어 내린 세 구릉과 계곡에 자리 잡고 있다. 조선시대 청백리인 손중돈과 성리학자 이언적의 가옥을 비롯해 가옥 150여 채가 잘 보존되어 있다. 지세를 이용해 건물을 지으면서 종가나 큰 기와집은 높은 언덕에 두고 평민이나 노비의 집은 아래 평지에 둠으로써 조선시대 유교적 신분질서를 표현하고 있다.

중요민속문화재 제81호

조선 제13대 명종 15년(1560) 형 이언적을 위해 벼슬을 포기하고 늙은 어머니를 정성껏 봉양한 이언괄을 추모해 지은 정자. 양동마을 정자 가운데 가장 규모가 크다. 'ㄱ'자 평면구조에, 'ㄱ'자로 꺾이는 부분에 대청을 마련했다. 누마루 부분은 특이하게 아랫부분을 팔각기둥으로 깎았다. 평상시 문이 닫혀 있어 내부를 볼 수 없으나, 강학당 올라가는 길로 돌아서 집 뒤로 돌아가면 산속에 포근하게 자리한 심수정의 모습을 볼 수 있다.

양동 심수정

양동 관가정

보물 제442호

우재 손중돈이 서백당에서 분가해 살던 집이다. 관가정이란 곡식이 자라는 모습을 보듯 자손이 커가는 모습을 본다는 뜻이 담겨 있다. 그런 때문인지 뜰에서 형산강과 너른 들이 한눈에 들어온다. 대문이 사랑채와 연결돼 있어 조선 중기의 남부지방 주택을 연구하는 데 귀중한 자료가 된다. 평면은 'ㄷ'자형의 안채에 'ㅡ'자형의 긴 사랑채와 문간채가 붙어서 'ㅁ'자에 양 날개가 붙은 속칭 '날개집'이라 부르는 유형이다.

양동 향단

보물 제412호

마을 입구에서 정면으로 가장 먼저 눈에 띄는 큰 기와집이다. 회재 이언적이 경상도 관찰사로 부임할 때 중종의 명으로 모친의 병환을 돌볼 수 있도록 배려해 지은 집이다. 풍수지리에 의해 몸체는 '月'자형으로 하고, 'ㅡ'자형 행랑채와 칸막이를 둬 '用'자형으로 만든 특이한 평면구성을 하고 있다. 행랑채, 안채, 사랑채가 모두 한 몸체로 이뤄지고, 2개의 마당을 가진 독특한 집이다. 원래 99칸의 건물이었으나, 6·25전쟁 때 파괴된 것을 보수하면서 56칸으로 줄었다고 한다.

중요민속문화재 제78호

양동 수졸당

이언적의 넷째 손자인 수졸당 이의잠이 제15대 광해군 8년(1616)에 건립한 집. 이의잠의 호를 따서 수졸당이라 했다. 6대손 이정규가 사랑채를 늘려 지었다. 안채, 사랑채, 대문채, 곳간채, 사당으로 구성되어 있다. 'ㄱ'자형 안채와 'ㅡ'자형 아래채, 사랑채, 대문채가 인접해 'ㅁ'자형 구조를 하고 있다. 수졸당의 뒷동산은 숲이 우거져 가벼운 산책을 하기에 좋다.

중요민속자문화재 제83호

양동 강학당

여강 이씨 문중의 서당이다. 대사간을 지낸 지족당 이연상이 학생들을 가르친 곳이다. 일반적인 서당이 'ㅡ'자형 건축이지만, 강학당은 'ㄱ'자형 구조를 하고 있다. 이는 안방 옆으로 아무와 책방을 더하면서 변화된 것으로 보인다. 담장을 두지 않은 개방형 공간이며, 소박하면서도 담담한 멋을 풍긴다. 마을 서쪽 언덕 제일 높은 곳에 위치해 양동마을을 바라보기 좋다.

보물 제411호

양동 무첨당

조선시대 성리학자인 회재 이언적의 종가 일부다. 건물 가운데 3칸은 대청이고 좌우 1칸씩은 온돌방이다. 평면은 'ㄱ'자형을 이고 둥근기둥과 네모기둥을 세워 방과 마루를 배치하고 있다. 상류주택에 속해 있는 사랑채의 연장 건물로 손님 접대, 쉼터, 책읽기를 즐기는 용도로 사용되던 곳이다. 소박하면서도 세련된 건축미를 보여준다.

양동 서백당

중요민속문화재 제23호

월성 손씨 큰 종가. 양민공 손소가 조선 제9대 성종 15년(1484)에 지은 집이다. 양민공의 아들 손중돈과 외손인 이언적이 태어난 곳이기도 하다. '一'자형 대문채 안에 'ㅁ'자형 안채가 있고, 사랑채 뒤쪽 높은 곳에 신문과 사당이 있다. 사당 앞 정원에는 수백 년 묵은 향나무가 있다. 일반적으로 큰 사랑방 대청 건너편에 작은 사랑방을 두지만, 이 집은 작은 사랑을 모서리 한쪽으로 두어 방과 방이 마주하지 않도록 했다. 종가다운 규모와 격식을 갖추고 있으며 사랑채 뒤편 정원의 경치 역시 뛰어나다. 서백당은 참을 인(忍) 자를 100번 쓴다는 의미다.

가볼 만한 곳 양동마을

© 문화재청

✤ 옥산서원 옥산서원은 안동의 도산서원과 병산서원, 영주의 소수서원, 대구의 도동서원과 함께 우리나라의 5대 서원으로 꼽히는 조선시대 교육기관이다. 조선시대 성리학자인 회재 이언적을 기리기 위해 세워졌다. 제14대 선조 5년 (1572) 경주부윤 이제민이 건립하였고, 이듬해 왕에게서 '옥산'이라는 이름을 받아 사액서원이 되었다. 대원군의 서원철폐령에도 그대로 존속된 전국 47개 서원 중 하나다.

이언적은 성리학의 정립에 선구적인 역할을 했다. 독자적인 학문 수립으로 주리론적 입장을 확립했다. 그의 '이우위설' 견해는 이황에게 계승돼 영남학파의 이론에 결정적인 위치를 차지하게 된다.

서원의 구조는 앞에 강당과 기숙사를 두고 뒤에 사당을 배치한 '전학후묘' 형식이다. 문에서 사당까지 직선축을 따라 문루·강당·사당이 질서 있게 배치되어 소박하면서도 간결하다. 무변루의 문으로 사용됐던 역락문은 〈논어〉 '학이편'에 나오는 '불역낙호'에서 따온 것이다. 건물 곳곳에서 조선시대 명필의 글씨를 만날 수 있는데, 옥신서원이라는 현판은 추사 김정희, 무변루라는 현판은 한석봉의 서필이라고 한다.

✤ 정혜사지13층석탑 옥산서원에서 약 700m 가량 떨어져 있는 높이가 5.9m의 통일신라시대 석탑. 13층이라는 높이도 그렇거니와 양식이나 조성수법에 있어 그 유례를 찾아볼 수 없는 특이한 탑이다. 기단은 단층으로 흙을 다져 만들었고, 위에 탑신을 올렸다. 몸돌은 1층만 현저하게 크며 2층부터는 현격하게 줄어든다. 1층 지붕돌에는 네 모서리에 네모난 화강암으로 우주를 삼았다. 그 안에는 양옆에 작은 기둥을 세우고, 기둥 사이에 하인방과 상인방을 걸치고 사이의 공간은 밀폐되었다. 이러한 조성은 목탑의 감실을 따른 것으로 보인다. 이 탑과 비슷한 예는 일본의 담산신사에 있는 목탑을 들 수 있다.

✤ 독락당 옥산서원에서 옥계천을 따라 약 700m 올라가면 독락당이라는 고택이 나온다. 이언적이 조선 중종 27년(1532) 벼슬에서 물러나 고향으로 돌아와 지은 집의 사랑채. 별장 겸 서재로 사용했다. 이언적은 조선 중기의 성리학자로 중종, 인종, 명종 3대에 걸쳐 도학으로

이름이 높았으며, 동방오현의 한 사람으로 존경 받았다. 독락이란 학문에 깊이 빠져들어 사물의 본 모습을 즐긴다는 뜻이다.

독락당은 낮은 단 위에 세워진 정면 4칸, 측면 2칸의 건물로 구성되며, 정면의 왼쪽 1칸에는 온돌방을 두고 가운데 2칸에는 우물마루를 깔아 대청마루로 사용했다. 대청마루 가운데에는 온돌방의 중앙기둥처럼 네모난 기둥이 서 있는 것으로 보아 온돌방으로 꾸며졌을 것으로 추정된다. 독락당 앞쪽 담장에 창을 내어 대청마루에서 창을 통해 냇물을 바라볼 수 있도록 한 것은 매우 기발하고 독특한 공간 구성이다. 뒤쪽에 정자 계정도 계곡과 잘 어울려 독락당이 자연 속에서 조화를 이루고 있음을 알 수 있다. 독락당은 단순한 주택의 기능을 넘어서 자연의 일부분으로서 주택을 상징화한 좋은 예다.

여행수첩

＋ 가는 길
경부고속도로 영천 IC에서 영천시내를 지나 28번 국도를 따라 포항 방면으로 향한다. 안강교차로 지나 제2강동대교를 건너면 좌측으로 양동마을 입구가 나온다. 마을 입구에 문화유산해설사 센터와 주차장이 있다.

＋ 맛집
초원식당
양동마을 안에 몇 곳의 음식점이 있지만, 단연 인기 많은 곳이 초원식당이다. 편안한 초가의 정취가 좋고, 연밥정식을 주메뉴로 하는 집이라 마당에 연꽃이 가득해 눈요깃거리가 많다. 연밥은 잡곡찰밥을 연잎에 싸서 쪄내는 음식. 연잎의 향이 밥에 은은하게 배어 있다. 매생이와 칼국수가 조화를 이룬 매생이칼국수는 시원함과 구수함이 어우러져 입안을 행복하게 한다.
위치 양동마을 내
영업시간 08:00~22:00
전화 054-762-4436
가격 연밥정식 1만 2000원
　　　 불고기백반 1만원
　　　 매생이칼국수 7000원

선비정신으로 대표되는 양반마을
하회마을

Info 문화유산 정보

등재시기 2010년 7월 31일
등재이유 ① 14~15세기에 조성된 한국의 대표적인 전통마을
        ② 조선시대 유교 사상을 바탕으로 자연과 조화를 이룬 전통 건축양식을 잘 보여준다.
        ③ 유교적 삶의 양식과 전통문화가 현재까지 잘 계승된다.

하회마을을 표현할 때 '산태극 수태극'이라고 한다. 풍수적으로 마을의 지형이 산과 물이 서로 얼싸안고 흐르는 태극형이기 때문이다. 마을의 생김새가 강물 위에 떠 있는 연꽃 같다고 해서 연화부수형이라고 한다.

····✿····

안동은 퇴계 이황 이후 성리학의 전통을 이어온 '선비정신'으로 상징되는 유교의 본고장이다. 공자와 맹자의 출생지를 따서 이름 지은 '추로의 향(鄒魯之鄕)'이라는 고장답게 우리나라 선비 문화의 유산이 밀집된 전통의 고장이다.

험준한 경북 북부의 척박한 자연환경 속에서도 선비 문화를 가꿀 수 있었던 원동력은 무엇이었을까?

역사상 당쟁이 가장 치열했던 조선 중기 이후로 정권에서 밀려난 남인들이 이곳에서 오랜 세월 동안 은둔하며 학문에 정진했기 때문이다. 오늘날의 표현으로 하자면 안동은 '야당 지역'인 셈이다.

안동 사람을 말할 때 '열 끼를 굶어도 내색을 않는다', '대추 한 개 먹고 요기한다'는 표현을 쓴다. 굽힐 줄 모르는 선비정신으로 척박한 자연을 극복해가던 안동 사람들의 모습이 다른 지역 사람들의 눈에는 그렇게 비쳐진 것이다. 이러한 정신은 지금도 하회마을에 면면히 계승되고 있다.

하회마을에는 사대부집에서 초가까지 300~500년 된 고가들이 고스란히 보존되어 있다. 정형화되거나 박제된 공간이 아니라 실제 사람들이 살고 있어 생기와 온기가 넘친다. 꼿꼿한 선비정신이 살아 있음인가. 낙동강도 감히 범하지 못하고 마을을 부드럽게 감싸며 돌아나간다.

태백에서 발원한 낙동강이 흘러 안동 하회마을에 이르니 산은 물을 얼싸안고 물은 산을 휘감아 돈다. 물길이 S자 모양으로 집들을 감싸 안고 돌아 마을 이름도 '강물이 돌아나간다'는 뜻의 하회란다.

유교적 삶과 가치관을 지켜며 살아가는 하회마을

    하회마을을 표현할 때 '산태극 수태극'이라고 한다. 풍수적으로 마을의 지형이 산과 물이 서로 얼싸안고 흐르는 태극형이기 때문이다. 또 마을의 생김새가 강물 위에 떠 있는 연꽃 같다고 해서 연화부수형이라고 한다. 풍수지리에서 설명하는 하회마을의 진면목을 보기 위해서는 강 건너 부용대에 올라야 한다. 아찔한 낭떠러지 아래로 시퍼런 강물이 흐르지만 멀리 태백산에서 뻗어 나온 화산 줄기가 낮은 구릉지를 형성하면서 뻗어 하회마을을 뒤에서 받쳐준다. 안동 시내를 지난 낙동강은 마애리를 돌아 풍산들을 적시며 병산서원과 만난다. 그러고는 이내 몸을 틀어 하회마을을 에돌아 예천으로 흐른다. 강과 산의 보호를 받으며 은밀하게 들어선 하회마을은 세상의 악한 기운은 감히 범접하지 못할 지세를 갖고 있다.

한눈에 보기에도 명당터임을 알 수 있다. 이중환은 〈택리지〉에서 사람이 살기 좋은 땅을 언급하면서 하회마을이 풍수적으로 좋은 곳임을 언급했다. "무릇 사람이 살 만한 곳으로 바닷가에 사는 것은 강가에 사는 것만 못하고 강가에 사는 것은 시냇가에 사는 것만 못하다. 대개 시냇가에 사는 것도 고개에서 멀지 않아야 한다. 그래야 평시나 난시 모두 오래 살 만하다. 이러한 곳으로 영남의 도산과 하회가 으뜸이라."

하회마을은 풍산 류씨가 600여 년간 대대로 가문을 이어오는 전형적인 동성부락이다. 하지만 풍산 류씨 이전의 문헌이나 기록이 남아 있지 않아 언제부터 마을이 형성되었는지는 자세하게 알 수 없다. 다만 마을에 '허씨 터전에 안씨 문전에 류씨 배판'이라는 말이 전해져 고려시대 초기에 마을이 형성되었을 거라고 이야기한다. 이 말을 근거로 하면 하회마을에 처음 터를 잡은 것은 허씨이고 그 뒤를 이어서 안씨가 살았던 것으로 짐작된다.

풍산 류씨가 터전을 잡고 살기 시작한 것은 고려 말에서 조선 초에 류종혜가 풍산에서 옮겨온 뒤부터다. 류종혜는 서애 류성룡의 7대조로 3년 동안이나 지금의 하회 동리를 오가면서 마을을 감싸고 도는 물의 흐름이나 산세, 기후조건 등을 살폈다고 한다. 류씨 가문이 뿌리를 내리고 큰 인물을 내기에 적합하다고 생각해 집을 지으려 하자 기둥이 3번이나 넘어져 실패를 거듭했다. 꿈에 신령이 나타나 터를 얻으려면 3년 동안 사람을 이롭게 하라는 계시를 줬다. 땅을 얻기 위해 하회마을 서쪽의 샛재에 움막을 짓고 10년을 살았다. 10년 동안 짚신을 삼으면서 샛재를 지나는 나그네에게 주었다. 그런 연후에 하회마을로 옮겨왔다고 한다.

Tips
마을의 신목이 있는 삼신당

삼신당에는 하회마을에 처음 뿌리를 내린 류종혜가 심었다고 전해지는 수령 600년 이상의 커다란 느티나무가 서 있다. 마을사람들은 이 나무에 마을을 지켜주는 신령이 깃들어 있다고 여겼다. 매년 정월 대보름이 되면 밤에는 마을 입구의 서낭당에서, 다음 날 아침에는 삼신당에서 마을의 안녕과 풍요를 기원하는 제사를 지낸다. 예로부터 마을 사람들은 삼신당 나무 그늘에 모여 담소를 나누기도 하고 소원을 빌기도 했다. 이곳에서 자녀의 출산과 번성을 빌면 신령한 나무가 그 기도를 들어준다고 믿고 있다. 그래서 나무 주위에 사람들의 소원이 적힌 쪽지가 매달려 있다.

사랑채가 셋인 북촌댁

　하회마을에서는 마음이 원하고 발길이 닿는 곳으로 길을 따라 어디든 가면 된다. 그럼에도 사람들의 발걸음은 언제나 양진당과 충효당으로 먼저 향한다. 겸암 류운룡과 서애 류성룡의 종택으로, 하회마을 최고의 고택이라는 것을 알기 때문이다.

　양진당으로 가기 위해 마을 중앙에 난 길을 따라 걸으면 하회마을에서 가장 규모가 큰 북촌댁이 나타난다. 1797년 류사춘이 집을 짓고 만수당이란 이름을 붙이면서 북촌댁의 역사가 시작되었다. 류사춘의 아들인 류이좌가 집을 손질하면서 화경당으로 이름을 바꾸었고, 류도성이 화경당의 규모를 크게 키워 증축했다.

　류도성이 집을 증축할 당시의 일화가 전해진다. 1859년 여름, 마을에 큰 홍

겸암 류운룡이 거하며 제자를 가르치던 겸암정사

서애 류성룡의 학덕을 기리기 위해 후학들이 지은 충효당

수가 났다. 상갓집에 조문을 다녀오던 마을사람 수십 명이 홍수로 배가 뒤집혀 물에 빠지는 사고가 났다. 류도성은 집을 지으려고 3년 동안 준비했던 건축자재를 내 뗏목을 만들어 물에 떠내려가는 마을사람들을 구했다. 일부 목재는 밤에도 구조 작업을 할 수 있도록 불을 붙여 강을 환하게 밝혔다. 이 덕분에 많은 주민들이 목숨을 건졌다. 북촌댁을 지키고 있는 류도성의 후손들은 이 일화로 지금까지 마을에서 존경을 받고 있다고 한다.

집 안으로 들어가면 전체적인 구조는 'ㅁ'자 형태지만, 사랑채와 안채가 앞뒤로 배치되어 있는 게 특이하다. 사랑채는 집의 규모에 맞게 셋이나 된다. 북촌유거는 가장 웃어른이 거주하던 큰사랑, 화경당은 아버지가 거하던 중간사랑, 수신와는 손자가 거처하단 작은사랑이다. 북촌유거는 제일 왼쪽에 부엌, 그 옆으로 방 두 개가 연이어 있고, 다시 대청과 누마루가 이어진 구조이다. 누마루에 앉으면 동쪽으로 화산, 북쪽으로 부용대와 낙동강, 남쪽으로 병산 등 하회마을의 3대 풍광을 동시에 볼 수 있다. 앞마당에는 하얀 마사토가 깔려 있어 달이 환히 비추는 밤에 내려다보면 마치 눈이 내린 것처럼 느껴진다고 한다.

북촌댁에서 눈여겨볼 것 중 하나는 대문이다. 대문이 골목길과 바로 접해 있어 화재와 사고에 쉽게 노출되기에 화방벽으로 지어졌다. 둥글둥글한 돌을 흙과 함께 아랫단에 쌓고 그 위에 암기와(지붕에 얹는 넓적한 형태의 기와)를 나란히 쌓아 선을 강조한 벽을 올려 외부를 장식하는 효과도 매우 크다.

하회마을에서 가장 오래된 양진당

양진당은 풍산 류씨 가문에서 하회마을에 처음 들어온 류종혜가 지은 종가

Tips
흙담의 정취를
느끼자

하회마을은 낮고 아름다운 담장이 많기로 유명하다. 돌담보다 흙담이 많다. 좁은 골목에서 만나는 흙담은 유난히 예쁘다. 풍수적으로 연꽃이 물 위에 뜬 형상이라 돌담을 쌓으면 무거워서 가라앉는다고 여겨 흙담을 쌓은 것이다. 삼신당으로 이어진 골목은 따뜻하고 정감이 가는데, 자세히 보면 골목 양쪽의 담이 서로 다른 모습이다. 왼쪽은 돌과 흙이 함께 사용된 토석담, 오른쪽은 흙이 주로 사용된 판담이다. 판담은 하회마을에서만 볼 수 있는 특별한 담장 형태다. 담을 세울 곳에 긴 널빤지로 약 50cm 너비의 틀을 만들고, 그 사이에 진흙과 짚을 넣어 굳힌 다음에 판을 떼어내어 완성한다. 벽을 자세히 보면 판의 경계선이 보인다.

다. 처음 지을 때는 99칸의 대저택이었으나, 임진왜란 때 불에 타서 지금은 53칸만 남았다. 조선시대에는 왕이 사는 궁궐만 100칸이 넘을 수 있었으니 양진당은 민가 중에서는 가장 큰 규모의 집이었다.

대문을 들어서면 마당이 있고, 마당 건너편에 별채로 쓰이는 사랑채가 자리한다. 사랑채는 마당보다 한 층 높게 쌓은 기단 위에 세워졌다. 다른 가옥보다 높게 세워진 사랑채는 툇마루를 달고 난간을 설치해 격이 높은 중후한 멋을 낸다. 대청 앞 처마에는 '입암고택(立巖古宅)'이라고 쓰인 현판이 걸려 있다. 황해도 관찰사를 지낸 입암 류중영의 호를 따서 입암고택이라 부르기도 한다. 양진당이라는 현판은 대청 안에 걸려 있다. 종가답게 사랑채 대청이 매우 크다. 이곳에서 풍산 류씨 가문의 대소사가 논의되고 제사를 지낸다. 사랑채와 연결된

하회마을 내 보살상을 닮은 나무와 신목에 매단 소원들

건물은 안채다. 한옥에서 안채와 사랑채는 별도의 건물로 분리되어 있는 게 일 반적이나, 양진당의 안채와 사랑채는 서로 연결된다. 사랑채 툇마루와 안채의 대청을 같은 높이로 만들고, 두 건물 사이에 외닫이 출입문을 설치해 하나로 연결된 공간으로 만들었다. 외닫이 문은 주로 제사를 지낼 때 사용한다. 안채 에서 제사 음식을 차리면 제관들이 문을 이용해 사랑채 대청까지 제사 음식을 날라 제사상에 올리게 된다. 많은 사람이 모여 북적거리는 제사 때 안채와 사 랑채를 연결하는 출입문을 이용하면 훨씬 공간을 넓게 활용할 수 있다.

　안채 건물에는 창과 문이 나 있는데, 가장 오른쪽에 있는 창문이 재미있다. 위로 올렸다 내릴 수 있게 만든 '벼락닫이문'다. 조선시대는 유교적 예의범절을 중시하여 남녀가 유별했던 시절이기에 안채에서 생활하던 여자들이 창을 위로

류성룡의 종택인 충효당

열어서 걸어두었다가도 누군가가 오는 기척이 들리면 얼른 창을 닫을 수 있도록 한 구조다. 문 닫히는 소리가 벼락이 치는 듯 하다 하여 벼락닫이문이란 이름이 붙었다.

사랑채 옆에 난 작은 문을 나가면 넓은 정원과 함께 두 개의 사당이 자리하고 있다. 한 집에 사당이 두 개 있는 것이 의아하다. 그 이유는 불천위가 둘이기 때문이다. 불천위란 나라에 큰 공훈을 남기고 죽은 사람의 신주를 땅에 묻지 않고 사당에 영구 보관하면서 제사 지내는 것이 허락된 신위를 말한다. 류중영과 류운룡이 불천위인데, '장유유서'의 유교정신에 입각해 아버지와 아들의 위패를 한 건물에 모실 수 없어 두 개 사당을 세워 신위를 모신 것이다. 아버지인 류중영의 사당이 아들 류운룡의 사당보다 기둥의 간격과 규모가 더 크다.

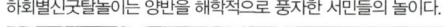

하회별신굿탈놀이는 양반을 해학적으로 풍자한 서민들의 놀이다.

〈징비록〉이 보관되어 있는 충효당

양진당 맞은편에 충효당이 있다. 류성룡의 종택이자 하회마을을 대표하는 고택이다. 현재의 집은 류성룡이 살았던 집은 아니고, 그가 세상을 떠난 후 손자와 제자들이 학덕과 업적을 기리기 위해 크게 지은 것이다. 류성룡이 관직을 그만두고 고향에 내려왔을 당시에는 집이 매우 단출했다고 한다. 류성룡은 충효당이 지어지기 이전의 집에서 어린 시절과 노년을 보냈다.

1999년 4월 영국여왕 엘리자베스 2세가 '가장 한국적인 것을 직접 체험하고 싶다'며 하회마을에 왔을 때 충효당을 방문했다. 여왕의 격에 맞춰 하회마을 출신으로 가장 높은 벼슬을 한 류성룡의 집이 선택된 것이다. 여왕의 방문 이후 집 앞으로 난 길까지도 유명세를 탔는데, 여왕이 걸은 길이라고 해서 '퀸 로드(Queen Road)'라고 불린다.

충효당의 대문은 양진당보다 긴 행랑이 독립된 건물로 배치되어 있다. 행랑은 대문에 붙어 있는 주거공간이다. 보통 하인들이 기거하는 방이나 살림살이를 넣어두는 광, 부엌 등으로 구성되어 있다. 긴 행랑채는 류성룡의 8대손인 류상조가 병조판서가 되었을 때 병사들이 기거할 공간이 없어서 한 달 만에 지은 것이다. 대문을 들어서서 정면에 보이는 건물은 사랑채이다. 계단을 오르면 대청에 '충효당' 현판이 보인다. 충효당이란 류성룡이 평소에 "나라에 충성하고 부모에 효도하라(忠孝之外無事業)"는 말을 자주 해서 후학들이 이를 받들어 지은 것이다. 충효당이란 글씨는 조선 중기의 명필로 이름난 허목이 썼다.

사랑채를 오른쪽으로 돌아가면 사당이 나온다. 사당에는 류성룡과 4대조 신위가 모셔져 있다. 사당의 규모는 크지 않지만 커다란 문과 높은 담장이 장중함을 흐르게 한다. 사당 뒤편에는 류성룡의 흔적을 만날 수 있는 영모각이 있다. 류성룡의 유물을 보존하고 있는 전시관으로 선조가 내린 영의정 임명장을 비롯해서 관직에 있을 때 입었던 의복, 가죽으로 만든 가죽신, 상아로 만든 홀(관복을 입었을 때 손에 드는 가늘고 긴 판), 어사화, 각종 교지 및 교서 등 유물 90여 점이 전시되어 있다. 임진왜란의 원인과 전황 등을 기록한 〈징비록〉도 보관되어 있다.

서애와 겸암에 의해 꽃을 피우다

하회마을을 이야기할 때 반드시 거론되는 인물이 류운룡과 류성룡 형제다. 이들의 후손에 의해 풍산 류씨가 동성집단을 넓히면서 본격적으로 류씨 마을이 형성되기 때문이다.

류운룡은 류성룡의 형이다. 자는 홍현이며, 호는 겸암이다. 어릴 때부터 유달리 총명해 모든 경서와 사서를 통독함으로써 인재로 촉망받았다. 명종 16년(1561) 23세 때 도산에서 퇴계 이황을 만나 〈사기〉〈근사록〉 등 천문과 경학을 배웠다. 제14대 선조 5년(1572) 아버지의 공으로 과거를 보지 않고 관직을 얻어 전함사별좌(조선시대 전함의 수리나 관리를 하던 관청의 5품관직)로 관계에 나갔다. 이듬해 의금부도사(왕명을 받으러 죄인을 심문하던 의금부 관리)로 임명받았으나 사퇴했다. 이후 전국 각지에서 올라온 미곡, 콩, 종이, 자리 등 물품을 관할하는 풍저창의 직장(종7품)을 역임하면서 청렴성과 업무능력을 인정받아 풍저창직장 유능한 관리로 이름을 떨쳤다. 이어 왕실에서 사용되는 각종 물자를 관장하는 내자시에서 문서와 부적을 주관하던 종6품 벼슬인 주부로 승진했다. 진보현감 등을 지냈으나 어머니의 신병을 이유로 사퇴하였다가 다시 관직에 나가 광흥창주부와 한성부판관, 평시서령, 사복시첨정 등을 두루 역임하였다.

선조 25년(1592) 4월 도요토미 히데요시의 명을 받은 고니시와 가토가 조선을 침입한 임진왜란이 발발하자 영의정이던 동생 류성룡이 어머니를 구출하도록 류운룡을 해직시켜달라는 건의가 받아들여져 온 가족이 무사하도록 해 효심을 칭찬받았다. 전란 중인 그해 가을에 풍기가군수(풍기 군수서리)가 되어 평상시와 같이 조공을 함으로써 얼마 뒤 정군수가 되었다.

선조 31년(1598) 봄에 어머니를 모시고 태백산 아래 도심촌에 거하였고, 12월 동생 류성룡과 함께 도심우사에 기거하였다.

류성룡은 네 살 때부터 글을 읽었다는 신동이다. 형 류운룡이 음서를 통해 관직에 진출한 것과 달리 명종 19년(1564) 생원·진사가 되었고, 이듬해 성균관에 들어가 공부해 1566년 별시 문과에 병과로 급제해 문승원 권지부정자(외교문서를 담당하던 승문원의 종9품 벼슬)가 되었다. 이듬해 정자를 거쳐 예문관검열(임금의 말이나 명령을 대신 짓는 것을 담당한 예문관에서 사초 꾸미는 일을 맡아보던 정9품 벼슬)로 춘추관기사관(시정을 기록하는 일을 맡아보던 춘추관의 정6품~정9품 벼슬)을 겸직했다.

선조 1년(1568) 사헌부감찰(언론, 사법, 감찰의 역할을 하던 사헌부의 정6품 벼슬)로 성절사(중국 황제와 황후의 생일을 축하하기 위해 보내던 사절)의 서장관(사절단의 매일매일의 사건을 기록하는 기록관)이 되어 명나라에 갔다가 이듬해 돌아왔다.

선조 21년(1588) 홍문관(경서와 사적의 관리, 문한의 처리 및 왕의 자문에 대비하는 일을 맡아보던 관청)과 예문관의 대제학에 올랐으며, 이듬해 정여립 모반사건으로 기축옥사가 일어나자 여러 차례 벼슬을 사직했으나 왕이 허락하지 않자 소를 올려 스스로 탄핵했다.

1590년 우의정에 올랐고, 이듬해 좌의정으로 승진하면서 이조판서를 겸직했다. 왕세자 책봉 문제를 둘러싸고 동인과 서인 사이의 분쟁에서 동인이 승리, 서인 정철에 대한 처벌을 놓고 온건파인 남인에 속해 있으면서 강경파인 북인의 이산해와 대립하기도 했다. 1592년 4월 임진왜란이 일어나자 병조판서로 도체찰사(임시직으로 국가비상 시 왕명에 따라 군정과 민정을 총괄한 최고 군직)를 겸했다. 이어 영의정으로 왕을 호위해 평양까지 갔으나 나라를 그르쳤다는 반대파의 탄핵을 받고 면직되었다. 그러나 의주에 이르러 다시 평안도 도체찰사가 되고, 이듬해인 1593년 명나라의 장수 이여송과 함께 평양성을 수복해 충청도·경상도·전라도 3도의 도체찰사가 되어 파주까지 진격했다. 같은 해 다시 영의정에 올라 4도의 도체찰사를 겸해 군사를 총지휘했다. 군대양성과 함께 화포 등 각종 무기 제조, 성곽 수축을 건의해 군비확충에 노력하였으며, 소금을 만들어 굶주리는 백성을 진휼할 것을 건의하였다.

선조 27년(1594) 훈련도감이 설치되자 제조(중앙에서 각 사 또는 청의 우두머리가 아니면서 각 관아의 일을 다스리던 직책)가 되어 중국 명나라 장수 척계광이 왜구를 소탕하기 위해 지은 〈기효신서〉라는 병서를 풀이했다. 이외에도 호서의 사사위전을 훈련도감에 소속시켜 군량미를 보충하고 조령에 관둔전 설치를 요청하는 등 명나라, 일본과 화의가 진행되는 동안에도 군비를 확충하기 위해 노력했다.

선조 31년(1598) 명나라 정응태가 조선이 일본과 연합해 명나라를 공격하려 한다고 무고한 사건이 일어났다. 이때 사건의 진상을 변명하러 명나라에 가지 않았다는 이유로 북인의 탄핵을 받아 관작을 삭탈 당했다. 1600년에 복관되었으나 벼슬에 나가지 않고 은거했다.

하회마을을 굽어보는 부용대

하회마을을 나오면 강변에 소나무가 우거진 숲이 보인다. 강과 소나무가 어우러져 멋진 풍경을 자랑하는 만송정 솔숲이다. 낙동강이 하회마을을 휘돌아 흐르며 만들어 놓은 모래밭에 류운룡이 만 그루의 소나무를 심어 가꾼 것이다. 강 건너편의 바위 절벽인 부용대의 거친 기운과 거센 강바람, 모래바람으로부터 마을을 보호하기 위한 방풍림이다. 솔숲이 여름에는 수해를, 겨울엔 세찬 바람을 막아주는 역할을 한다.

솔숲에서 바라보이는 부용대를 가는 방법은 두 가지다. 강가로 내려가 배를 타고 건너가는 것과 하회마을을 나와 승용차로 풍천면사무소를 돌아가는 것이다. 배를 이용하면 쉽지만 개인이 운영하는 것이라 운행하지 않는 날이 많다.

화천서원 앞에 차를 세우고 옆으로 난 산길을 오르면 부용대까지 10분 정도

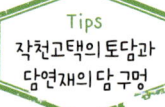

Tips
작천고택의 토담과 담연재의 담 구멍

하회마을을 관람하면서 보물찾기 하듯 찾아보면 좋은 곳이 작천고택과 담연재이다. 작천고택은 1934년 마을에 대홍수가 났을 때 문간채가 쓸려나가고, 지금은 일자형의 안채만 남아 있다. 이 집에서 눈여겨볼 것은 사랑채에서 안채로 이어지는 마당의 작은 토담이다. 한옥은 남자들의 공간인 사랑채와 여자들의 공간인 안채로 구분된다. 유교적 예의범절을 중시하던 조선시대에 사랑채를 찾은 외부 손님이 안채의 여자들과 서로 마주치지 않도록 토담을 둔 것이다. 그래서 이 담을 '내외담'이라고도 부른다. '남자는 바깥에 살고 여자는 안쪽에 머물러 문단속을 철저히 한다'는 남녀유별 사상에 따라 만든 것이다.

작천고택 뒤편의 담연재에는 우측 담에 작은 구멍이 만들어져 있다. 옛날 부잣집에서는 과거를 치르는 때가 되면 담장을 뚫고, 담장 안에 돈을 넣은 항아리를 놓아 가난한 선비들의 노잣돈을 챙겨 주었다고 한다. 담연재에도 구멍을 뚫어 가난하고 어려운 사람들을 위해 약간의 돈을 넣어놓았다고 한다. 지금은 우체통으로 사용한다. 담연재는 배우 류시원의 본가이자, 영국여왕 엘리자베스 2세가 생일상을 받았던 장소이기도 하다.

걸린다. 부용대에 오르면 하회마을이라는 이름이 왜 붙여졌는지 저절로 알게 된다. 하회(河回)는 '물이 돌아나간다'는 뜻이다. 부용대에서는 강물이 S자 모양으로 하회마을을 감싸 안고 돌아 흐르는 풍경이 한눈에 들어온다.

부용대는 물에 떠 있는 연꽃 모양인 하회마을의 절벽이라는 뜻이다. 하회마을 북쪽에 있는 언덕이라고 해서 '북애'라고도 불렸다. 하회마을을 휘감아 도는 거센 강물이 마을을 비켜가도록 만들어주는 완충역할을 한다. 마을 사람들은 부용대의 위치가 조금만 달랐어도 매년 물난리를 겪었을 거라며 부용대를 신통한 곳으로 여긴다.

부용대 동쪽 밑에 낙동강과 하회마을을 바라보는 소박하고 아담한 옥연정사가 들어서 있다. 류성룡이 〈징비록〉을 저술한 장소이다. 관직에서 물러나 독서를 하면서 조용히 말년을 보내고자 했던 류성룡은 부용대 기슭에 터를 잡았지만 청렴한 성품으로 인해 집을 지을 돈이 부족했다. 이를 알게 된 탄홍이란 승려가 물자를 지원해 주어 10년에 걸쳐 지었다고 한다.

옥연정사는 대문간채 · 안채 · 사랑채 · 별당채로 구성되어 있다. 주 공간은 〈징비록〉을 저술한 원락재라 불리는 안채였다. 원락재란 이름은 〈논어〉 '학이편'의 한 구절인 "먼 곳으로부터 벗이 찾아오니 또한 즐겁지 아니한가(有朋自遠方來不亦樂乎)"에서 따온 것이다.

부용대 서쪽 밑에는 류성룡의 형 류운룡이 머물던 겸암정사가 있다. 두 형제는 우애가 매우 두터웠다. 사랑채 오른쪽에 난 작은 문을 나가면 절벽에 좁은 계단길이 나 있는데, 이 길이 부용대 반대편에 있는 겸암정사로 이어진다. 토끼가 다닐 만큼 좁다고 해서 일명 '토끼길'이라고 한다. 두 형제는 토끼길을 통해 서로 오가며 수시로 안부를 물었다. 지금은 여행객이 다니기에는 위험해서 폐쇄되었다.

하회탈과 허도령의 전설

하회마을을 이야기하면서 빼놓을 수 없는 게 하회탈이다. 국보 제121호로 지정된 하회탈은 고려 중엽인 12세기에 허도령에 의해 13종 14개가 제작되었다고 전한다. 그중 3개를 잃어버리고 현재 10종 11개가 국립중앙박물관에 보관되어 있다. 분실한 3개의 탈은 일제강점기에 일본인이 가져갔다는 말이 마을 사람들에게 전해온다.

하회탈은 하회마을에 처음 터를 잡고 살았던 허씨와도 연관성이 깊다.

옛날 하회마을에는 마을을 지켜주는 별신당이 있었다. 매년 음력 정월 초이튿날 부락민이 모여 별신굿이라는 부락 동신제를 지냈다. 이때 마을 사람들은 신명나는 놀이를 만들기 위해 논의한 끝에 양반, 선비, 초랭이, 영감, 이매, 백정, 할매, 주지, 소 등을 등장시키자고 입을 모았다. 그런데 총각 한 사람이 "얼마 전에 윗마을에 중이 나타나서 각시를 업고 달아났다는데, 기왕에 삐뚤어진 양반사회를 풍자하기로 했으면 중과 각시 마당도 넣지요. 그게 더 재미있지 않겠어요." 하였다. 마을 사람들은 젊은이의 말에 동조하며 신바람 나는 놀이를 꾸몄다.

지체 높은 양반을 풍자하고 해학적으로 표현하는 것까지는 좋았는데, 막상 춤을 추며 놀이를 행하려니 누가 어떤 역할을 했는지 금방 알게 되어 하는 사람도 꺼리게 되고 보는 사람도 흥이 나지 않았다. 궁리한 끝에 손재주가 뛰어난 허도령에게 탈을 만들어달라고 부탁했다. 그런데 허도령은 무슨 영문인지 극구 사양했다. 어느 날 허도령의 꿈에 마을 수호신이 나타나 정성을 다해 탈을 만들라는 계시를 내렸고, 꿈을 신기하게 여긴 허도령은 자기에게 주어진 사명으로 받아들여 탈을 제작하게 되었다.

허도령은 마을 뒷산에서 외인의 접근을 금지하는 금줄을 두르고 정성을 다해 탈을 만들었다. 백정은 사나우면서도 솔직하게, 할매는 주름살이 깊고 고생

에 찌든 늙은이의 모습으로, 초랭이는 촐랑대는 얄밉고 익살스러운 모습으로 탈을 제작했다.

 석 달 가까이 작업에 열중한 보람이 있어서 열두 개의 탈을 거의 다 만들었을 무렵, 허도령을 사모하던 처녀가 보고 싶은 것을 참지 못해 그를 찾아갔다. 매일 정화수를 떠놓고 기도를 하던 처녀가 정화수 속에서 허도령이 탈을 만드는 모습을 보고는 탈을 다 만들었다고 생각한 것이다. 매일같이 허도령의 집 앞을 오가면서 기웃거렸지만 석 달이 다 되도록 얼굴 한 번 못 봤으니 처녀의 심정이 오죽하였겠는가.

 허도령의 집에 몰래 들어간 처녀는 문틈으로 훔쳐보다 말을 걸었다. "허도령님, 잠시 쉬었다가 하세요." 이매의 턱을 만들려던 허도령은 여인의 목소리에 흠칫 놀랐다. 이때 갑자기 마른하늘에서 번개가 치고 비가 쏟아졌다. 그리고 허도령이 피를 토하고 그 자리에서 쓰러져 죽고 말았다. 처녀는 혼비백산해 달아나다 벼랑에 굴러 떨어져 죽고 말았다. 이로 인해 이매의 턱은 완성되지 못했다고 전한다.

하회마을

중요민속문화재 제122호 산은 물을 얼싸안고 물은 산을 휘감아 돌아 산태극, 수태극의 형상을 이룬다고 해서 하회마을이라 부른다. 원래 허씨들이 모여 살기 시작한 뒤 고려 말까지 안씨의 집성촌이었다. 조선시대 초기 류종혜가 입향한 뒤 약 6백 년간 겸암 류운룡, 서애 류성룡 등 풍산 류씨가 이어오는 동성부락이다. **Open 하절기** 19:00~19:00 **동절기** 09:00~18:00 **Cost 어른** 3000원 **청소년** 1500원 **어린이** 1000원 **Tel** 054-853-0109

부용대

하회마을을 한눈에 조망할 수 있는 높이 64m의 절벽. 낙동강이 하회마을을 감싸며 돌아나가는 풍경을 가장 잘 볼 수 있는 전망대다. 부용대는 부용을 내려다보는 언덕이란 뜻이다. 부용은 중국 고사에서 따온 것으로 '연꽃'을 뜻한다. 하회마을이 들어선 모습이 연꽃 같다는 데서 유래한 이름이다. 처음에는 '하회 북쪽에 있는 언덕'이란 뜻에서 '북애'라 불렸다.

하회 충효당

보물 제414호 서애 류성룡의 종택이다. 류성룡이 살았던 집은 아니고, 그가 세상을 떠난 후 후학들이 학덕과 업적을 기리기 위해 지었다. 충효당이란 이름은 류성룡이 평소에 "나라에 충성하고 부모에 효도하라"는 말을 자주 해서 후학들이 이를 받들어 지은 것이다. 충효당은 여느 집에 비해 긴 행랑채를 가지고 있다. 이는 류성룡의 8대손 류상조가 병조판서로 있을 때 불시에 닥칠 군사들을 맞이하기 위해 급하게 지은 것이라 한다.

하회 양진당

보물 제306호 처음 지을 때만 해도 99칸의 큰 집이었다고 하는데, 현재는 'ㄷ'자형 살림채 한 채만 남아 있다. 살림채는 본채와 날개채로 이루어졌다. 여느 기와집과 비슷하게 생겼으나, 지면에서 높이 축대를 쌓고 그 위에 집을 지었다. 2층 집인 셈이다. 2층으로 지은 것은 상습적인 침수지역이라 낮고 습한 땅 위에 기단을 만들지 않고 기둥을 높여 건물을 지은 것이다. 또 건물 주위에 난간을 둘러 누각처럼 만든 것도 이채롭다.

**하회
겸암정사**

중요민속문화재 제89호

부용대의 서쪽 강물이 크게 감돌아 굽이치는 절벽 위 소나무 숲 속에 자리한 건물. 겸암 류운룡이 1567년에 학문 정진과 제자 양성을 목적으로 지었다. 정사에서 바라보는 강 건너 모래사장과 송림이 운치 있다. 겸암이란 당호는 퇴계 이황이 류운룡의 학문에 감복하여 지어준 것으로 이를 귀하게 여겨 자신의 호로 삼았다 한다. 겸암정이란 현판 글씨는 이황이 직접 쓴 것이라고 전한다.

중요민속문화재 제88호

부용대 동쪽 강가에 자리한 옥연정사는 류성룡이 임진왜란이 끝나고 벼슬에서 은퇴한 후 〈징비록〉을 저술한 곳으로 유명하다. 정사는 안채, 별당채, 사랑채로 구성되어 있다. 각각의 건물은 독립되어 있고, '一'자형의 구조를 이루고 있다. 류성룡은 주로 별당채에 기거하며 집필을 하였다고 한다.

하회
옥연정사

✤ **병산서원** 조선 중기의 문신인 서애 류성룡의 위패를 모신 서원. 고려말부터 사림의 교육기관이었던 풍악서당이 전신이다. 풍산현에 있던 서당을 조선 선조 5년(1572) 류성룡이 지금의 병산으로 옮겨왔다. 1607년 류성룡이 타계하자 광해군 5년(1613)에 정경세 등의 지방유림이 류성룡의 위패를 모시고 존덕사를 창건했다. 이후 1614년 병산서원으로 개칭했다. 철종 14년(1863) '병산'으로 사액을 받아 서원으로 승격되어 대원군의 서원철폐령에도 그대로 명맥을 유지한 전국 47개 서원 중의 하나이다. 정문인 복례문을 지나면 누다락인 만대루가 있다. 누 밑을 통해 오르면 중앙의 마루와 양쪽 협실로 이루어져 강당으로 사용한 입교당이 나온다. 묘우인 존덕사에는 류성룡과 류진의 위패가 배향되어 있다. 만대루와 복례문 사이에는 물길을 끌어다가 천원지방 형태의 연못을 만들었다. 병산서원은 건물과 자연의 조화가 뛰어나며, 초기의 소수서원, 도산서원을 거치면서 형성된 전형적인 서원 형식을 갖추고 있다.

※ **Open** 09:00~18:00 **Cost** 무료 **Tel** 054-858-5929 **Web** www.byeongsan.net

✤ **마애선사유적전시관** 2007년 마애리 솔숲 공원을 조성할 때 발굴조사를 통해 후기구석기시대로 추정되는 집자리와 유물이 발견되었다. 발굴 당시의 집자리를 실제 모습으로 꾸민 발굴지와 이곳에서 출토된 주먹도끼, 찍개 등의 구석기시대 유물을 전시하고 있다. 이외에도 선사시대 사람들의 생활상을 알 수 있도록 디오라마를 만들어 이해가 쉽도록 했다.

※ **Open** 09:00~18:00 **Cost** 무료 **Tel** 054-840-6466

✤ **봉정사** 신라 신문왕 2년(682) 의상이 창건한 유서깊은 절이다. 전하는 바에 의하면 의상이 먼저 부석사를 창건한 뒤 도력으로 종이 봉황을 만들어 날리고는 종이 봉황이 앉은 곳에 절을 짓고 봉정사라 했다고 한다. 봉정사를 창건한 의상은 화엄강당을 짓고 제자들에게 화엄종을 전했다. 참선도량으로 사세가 한창일 때는 9개의 부속암자를 거느린 사찰이었다고 하나, 한국전쟁 때 북한군이 사찰에 있던 건물과 경전 등을 모두 불태워버렸다. 현재 우리나라에서 가장 오래된 목조건물로 알려져 있는 극락전을 비롯해 대웅전, 화엄강당 등의 건물이 있다.

극락전은 신라시대의 건축양식을 계승한 고려시대의 건물로 우리나라에서 가장 오래된 목조건물이다. 1972년 해체, 수리 시 발견된 상량문에 의하면 1363년에 지붕을 중수한 기록이 있다. 이로써 적어도 고려 중기인 12~13세기에 건립된 목조건물임이 밝혀졌다. 고려시대에 지어진 것이지만 통일신라의 건축양식을 따르고 있

으며, 배흘림기둥의 단아함과 기품 있는 내부 가구 등이 모두 국보적 기법을 갖추고 있다.

대웅전은 조선 초기의 건물로 다포양식의 팔작 지붕 건물. 자연석을 쌓은 기단 위에 비교적 낮은 기둥을 세웠다. 건물 앞면에 툇마루를 설치한 것이 독특하다. 기둥과 기둥 사이의 간격이 넓고, 건물의 크기에 비해 기둥이 얇아 보이지만, 오히려 안정된 느낌을 준다. 팔작지붕의 처마는 겹처마로 길이가 길고, 추녀의 네 끝에는 활주를 두어 추녀마루를 지탱하고 있다. 우리나라에 남아 있는 조선 초기의 건축물은 그 예가 많지 않기 때문에 당시 건축양식을 알 수 있는 귀중한 자료로 평가된다.

화엄강당은 대웅전과 극락전 사이에 있는 주심포 양식의 맞배지붕 건물이다. 자연석으로 축대를 쌓고 그 위에 장대석으로 낮은 기단을 만들었다. 정면의 왼쪽 1칸은 방이고 나머지 2칸은 마루로 되어 있다. 이 건물은 공포가 주심포계에서 익공계로 변해가는 조선 초기의 절충 형식을 보여준다.

여행수첩

➕ **가는 길**

중앙고속도로 서안동 IC에서 나와 34번 국도를 따라 예천 방향으로 간다. 중리마을을 지난 삼거리에서 하회마을 이정표를 보고 진입하면 된다. 남안동 IC와 혼동하지 않도록 조심한다.

➕ **맛집**

유진찜닭

안동의 대표 먹거리 중 하나인 안동찜닭을 전문으로 하는 집. 잘 손질한 닭을 한 번 삶아낸 후 양념간장에 조려내는 찜닭은 짭조름함과 달달한 맛으로 인기가 높다. 맛이 강하거나 자극적이지 않고 간이 심심해서 먹기에 부담이 없다. 화학조미료를 사용하지 않아 느끼한 맛도 없다.

위치 안동구시장 내 통닭골목에 위치
영업시간 09:00~22:30
전화 054-854-6019
가격 안동찜닭 2만5000원
　　　 쪼림닭 2만5000원

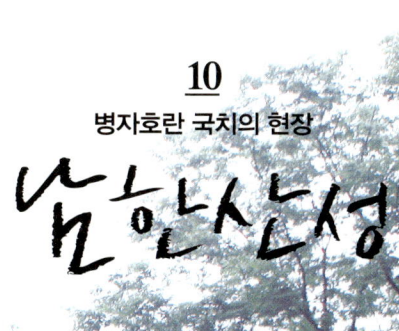

10

병자호란 국치의 현장

남한산성

Info 문화유산 정보

등재시기 2014년 6월

등재이유 ① 17세기에 계획되어 현재까지 관리돼 온 산성도시이다.

② 동아시아 성곽 건축의 원리를 반영한 조선 고유의 산성건축이자, 산성 건축술의 원형과 시대별 발달을 보이는 교본이다.

③ 자연지형과 인공 방어시설을 통합한 산악요새이자, 방어시설이 완전하고 방어체계가 독특하다.

④ 불교신앙의 중심지로 승영사찰을 통해 축성과 관리가 이뤄졌다.

2014년 6월 유네스코로부터 반가운 소식이 날아들었다. 남한산성이 우리나라에서 11번째로 세계유산에 이름을 올린 것이다. 기쁘고 행복했다. 남한산성이 담고 있는 역사의 슬픔이 위로 받은 것 같아서다.

········ ❀ ········

우리는 오천 년을 이어온 역사를 자랑스러워한다. 오랜 시간 속에는 수많은 사건들이 실타래처럼 엉켜 있다. 그 가운데는 자부심을 느낄 만한 것도 있지만, 씻을 수 없는 민족의 치욕으로 기록된 사건과 현장도 전해온다. 대표적인 것이 조선시대에 발생한 병자호란이요, 남한산성이다.

파죽지세로 몰아쳐 온 청나라의 10만 대군의 공세를 피해 인조는 남한산성으로 피신했다. 성문을 굳게 걸어 잠그고 버티고 버텼지만 두 달을 못 견디고 항복을 하고 말았다. 남한산성을 나와 먼 길을 걸어 삼전도(현 서울 송파구 삼전동)에서 청 태종 앞에 세 번 무릎 꿇고 큰 절하고, 아홉 번 땅바닥에 머리를 조아리며 항복의 예를 갖춘 수치스런 장면을 〈인조실록〉이나 〈승정원일기〉는 잘 기록하고 있다.

역사는 이를 '삼전도의 굴욕'이라 기록하였고, 우리는 지금까지도 그날의 치욕을 기억한다. 그날의 쓰라린 기억을 상기시켜 주듯 서울 송파구에는 삼전도비가 말없이 우두커니 서 있다. 시간이 흐르고 흘러 조선은 역사 속으로 사라졌고, 새로운 대한민국이 들어섰다. 그럼에도 남한산성은 변함없이 제 자리를 지키고 섰다. 슬픈 역사와 굴욕의 현장을 지켜본 남한산성 여행을 통해 오욕의 역사를 되풀이하지 않도록 교훈을 얻어야 할 것이다.

영화 '최종병기 활'의 배경인 병자호란

병자호란은 조선 인조 14년(1636) 12월부터 이듬해 1월에 청나라의 제2차 침

©광주시청

인조가 청나라에 맞서 45일간 전투를 벌인 남한산성

입으로 일어난 전쟁이다. 병자년에 일어나 정축년에 끝나 '병정노란'이라 부르기도 한다.

　청나라가 조선을 침입한 건 병자호란이 처음은 아니다. '인조반정'으로 광해군을 쫓아내고 인조가 왕위에 오르자 조선 조정에 변화가 있었다. 인조를 왕으로 옹립한 서인들이 정권을 주도하게 되었고, '친명배금' 정책을 펴서 쓰러져 가는 명과 친하게 지내고 신흥 세력으로 부상하는 후금(훗날 청나라)을 배척했다.

　1627년 후금은 광해군의 복수를 한다며 조선에 침입했다. 이것이 1차 침입이며, 정묘호란이라 부른다. 무방비 상태로 있다가 후금에 당한 조선은 결국 '형제의 나라'임을 약속하는 것으로 전쟁은 일단락 지었다. 문제는 여기서 그치지 않았다. 후금은 정묘호란으로 맺은 약속을 위반하고 식량과 병선을 강제로 요구하는가 하면, 압록강을 건너 와 민가를 약탈하는 행위를 자행했다. 당시 후금은 만주 지역 대부분을 차지하고 만리장성을 넘어 명나라 북경을 공격하며 세력을 확장하고 있었다. 종국에는 후금이 양국관계를 '형제지의'에서 '군신지의'로 바꿀 것과 황금 · 백금 1만 냥, 전쟁에서 사용할 말 3000필, 병사 3만 명 등 이전보다 무리한 요구를 해 왔다.

조선 조정은 후금과 화해하자는 주화파와 화해를 배척하자는 척화파로 나뉘었다. 척화파의 주장이 우세해 후금의 요구에 응하지 않고, 후금에 대해 선전포고를 하려는 움직임까지 일어났다. 1636년 4월 후금은 나라 이름을 '청'으로 고치고 조선에 왕자를 볼모로 보내 사죄할 것을 요구했다. 척화파가 우세한 상황에서 청의 요구가 받아들여질 리가 없었다. 결국 청나라 태종은 그 해 12월 청 · 몽골 · 한군으로 편성한 10만 대군을 거느리고 쳐 들어왔다. 이것이 병자호란이다.

12월 9일 압록강을 건넌 청나라 군사는 14일 개성을 통과하였다. 난리가 난 조정에서는 급히 종묘사직의 신주와 봉림대군 · 인평대군 등을 강화도로 피난하게 하였다. 그날 밤 인조도 도성을 빠져나와 강화도로 피난하려 했으나 청나라 군사가 강화도로 가는 길을 막고 있어 급히 소현세자와 신하를 거느리고 남한산성으로 피하였다. 16일 청나라 선봉군이 남한산성에 이르렀고, 1637년 1월 1일 태종이 도착해 탄천 아래 20만의 군사를 집결시켜 남한산성을 포위했다.

이때 성안에는 군사 1만 3000명, 양곡 1만 4300석, 장류 220 항아리가 있었을 뿐이었다. 겨우 50여 일을 견딜 수 있는 식량에 불과했다. 명나라 원병이나 의병을 기대할 수도 없는 상황이었다. 그렇다고 청나라 군사와 싸운다는 것도 불가능했다. 결국 45일간 대항해 싸운 인조는 최명길 등을 보내 항복조건을 교섭하게 하였다.

1월 28일 청나라는 용골대에게 칙서를 보내 강화조약 조건을 제시하였다. 〈조선왕조실록〉은 칙서의 내용을 이렇게 적고 있다.

"(생략) 지난날의 죄를 모두 용서하고 규례를 상세하게 정하여 군신이 대대로 지킬 신의로 삼는 바이다.

그대(인조)가 잘못을 뉘우치고 스스로 새롭게 하여 은덕을 잊지 않고 자신을 맡기고 귀순하여 자손의 장구한 계책을 삼으려 한다면, 앞으로 명나라가 준 고명(誥命)과 책인(册印)을 헌납하고, 그들과의 교류를 끊고, 그들의 연호를 버리고, 일체의 공문서에 우리의 정삭(정월 초하루)을 받들도록 하라. 그리고 장자 및 재일자(차자)를 인질로 삼고, 제대신은 아들이 있으면 아들을, 아들이 없으면 동생을 인질로 삼으라. 만일 그대에게 뜻하지 않은 일이 발생하면 짐이 인질로 삼은 아들을 세워 왕위를 계승하게 할 것이다.

짐이 명나라를 정벌하기 위해 조칙을 내리고 사신을 보내어 그대 나라의 보병·기병·수군을 조발하거든 수만 명을 기한 내에 모이도록 하여 착오가 없도록 하라. 짐이 이번에 군사를 돌려 가도(평안도 철산 앞바다에 있는 섬)를 공격해서 취하려 하니, 그대는 배 50척을 내고 수병·창포(창과 대포)·궁전(활

산줄기를 따라 견고하게 늘어선 성벽

과 화살)을 모두 스스로 준비하는 것이 마땅하다. 대군이 돌아갈 때에도 호군(음식을 베풀어 군사를 위로하는 것)하는 예를 거행해야 할 것이다.

성절(중국 황제의 생일)·정조(정월 초하루)·동지·중궁 천추(황후의 생일·태자 천추(황태자의 생일) 및 경조(경사스런 일과 슬픈 일) 등의 일이 있으면 모두 예를 올리고 대신 및 내관에게 명하여 표문(신하가 임금에게 올리는 글)을 받들고 오게 하라. 바치는 표문과 전문(나라에 길흉이 있을 때 임금에게 써 바치던 글)의 정식(일정한 표준이 되는 방식이나 규정), 짐이 조칙을 내리거나 간혹 일이 있어 사신을 보내 유시를 전달할 경우 그대와 사신이 상견례 하는 것, 혹 그대의 신하들이 알현하는 것과 영접하고 전송하며 사신을 대접하는 예 등을 명나라의 예와 다름이 없도록 하라.

포로들이 압록강을 건너 도망쳐 오면 체포하여 본주에게 보내도록 하고, 만약 속(재물)을 바치고 돌아오려고 할 경우 본주의 편의대로 들어 주도록 하라. 우리 군사 중 죽음을 각오하고 싸우다 사로잡힌 사람은 그대가 뒤에 차마 결박하여 보낼 수 없다고 말하지 말라. 내외의 제신과 혼인을 맺어 화호를 굳게 하도록 하라. 신구의 성벽은 수리하거나 신축하는 것을 허락하지 않는다.

그대 나라에 있는 올량합(두만강 연변과 그 북쪽에 살던 여진족의 한 부족) 사람들은 모두 쇄환(일반 백성 등이 원거주지를 이탈해 흩어졌을 때 이들을 찾아 원거주지로 돌려 보내는 것)해야 마땅하다. 일본과의 무역은 그대가 옛날처럼 하도록 허락한다. 다만 그들의 사신을 인도하여 조회하러 오게 하라. 짐 또한 장차 사신을 저들에게 보낼 것이다. 그리고 동쪽의 올량합으로 저들에게 도

Tips
명나라에서 준 고명책인(誥命冊印)이 뭐예요?

조선시대 주변 나라들에 대한 외교정책의 기본은 '사대교린'이었다. 사대는 중국, 교린은 여진, 왜국, 유구 등을 대상으로 했다. 그 뜻은 '큰 나라는 섬기고, 이웃 나라와는 사귄다'는 것이다. 조선은 개국 초부터 해마다 정기적으로 명나라에 사신을 보내 사대의 예를 취했고, 사신 행렬에는 조공을 딸려 보냈다. 명나라는 조선의 왕을 책봉해 줌으로써 우호관계를 유지했다. 고명책인은 명나라가 조선 왕의 즉위를 승인하여 보낸 신물이다. 고명은 명나라에서 5품관 이상의 관리를 임명할 때 수여하는 임명장이다. 중국에서는 사대조공관계를 맺은 나라에 보냈던 일종의 외교적 승인문서이다. 책인은 관작을 책봉할 때 증표로 인장이다. 결국 고명책인은 명나라가 조선의 왕을 제후로 인정하는 증표인 셈이다. 조선은 중국으로부터 고명과 책인을 받아 왔으나 명분과 의리로 규제되는 의례적 관계이지 실질적인 종속관계는 아니었다.

피하여 살고 있는 자들과는 다시 무역하게 하지 말고 보는 대로 즉시 체포하여 보내라.

그대는 이미 죽은 목숨이었는데 짐이 다시 살아나게 하였으며, 거의 망해가는 그대의 종사를 온전하게 하고, 이미 잃었던 그대의 처자를 완전하게 해주었다. 그대는 마땅히 국가를 다시 일으켜 준 은혜를 생각하라. 뒷날 자자손손토록 신의를 어기지 않는다면 그대 나라가 영원히 안정될 것이다. 짐은 그대 나라가 되풀이해서 교활하게 속였기 때문에 이렇게 교시하는 바이다. 숭덕 2년 정월 28일.

세폐는 황금 백 냥, 백은 천 냥, 수우각궁면(활 만드는 소뿔) 2백 부, 표범 가죽 백 장, 차 천 포, 수달 가죽 4백 장, 청서(다람쥐류) 가죽 3백 장, 호초(후추) 10두, 호요도 26파, 소목(외부에 바르는 한약재) 2백 근, 호대지 천 권, 순도10파, 호소지(好小紙) 천 5백 권, 오조룡석(화문석의 일종) 4령(領), 각종 화석(꽃무늬를 놓은 돗자리) 40령, 백저포 2백 필, 각색 면주(명주) 2천 필, 각색 세마포 4백 필, 각색 세포 만 필, 포 천 4백 필, 쌀 만 포를 정식으로 삼는다."

청나라의 요구는 조선으로서는 감당하기 어려운 것이었음에도 어쩔 수 없이 받아들여야 했다. 1월 30일 인조는 남한산성을 나섰다. 용포는 벗고, 죄를 지은 사람이라는 이유로 정문인 남문이 아닌 서문을 이용해야 했다. 그리고 삼전도에서 무릎을 꿇고 양손을 땅에 댄 다음 머리가 땅에 닿을 때까지 숙이기 3번씩 세 차례 되풀이 한 '삼배구고두'로 성하지맹의 예를 행한 뒤 한강을 건너 한양으로 돌아왔다.

통일신라가 당나라에 대항하기 위해 쌓은 주장성

남한산성은 북한산성과 함께 도성인 한양을 남북에서 방어를 위하여 쌓은 산성이다. 병자호란 때 역사의 중심에 떠올랐지만 남한산성의 역사가 길다. 발굴조사를 통해 백제 주거지가 확인되었고, 8세기 중반에 조성된 성벽과 건물 터 등이 확인되어 신라 주장성의 옛터였을 것이라는 주장도 제기되고 있다. 결국 남한산성은 백제시대에 시작되어 신라와 고려시대를 거쳐 사용되었고, 조선시대에 와서 대규모의 산성으로 축조되었다.

남한산성이 백제와 연관해서는 온조왕 때 도성이었다는 견해가 있다. 그러나 발굴을 통해서 밝혀진 것은 주거지 2곳과 저장 구덩이 8곳이 전부다. 어디에서도 성곽의 흔적은 발견되지 않았다. 백제의 도성이었다는 주장의 근거는 아직 확인되지 않은 셈이다. 실제 군사적으로 중요한 역할을 했던 것은 삼국 통일 이후 신라의 문무왕 때이다. 〈삼국사기〉에 문무왕 12년(672) 8월 "한산주에 주장성을 쌓았는데 둘레가 4360보"라고 기록되어 있다. 주장성이 지금의 남한산성이고, 신라는 당나라에 대항하기 위해 성을 쌓은 것으로 보인다. 2005년 중원문화재연구원에서 남한산성 북문과 동장대 사이의 제4암문과 수구 터 주변을 발굴하던 중 성벽 안쪽에서 주장성 성벽이 발견되었다. 토지주택박물관이 행궁터를 발굴하면서 통일신라시대 건물터와 대형기와가 확인되어 주장성 안에 군사 관련 건물 등이 자리하였다는 것이 밝혀졌다. 발굴 결과 문헌에 보이는 주장성이 남한산성의 전신이었으며, 남한산성이 주장성 옛터를 따라 축조되었음을 알게 되었다.

고려시대에는 광주성으로 불린 것으로 추정된다. 광주부사를 지낸 이세화의 묘지명이나 〈고려사〉에 "몽고군이 침입했을 때 광주성으로 피해 항전하였다."는 기록이 보인다. 남한산성 안에서 고려시대 건물터가 발견된 것이 추측을 뒷받침하는 근거가 된다.

남한산성이 현재의 모습을 갖추게 된 것은 조선시대의 일이다. 인조 2년(1624)에 산성을 쌓기 시작했지만, 그 이전부터 남한산성을 쌓자는 이야기가 있었다. 태종 때부터 남한산성 수축 논의가 시작되었고, 세종 때에도 남한산성 수축에 대해 논의하였다. 선조 36년(1603)에는 남한산성을 수축하는 일을 비변사에서 진지하게 논의하게 하였다. 〈조선왕조실록〉을 살펴보면, 경기도 광주는 남도를 왕래하기 좋은 요충지여서 산성을 고쳐 짓고, 수령과 군사를 보내 지키게 하면 한양을 지키고 둔영을 통제할 수 있을 것이라 하였다.

비변사에서 이기빈이란 사람을 보내 형세를 살펴보게 했는데, 그가 돌아와 보고하기를 "진세가 곧아 천험의 요새였습니다. 지형이 서북쪽에 봉우리가 있고 동남쪽은 확 트였는데, 시내와 우물이 있고 논도 있었습니다. 성안에는 산기슭이 서로 가로막고 있었으며, 성 바깥쪽에는 한두 봉우리가 서로 마주하고 있었으나 굽어보거나 엿볼 수가 없었습니다. 북문에서 동쪽으로 수구에 이르기까지와 서쪽으로 남문에 이르기까지의 지세가 성 가운데에서 가장 험하였는데, 그 사이에는 포루를 설치할 만한 곳도 있었습니다. 수구와 남문부터는 산세가 낮고 약해 반드시 적을 받는 곳이 될 것이므로 성을 높이 쌓고 해자를 깊이 파고 많은 화기를 설치하는 것이 좋을 듯 하였습니다."라고 하였다.

인조 남한산성을 축조하다

남한산성은 인조 2년(1624)에 축성 공사가 시작되었다. 처음 심기원이 공사를 맡았으나 부친상으로 물러나고 총융사(종이품 무관 벼슬로 총융청의 으뜸

남한산성의 북문과 서문

©광주시청

벼슬. 총융청은 서울의 외곽인 경기 일대의 경비를 위해 설치한 오군영의 하나) 이서가 되어 공사를 시작해 2년 후인 1626년 7월에 마쳤다.

산성의 규모는 둘레가 6297(약 8km)보에 달한다. 시설로는 여장 1897개, 옹성 3개, 성랑 115개, 문 4곳, 암문 16곳, 우물 80곳, 샘 45곳 등을 설치하였다. 광주읍의 행정처도 산성 안으로 옮겼다.

경기도 광주의 읍지인 〈남한지〉에는 원성 성벽의 안쪽 둘레는 6290보로 17리 반이고, 바깥 둘레는 7295보로 20리 95보이며, 성가퀴(성벽 위에 설치한 높이가 낮은 담. 몸을 숨기고 적을 쏠 수 있도록 만든 시설로 성첩, 여장, 치첩 등이 있다)는 1940타, 5곳의 옹성과 16곳의 암문, 125곳의 군포, 4곳의 장대가 있다고 기록되어 있다.

성 안에는 유사시에 임금이 머물 행궁을 비롯해 관아 건물이 여럿 들어섰다. 서장대 아래의 행궁은 상궐 73칸, 하궐 154칸으로 이뤄졌다. 다른 행궁과는 달리 종묘 건물로 사용하기 위한 좌전과 사직을 옮길 우실을 갖춘 것이 특징이다. 하궐 왼쪽에는 일장각과 군사를 조련하던 연무관이 있었다. 이외에도 비장청, 교련관청, 기패관청, 군관청, 별군관청, 서리청 등 많은 관아 건물이 자리하였다. 행궁과 관아에서 사용하는 물품과 관수 물자를 비축하고 군량을 보관하기 위한 창고도 많았다.

축성 공사에는 전국 8도에서 승려가 동원되었다. 승도청을 설치하고 각성을 도총섭으로 하여 8도의 승군을 소집해 사역을 돕게 하였다. 승군들이 머물면서 사역과 훈련, 성의 관리를 위해 이미 있던 망월사·옥정사 외에도 국청사·동림사·개원사·천주사·장경사 등 7개의 사찰을 새로 건립하였다.

수어장대

장대는 전투 시 장수가 지휘하기 좋은 장소에 세운 지휘소이다. 지휘와 관측이 쉽도록 성 안에서 지형이 가장 높은 곳에 설치한다. 수어장대는 서쪽 주봉인 청량산 정상부에 세워졌다. 인조 2년(1624) 남한산성 축조 때 동서남북에 세운 4개 장대 중 하나로 유일하게 남아 있는 건축물이다. 원래 단층누각으로 축조하고 서장대라 부르던 것을 영조 27년(1751) 이층누각으로 증축하면서 수어장대라 하였다.

©광주시청

행궁

행궁은 임금이 경복궁 등 궁궐을 벗어나 행차할 때 머무는 임시로 머무는 궁궐이다. 별궁 또는 이궁이라고도 한다. 남한산성의 행궁은 성을 쌓는 일을 담당한 이서가 건의하여 지어졌다. 조성 목적은 환란이나 외적의 침입에 대비하여 비상시에 군사적으로 이용하기 위함이다. 병자호란이 일어나자 인조는 행궁으로 피신해 와 청에 대항했다. 전쟁 후에는 숙종, 영조, 정조, 철종, 고종 등이 여주의 영녕릉, 광주의 헌릉, 인릉 등의 능행길에 오를 때 머물기도 했다.

좌익문과 지화문

좌익문은 남한산성 동쪽 성문이다. 남문인 지화문과 함께 많이 사용되었던 성문이다. 홍예문 형태의 일반적인 성문 구조를 하고 있다. 낮은 지대에 성문이 위치한 것을 해결하기 위해 지면에서 높여 계단을 구축해 우마차를 이용해 물자를 수송할 수가 없다. 지하문은 남쪽 성문이다. 남한산성의 대문 중 가장 크고 웅장하다. 병자호란으로 인조가 피신해 올 때 이 문으로 들어갔다.

장경사와 국청사

장경사는 남한산성 수축 당시 승군의 숙식과 훈련을 위해 건립한 군막사찰이다. 산성 안에 있던 9개의 사찰 중 현존하는 유일한 사찰이다. 1907년 8월 1일 일제가 군대 해산령을 내리고 산성 안의 무기고와 화약고를 파괴할 때 다른 사찰에 비해 피해가 적어 비교적 옛 모습을 간직하고 있다. 현재의 장경사는 1975년 화재로 소실되어 다시 지었다. 국청사는 외적의 침입에 대비해 비밀리에 군사무기와 화약, 군량미 등을 비축했던 사찰이다.

✛영은미술관 영은미술관은 미술 작품을 보는 데서 그치지 않고, 다양한 교육 프로그램을 통해 배우고 만들며 미술과 친해지는 기회를 제공한다. 전시 감상 학습 프로그램은 에듀케이터와 함께 미술 작품을 감상하며 작품에 대한 이해를 높이고, 주제와 연관된 창작 활동을 한다. 유치원과 초등학생을 대상으로 오전과 오후에 2시간씩 유료로 진행된다. 작가들이 입주한 공방에서는 도예, 유리, 염색, 비누, 판화 체험을 할 수 있다. 손쉽게 할 수 있는 프로그램은 도예 체험이다. 도예가의 설명을 들으며 코일링 기법으로 나만의 도자기를 만들고, 물레 위에서 흙덩어리가 점차 그릇의 형태를 갖춰가는 과정을 경험한다. 아이들은 부드러운 흙을 만지며 자기 생각이 반영된 그릇을 완성하고 즐거워한다.

판화 체험은 조금 색다르다. 드라이포인트 오목 판화는 종이에 밑그림을 그리고 아크릴판에 니들로 그림을 옮겨 새긴 뒤 잉크를 넣어 한지에 프레스로 찍어낸다. 와이어 판화는 부드러운 와이어로 자전거, 동물, 사람 얼굴 형태를 만들고 잉크를 묻혀 프레스로 찍어낸다. 와이어로 모양을 만드는 과정은 아이들이 하기 어렵고 시간이 오래 걸려, 작가가 미리 제작해둔 것을 사용한다. 판화 체험은 과정이 쉽고, 결과물이 생각 외로 예쁘게 나오는 것이 장점이다. 또 조각도나 위험한 도구를 사용하지 않아 안전하다. 이외에

도 유리공예, 천연 비누 만들기 같은 체험 프로그램이 있다.

※ **Open** 하절기 10:00~18:30 동절기 10:00~17:00, 매주 월요일 휴관 **Cost** 어른 6000원 학생 4000원 어린이 3000원 **Tel** 031-761-0137 **Web** www.youngeunmuseum.org

✛분원도요지 조선 후기에 왕실에서 사용하는 청화백자 등을 만들던 사옹원의 도자기 굽던 가마가 있던 곳이다. 분원이란 나라에서 관리하던 관청의 사기가마를 말한다. 일반 여염집에서 사용하던 그릇을 굽던 민요와는 구별되는 특별한 가마였다. 이곳에 분원이 있었던 이유는 주변에 산이 많아 땔감이 풍부했고, 질 좋은 백토가 많았으며, 무엇보다 한강을 이용해 백자를 운반하기 편리했기 때문이다. 분원은 임진왜란을 겪으면서 점차 사양길로 접어들다가 구한말 격동기 때 도자문화의 맥이 끊겼다. 분원초등학교 위 분원백자자료관에 가면 무수히 널브러진 백자 파편과 완성도 높은 청화백자를 통해 옛 광주 부원의 흔적과 만날 수 있다.

✛천진암 한국 천주교의 발상지이자, 이벽, 권철신 등이 최초로 가톨릭 교리를 강론하던 천주교 성지다. 본래 천진암은 고려 때 지어진 절터였다. 1780년경부터 이벽, 이승훈 등 젊은 학자들이 서양 학문과 천주교 교리를 탐구하려고 조

선천주교회를 창립한 곳이다. 입구에서 천진암 터까지 이어지는 길은 단풍나무, 밤나무 등 숲이 우거져 매우 운치 있는 산책로다. 울긋불긋 오색 으로 화려하게 단풍이 물드는 가을에는 만추의 정을 만끽하기에 더할 나위 없이 좋다. 현재 천 진암터에는 한국천주교회의 창립 선조인 이벽, 권일신, 이승훈, 권철신, 정약종의 묘가 조성되어 있다.

✚남한강변 드라이브길 분원리에서 검천리, 수 청리로 이어지는 강변길은 남한강이 북한강과 합쳐지기 전의 유장한 흐름을 바라보기 좋은 코 스다. 팔당호반을 가로지르는 광동교를 건너 '분 원붕어찜마을'이라 적힌 이정표를 따라 들어서 면 팔당호반을 따라 오붓한 길이 펼쳐진다. 차 를 세워두고 호숫가를 거닐어도 좋고, 은은한 음악을 틀고 천천히 달려도 좋다. 이른 아침이 나 저녁 시간이라면 하얗게 피어오르는 물안개 가 신기루처럼 피어올라 황홀한 광경을 연출하 기도 한다. 분원마을에서 검천리까지는 호숫가 를 따라 굴곡진 길을 달린다. 호수에는 갈대숲 이 펼쳐지고, 갈대숲 사이로는 온갖 철새가 움 직인다. 검천리부터는 본격적인 남한강변이다. 햇빛에 부서지는 물결의 환영을 받으려 여유로 운 시간을 가질 수 있다.

✚ 가는 길
제1중부고속도로를 이용한다. 광주 IC에서 빠져나와 45번 국도(회안대로)를 따라 중 부면사무소 방향으로 직진한다. 중부면사 무소 못 미쳐 농협주유소 삼거리에서 좌 회전한다. 남한산성로를 따라 들어가면 남한산성 행궁이 모습을 드러낸다.

✚ 맛집
남종집
분원마을에는 1973년 팔당댐의 준공으로 팔당호가 생겨나면서 붕어찜 식당들이 하 나 둘 들어서기 시작하면서 지금은 붕어 찜 마을이 형성되었다. 남종집은 시어머 니와 며느리가 대를 이어 비법의 붕어찜 을 내놓는다. 시래기, 무 등을 듬뿍 넣고 새우젓으로 간을 한 뒤 10여 가지 재료로 만든 양념장을 곁들여 조려낸다. 비린내 가 나지 않고 담백한 맛이다.
위치 남종면 공설운동장 입구
영업시간 10:00∼22:00
전화 031-767-9032
가격 붕어찜 3만∼6만원
　　　 메기매운탕 3만원

제주 화산섬과 용암동굴

Info 자연유산 정보

등재시기 2007년 6월 27일

등재이유 ① 수많은 측화산과 세계적인 규모의 용암동굴, 다양한 희귀생물 및 멸종위기종의
서식지가 분포한다.

② 지구의 화산생성과정 연구와 생태계 연구의 중요한 학술적 가치가 있다.

③ 한라산 천연보호구역의 아름다운 경관과 생물·지질 등은 세계적인 자연유산으로서
가치를 지니고 있다.

제주도의 모든 것은 육지의 것과 닮아 있지만, 상당 부분이 육지의 것과 서로 다르다. 눈에 들어오는 모든 것이 익숙하고 포근한 것 같다가도 낯설고 신기한 것과 조우하면 마치 꿈속을 걷고 있는 것과 같다.

····❀····

'백 번 듣는 것이 한 번 보는 것만 못하다'

이 땅에 수많은 여행지가 존재하지만 제주도만큼 이 속담이 어울리는 장소는 아마 없을 것 같다. 다른 여행지에 비해 제주도는 사람들로 하여금 왠지 모를 환상을 갖게 만든다. 비단 섬이라는 특수성 때문은 아닐 것이다. 섬이긴 하되 뭍에서 가까운 섬들과는 확연히 다른 제주도만의 무언가가 숨어 있다. 분명한 것은 제주도에 많다는 돌, 바람, 여자 그 이상의 것이라는 점이다.

뭍이 땅을 포기해야 바다가 되고, 바다는 자신을 버려야 섬이 된다. 뭍과 섬과의 수치적 거리가 멀고 가까움은 그리 중요하지 않다. 바다로 단절된 듯 연결되는 섬은 저마다 아련한 그리움을 품고 있다. 제주도의 경우 그리움과 동경에 대한 마음이 여느 섬들보다 훨씬 많다는 게 다를 뿐이다.

소설가 박태순은 〈국토와 민중〉이라는 기행문에서 "한라산은 신비하면서 자상하고 푸근하면서 자랑스럽다. 때문에 제주도를 밟는 것은 감미롭게 실종당하고 있는 것과 흡사하다"고 했다.

제주도의 모든 것은 육지의 것과 닮아 있지만, 상당 부분이 육지의 것과 서로 다르다. 눈에 들어오는 모든 것이 익숙하고 포근한 것 같다가도 낯실고 신기한 것과 조우하면 마치 꿈속을 걷고 있는 것과 같다.

제주도는 그런 섬이다. 가까운 듯 가깝지 않고, 익숙한 듯 익숙하지 않은 풍경, 문화, 사람이 어우러져 있다. 아마도 세계자연유산에 등재된 이유가 여기에 있지 않을까.

신령스럽고 장엄한 한라산

　제주도에서 세계자연유산으로 등재된 곳은 한라산, 성산일출봉, 거문오름용암동굴계 등이다. 한라산은 한국 어디에서나 볼 수 있는 산이라는 것은 같지만 화산활동에 의해 생성된 순상화산체라는 점이 다르고, 성산일출봉 역시 화산활동에 의해 생겨난 360개 단성화산체(제주 방언으로는 오름이라 한다) 중 하나다. 거문오름용암동굴계는 육지에 산재한 석회동굴과는 다른 용암이 분출되면서 생겨난 용암동굴이라는 특별함을 지녔다.

　백두대간의 시작이 멀리 북쪽의 백두산이라면 그 마지막 종지부를 찍는 곳이 바로 제주도의 한라산이다. 산의 높이도 1950m로 남한에서 가장 높다. 일찍이 금강산·지리산과 함께 삼신산의 하나로 꼽혀 왔다. 옛 문헌에 따르면 "한라산은 산이 높고 넓으며, 목초지가 광활하고 기상 변화가 심한 산"이라 기

한라산은 제주도를 대표하는 상징물이다.

록되어 있다. 조선시대까지만 해도 정상에 올라 산의 진면목을 보는 것은 신의 도움이 있어야 가능하다고 생각했을 정도이다. 그렇기에 언제나 신령스럽고 장엄한 산으로 여겨졌다. 이런 의미에서 한라산은 우리 민족에게 언제나 외경의 대상이었고, 시대를 달리하며 문학이나 미술 작품의 소재가 되었다.

한라산에 관한 가장 오래된 기록인 〈남항일지〉에서 김상헌은 "병이 없고 곡식이 잘 자라며 축산이 번창하고 읍이 편안한 것은 곧 한라산신의 덕" "금강산과 묘향산은 이름만 높을 뿐, 한라산의 기이하고 수려함에는 따라오지 못하리라"라고 했다.

이은상은 일제의 압제 하에 〈한라산기도〉라는 시를 통해 우리 민족의 광복을 기원했다. "천지의 대주재시여 / 나는 지금 두 팔을 들고 / 당신이 내리시는 뜻을 / 받들려 하나이다 / 아끼지 마시옵소서 / 자비하신 말씀을"

산세에서도 백두산 다음 가는 명산이자, 영산으로서도 북의 백두산, 남의 한라산이라 할 정도로 제주도의 상징이었다.

무릇 모든 명산이 그러하듯 한라산이라는 이름에도 큰 뜻과 전설이 서려 있다. 한라산의 '한'은 '은하수'를, '라'는 '맞당기다' 혹은 '잡다'라는 뜻이다. 산이 높아서 산 정상에 서면 은하수를 잡아당길 수 있다는 의미인 셈이다. 그래서인지 산 정상에 오르면 멀리 남쪽 하늘의 노인성을 볼 수 있으며, 이 별을 보면 장수한다는 전설이 내려온다.

한라산이라는 이름 외에도 두무악, 원산, 영주산, 부악 등의 여러 이름으로 불린다. 두무악은 '머리가 없는 산'을 의미한다. 전설에 의하면, 한 사냥꾼이 산에서 사냥을 하다가 잘못하여 활 끝으로 천제의 배꼽을 건드리자 화가 난 천제가 한라산 꼭대기를 뽑아 멀리 던져버렸다고 한다. 산정부가 던져진 곳이 지금

항상 구름에 가려 있는 한라산은 옛날부터 신성한 곳이자, 외경의 대상이었다.

한라산은 해발고도가 높아 정상에 서면 은하수를 잡아당길 수 있다는 의미를 담고 있다.

의 산방산이고, 뽑혀서 움푹 팬 곳은 백록담이 되었다는 것이다.

원산이라는 이름은 산 중앙이 제일 높아 무지개 모양으로 둥글고, 주위가 아래로 점차 낮아져 원뿔모양을 이루기 때문에 붙여졌다. 영주산은 중국의 역사서 〈사기〉에서 유래한 것이다. 부악이란 산 정상의 깊고 넓은 분화구가 연못으로 되어 있어 마치 솥에 물을 담아놓는 것과 같다고 해서 붙여진 이름이다. 이 연못은 신령스런 흰 사슴이 물을 마시는 곳이라 하여 백록담이라고 했다.

제주도는 신생대 제3기 말에서 신생대 제4기에 걸친 화산활동으로 형성됐다. 바다 속에서 분출된 용암이 식으면서 육지가 생기기 시작했고, 180만 년 전부터 2만 5000년 전까지 다섯 차례의 화산 분출기를 거치면서 지금의 제주도가 만들어졌다.

1기 화산분출은 기저현무암과 서귀포층을 형성해 해저 기반을 이루며, 2기 화산분출은 표선리 현무암과 서귀포 조면암 및 중문 조면암을 형성해 육상지형을 이룬다. 3기 화산분출에 한라산 화산체가 950m에 달했고, 4기 화산분출은 고산지대에 집중되면서 시흥리 현무암·성판악 현무암·한라산 현무암 등을 형성했다. 마지막 5기 화산분출 때 백록담 화산폭발로 백록담이 만들어지고 고산지대에 300여 개의 오름이 형성됐다.

화산활동에 의해 분출된 용암은 조면암, 안산암, 현무암 순으로 형성되는데, 현재 마지막에 분출된 현무암이 지표의 90% 이상을 뒤덮고 있다. 한라산은 3분출기 말에서 4분출기에 걸쳐 화산활동을 해서 생겨났다. 〈고려사절요〉에는 고려 제7대 목종 5년(1002)과 10년(1007)에 송악산 등지에 간헐적인 화산활동이 있었다고 기록되어 있지만, 현재 한라산은 쉬고 있는 휴화산이다.

한라산은 용암이 굳으면서 남쪽에는 급경사를 이루고 북쪽에는 완만한 경사의 지형을 형성했다. 계곡은 U자형으로 남쪽과 북쪽에 주로 분포한다. 한라산 서쪽의 한대악과 볼레오름, 동쪽의 성판악을 연결하는 산릉이 제주도에 흐르는 하천의 수원을 이루는 분수령이다. 이곳을 중심으로 북쪽의 하천은 비교적 직선적이어서 폭포가 별로 없고, 남쪽의 하천은 물의 흐름이 휘어져 하류에 폭포가 발달됐다. 대표적인 폭포가 정방폭포, 천제연폭포, 천지연폭포 등이다.

산이 높아 난대, 온대, 한대에 걸친 다양한 식물 분포상을 보이는 것도 한라산의 자랑이다. 자생하고 있는 식물만 약 1800종에 이른다. 식물 종류에 있어서 우리나라 어느 산보다 많다. 이 중 300여 종은 한라산에서만 자생하는 특산식물이거나 멸종위기에 있는 희귀식물이다. 대표적인 수종이 구상나무다. 우리나라에만 자생하는 한국 특산 식물로 해발 1500m 이상에서 쉽게 볼 수 있다. 한라산에 군집을 이루며 자생한다고 해서 다른 산에서도 쉽게 볼 수 있는 것은 아니다. 지리산이나 덕유산의 높은 곳에서 드문드문 자라는 정도다. 이외에도 돌매화, 한란, 나도풍란, 광릉요강꽃, 매화마름, 섬개야광나무 등 6종이 멸종위기 야생식물로 지정돼 있다.

동물은 노루를 중심으로 약 1200종이 서식한다. 멧돼지, 살쾡이, 대륙사슴은 멸종되었고 노루만 남아 있다. 원앙, 두루미, 무당개구리 등은 멸종위기에 처해 있다. 이처럼 지형과 기후가 특이하고, 희귀한 동식물들이 서식하고 있어 1966년 천연보호구역으로 지정되었다.

해 뜨는 오름 성산일출봉

"일출봉에 해 뜨거든 날 불러주오~"

국민가곡 '기다리는 마음'의 첫 소절이다. 일출봉이 제주도에만 있는 것은 아니다. 허나 일출봉이라면 으레 성산일출봉을 가리킨다. 해 뜨는 풍경의 경이로움이야 조선시대 문인 이한우가 꼽은 영주십경의 제1경으로 꼽히는 성산일출봉의 상징이지만, 세계자연유산에 등재된 것은 멋진 풍경 속에 감춰진 지구의 화산 생성과정을 연구하는 데 중요한 가치가 있어서다.

성산일출봉은 약 4만에서 12만 년 전 얕은 바다 밑에서 화산이 폭발하면서 형성된 전형적인 응회구다. 응회구는 지하에서 지표면으로 올라오는 용암에 많은 양의 물이 지속적으로 공급될 때 엄청난 화산재를 뿜어내는 서쎄이언(Surtseyan) 분출에 의해 형성되는 것이다. 물의 공급이 충분해야 하므로 얕은 바다와 호수에서 주로 형성된다. 응회구는 수개월 동안 화산 분출 활동이 지속되어 100~300m의 화산체가 형성된다. 성산일출봉은 높이 182m로 제주도 동쪽 해안에 거대한 고성처럼 자리 잡고 있다.

성산일출봉은 축축하게 젖은 화산재가 화구 주위에 가파르게 쌓이고 간혹 화산재 층이 경사면 아래로 무너져 내리거나 화산재가 모래폭풍과 함께 사방으로 흘러내려 만들어졌다. 화산 분출이 끝난 후에는 침식에 의해 분화구에 가장자리를 따라 여러 개의 뾰족한 봉우리와 골짜기가 만들어졌다.

정상에서 일출의 장관을 감상하는 것도 좋지만, 화산이 터지고 쌓이는 과정과 이후 침식의 흔적까지 성산일출봉 생성의 모든 과정을 알 수 있는 해안가 절벽을 살펴보는 것도 중요하다. 이것이 세계적으로 가치를 인정받는 요소이기 때문이다.

정상에는 설문대할망의 전설이 서린 등경돌이란 바위가 서 있다. 등경돌이란 등불을 켜는 돌그릇이다. 옛날에는 마을 사람들이 등경돌 앞을 지날 때 네 번씩 절을 하는 풍습이 있었다고 한다. 두 번의 절은 옛날 제주섬을 창조한 설문대할망에 대한 것이고, 또 두 번의 절은 고려 말 원나라로부터 나라를 지키기 위해 목숨을 바친 김통정 장군에 대한 것이다.

설문대할망은 한라산을 베개 삼아 누우면 다리가 제주도 앞바다에 걸쳐졌

대한민국 최고의 일출 명소인 성산일출봉

고, 빨래를 하면 한라산을 깔고 앉아 관탈섬에 빨랫감을 놓고 발로 문질러 빨았다는 엄청나게 큰 거인이었다. 할망은 치마폭에 흙을 퍼 날라 낮에는 섬을 만들었는데, 치마에서 떨어진 흙부스러기가 오름이 되고 쌓은 흙은 한라산이 되었다. 밤에는 등경돌에 등잔을 올려놓고 흙을 나르느라 헤진 치마폭을 바느질했다. 이때 등잔 높이가 낮아서 작은 바위를 하나 더 얹어 현재의 모양이 되었다는 전설이 있다.

김통정 장군은 성산마을에 성을 쌓아 나라를 지켰다. 지금도 그 터가 남아 있다. 등경돌 아래에 앉아 바다를 응시하고 때로는 바위 위로 뛰어오르며 심신을 단련했다고 하는데, 등경돌 중간에 큰 발자국 모양이 팬 것도 이 때문으로 전한다.

예전에는 마을 주민들이 등경돌 앞에서 제를 지내 마을의 번영과 가족의 안녕을 빌었으며 전쟁터에 나간 젊은이도 김통정 장군의 정기를 받은 이 바위의 수로로 무사히 돌아왔다고 한다.

용암이 흘러내려 생성된 거문오름용암동굴계

제주도에는 360여 개의 오름이 존재한다. 그래서 사람들은 제주도를 '오름의 왕국'이라 부른다. 오름이란 제주도 사투리로 '작은 산'을 의미한다. 지질학에서는 '큰 화산 옆에 붙어서 생긴 작은 화산'을 말하며, '기생화산' '측화산'이라고 부른다. 하지만 제주도의 오름은 기생화산이 아닌 독립된 작은 화산체이기 때문에 기생화산이라 표현하는 것이 부적절하다는 의견도 있다.

오름은 제주를 말할 때 빼놓을 수 없는 존재다. '제주 사람은 오름에서 태어나 오름에서 죽는다'고 말한다. 오름 주변에 마을을 형성하고 살면서 밭을 일구고 소나 말을 키웠다. 그리고 죽어서도 오름을 떠나지 않고 양지바른 동쪽이나 남쪽 기슭에 안식처를 마련했다. 삶과 죽음이 모두 오름에서 이뤄졌다.

오름이 삶의 터전이다 보니 역사에서도 중요한 장을 장식하는 곳이 됐다. 붉은오름은 고려시대 대몽항쟁의 최일선에 섰던 삼별초가 마지막까지 버티던 전장으로 역사에 등장했다. 이후 공민왕 23년(1374) 최영이 새별오름에서 제주도에서 말을 기르던 몽골인인 묵호의 난을 진압했다. 말을 놓아기르기에 적합했던 오름은 말 생산기지로 역할을 계속했고, 조선 고종 32년(1895) 공마제가 폐지될 때까지 말 수탈을 당한 슬픔을 간직하고 있다.

조선시대에 들어서는 주변을 감시하기 좋은 지형적 이점을 살려 외적의 침입을 알리는 연대와 봉수대가 설치되었다. 일제강점기에는 군사기지 역할을 하기도 하였다. 일제 말기 일본군이 섬 전역을 요새화할 때 오름을 주둔지, 훈련기지, 격납고, 고사포 진지 등으로 쓰기 위해 여기저기에 군사요새를 만들기도 했다.

해방 이후에는 제주 역사의 가장 큰 비극인 4 · 3항쟁의 주요 배경이 된다. 1943년 4월 3일 새벽 1시를 전후해 한라산 중허리 오름마다 봉화가 오르면서 무장봉기가 시작됐다. 금오름 · 도두봉 같은 마을 주위의 오름에는 깃발, 대나

석회암 동굴과는 다른 느낌을 주는 제주도의 용암동굴

무, 나팔 등을 이용해 토벌대의 출동을 알리는 '빗개'라 불리는 보초가 세워지기도 했다. 새별오름, 새미오름, 볼레오름 등은 무장대들이 주둔하거나 훈련하며 활동했던 근거지가 되기도 했고, 명도암오름은 토벌대에 쫓긴 양민들의 피난처가 되기도 했다. 섯알오름, 다랑쉬오름 등은 많은 양민이 학살된 장소이기도 하다. 제주도 전역이 4·3항쟁의 유적지지만, 특히 오름은 4·3항쟁을 이해하는 데 중요한 역사의 현장이다.

오름 중에서 세계자연유산에 등재된 곳은 거문오름용암동굴계다. 거문오름은 숲이 우거져 검게 보여 검은오름이라고도 한다. 거문은 고조선 시대 신이란 뜻의 '검·곰·감'에 뿌리를 두는 것으로 '신령스런 산'이라는 뜻이다. 약 10~30만 년 전에 거문오름에서 분출된 용암이 흘러내리면서 생긴 용암동굴이 주변에 산재해 있다. 동굴계에서 세계자연유산으로 등재된 동굴은 벵뒤굴, 만장굴, 김녕굴, 용천동굴 그리고 당처물동굴이다.

가장 규모가 큰 용암동굴은 만장굴이다. 굴의 길이가 1만 5798m에 달하고, 입구도 세 개나 된다. 그중 두 번째 입구인 '만쟁이거머리골'만 일반에 공개하고 있다. 바닥에는 용암이 흘러내린 흔적이 그대로 남아 있고, 굴 천장이 무너지면서 흘러내린 용암이 굳어져 생긴 용암 석주도 있다. 용암 석주는 석회동굴에서나 볼 수 있는 종유석과 흡사하다. 화산 동굴의 형성 과정을 살펴볼 수 있는 중요한 자원이다.

김녕굴은 현무암층에 속하며, 용암이 흘러내린 흔적이 남아 있어 학술적 가치가 높다. 흔히 '김녕뱀굴'로도 알려져 있는데, 옛날 동굴에 큰 뱀이 살았다고 해서 붙여진 이름이다. 동굴 벽면에는 규산화가 많이 붙어 있고, 끝머리 부분에는 희귀한 용암폭포가 있다. 동굴의 천장이 높고, 통로가 큰 대형 동굴이다.

용천동굴과 당처물동굴은 세계적인 경관과 가치를 지닌 해안 저지대에 생성

Tips
거문오름 탐방
미리 예약해야

거문오름 탐방코스는 두 곳. 현재는 거문오름 능선을 돌아 굼부리를 돌아보는 A코스(길이 5.5km, 4시간 소요)만 개방하고 있다. 탐방안내소에 사전예약을 한 뒤 탐방이 가능하며, 오전 9시부터 12시까지 30분 간격으로 입장한다. 1일 300명으로 탐방인원에 제한을 두고 있다.

거문오름 탐방안내소

된 동굴이다. 용천동굴은 용암동굴 내에서 흔히 볼 수 없는 석회질 동굴생성물이 성장하고 있으며, 동굴생성물의 규모, 형태, 분포 및 밀도는 가히 세계적인 수준이라 평가된다. 허나 아직 일반에 공개되지 않고 있다.

당처물동굴은 천장에서 비가 쏟아지는 모양을 하고 있다. 지표에서 약 3m 낮은 곳에 위치하고 있으며, 동굴 입구가 없는 것이 특이하다. 약 32만년 전 형성된 것으로 보이며, 길이 110m, 폭 7m 안팎, 높이 2m 안팎이다. 동굴 내부에는 석회질 석순 등 2차 생성물이 다양하고 화려하게 발달돼 있다. 이는 조개껍데기로 만들어진 모래가 빗물과 함께 스며들면서 만들어진 것이다. 화산이 분출할 때 지표가 굳어진 다음, 그 아래의 굳지 않은 용암이 빠져나가면서 형성된 동굴로 추정된다.

특히 종유관, 종유석, 석순, 석주, 휴석, 커튼, 동굴산호 등, 아주 다양한 동굴생성물이 잘 보존된 이 동굴들은 전 세계적으로 용암동굴 내의 탄산칼슘으로 이루어진 2차 동굴생성물이 가장 발달된 동굴로 평가된다. 당처물동굴은 규모가 매우 작지만, 동굴 내에서 발견되는 석회질 동굴생성물은 세계 최고의 아름다움을 자랑한다.

한라산

제주도 중앙에 솟아 있는 한라산은 높이 1950m로 한반도에서 백두산 다음으로 높다. 금강산, 지리산과 함께 삼신산의 하나로 불린다. 정상에는 화구호인 백록담이 있고, 산 주변에 흙붉은오름·사라오름·성널오름 등 수많은 오름이 펼쳐져 있다. 해발고도에 따라 난대, 온대, 한대 식물 등 1800여 종에 달하는 고산식물이 자생한다. 봄에는 유채꽃, 철쭉 등이 피어 화려하고, 가을에는 단풍이 곱게 들어 아름답고, 겨울에는 눈 내린 풍경과 운해가 절경이다.

백록담

한라산 정상에 있는 호수. 화산 분화구에 생긴 호수(화구호)다. 옛날 선인들이 이곳에서 '흰사슴(백록)'으로 담근 술을 마셨다는 전설에서 호수 이름이 유래했다고 한다. 동쪽 화구벽은 신기 분출의 현무암으로 되었고, 서쪽 화구벽 구기의 백색 알칼리 조면암이 심한 풍화작용을 받아 주상절리가 발달돼 절벽을 이룬다. 백록담에 쌓인 흰 눈을 녹담만설이라 하여 제주10경의 하나로 꼽는다.

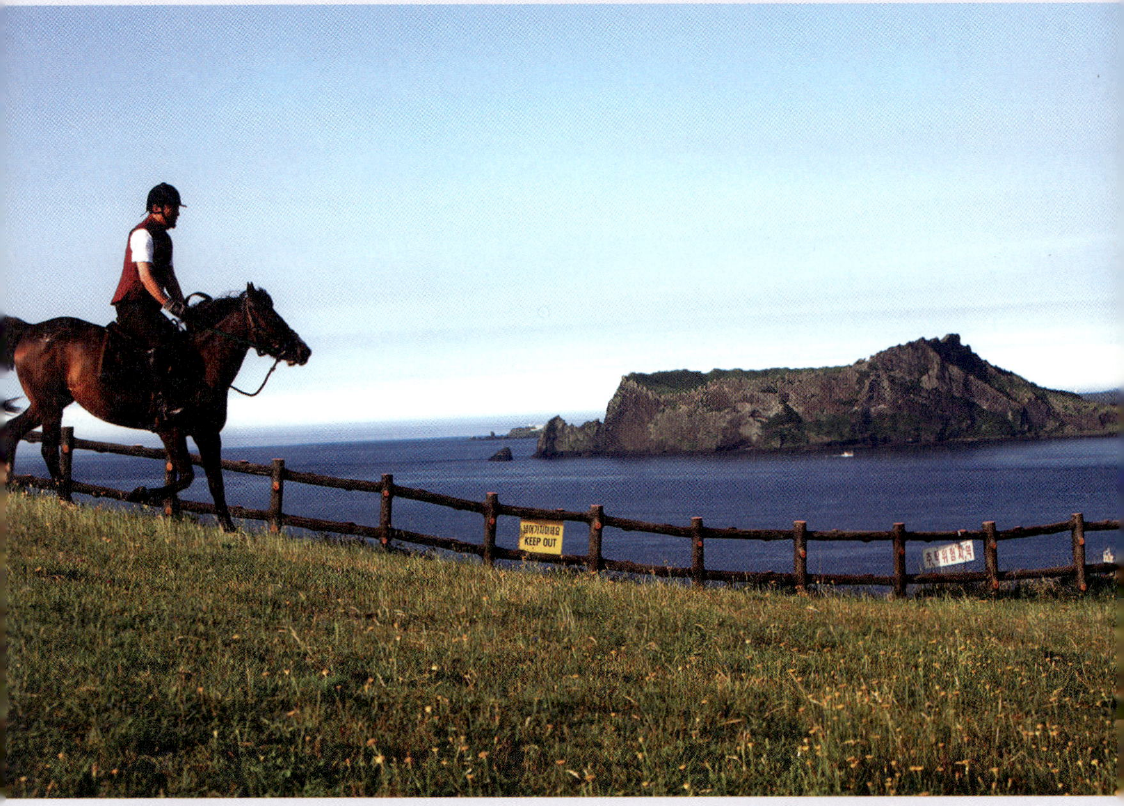

성산일출봉

천연기념물 제420호

우리나라를 대표하는 일출의 명소. 생긴 모습이 성과 흡사하기 때문에 성산봉이라 한다. 약 4만에서 12만 년 전 바닷속에서 수중폭발한 화산체이다. 원래는 화산섬이었다가 신양해수욕장과 섬 사이에 모래와 자갈이 쌓여 육지와 연결됐다. 넓은 분화구 뒤로 넘실대는 바다 위에서 솟아오르는 해돋이는 성산일출봉의 대표적인 풍경이다. **Open** 09:00~18:00 **Cost** 어른 2000원 청소년 1000원 어린이 1000원 **Tel** 064-783-0959

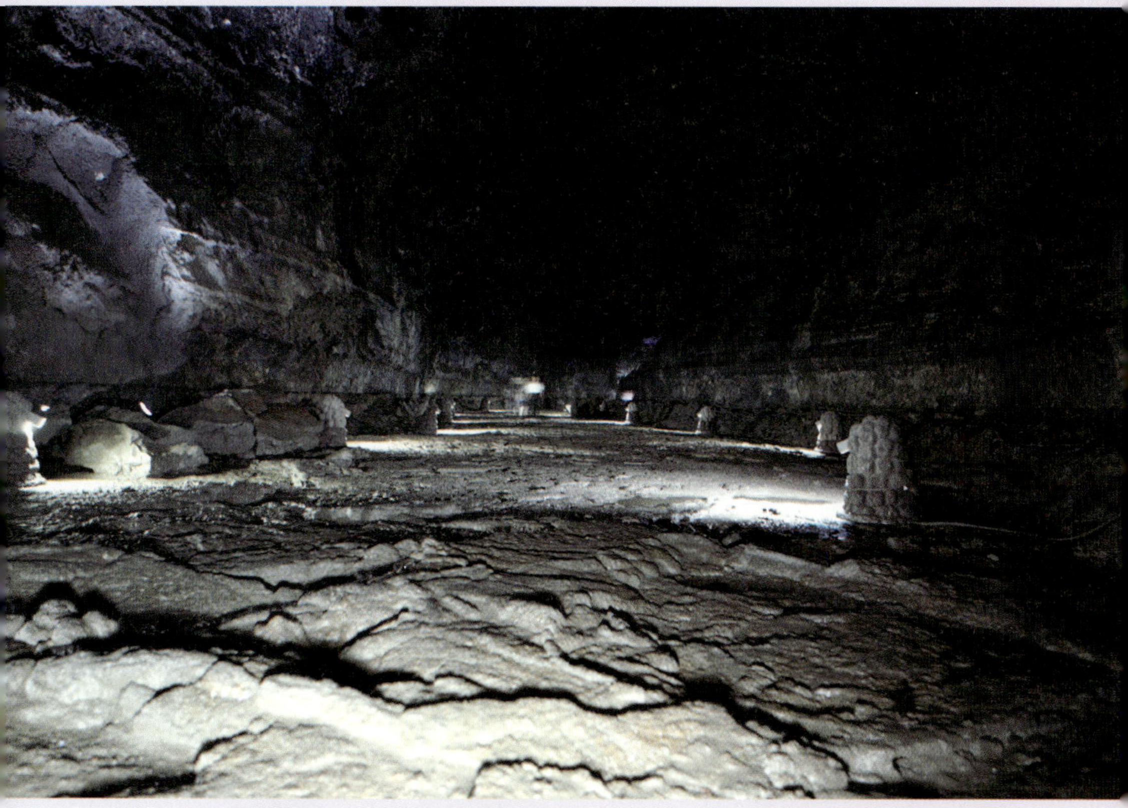

김녕굴 및 만장굴

천연기념물 제98호

김녕굴은 동굴 내부 형태가 S자형으로 뱀처럼 생겼다 해서 '사굴'이라고도 불린다. 입구가 뱀의 머리 부분처럼 크게 벌어져 있고 안으로 들어갈수록 좁아진다. 만장굴은 총 길이 1만 3422m로 세계에서 가장 긴 용암동굴이다. 종유석처럼 생긴 용암 석주와 제주도 모습과 흡사한 돌거북 등의 볼거리가 있다. Open **만장굴** 09:00~18:00 Cost **어른** 2000원 **청소년** 1000원 **어린이** 1000원 Tel 064-783-4818

선흘리 거문오름

천연기념물 제444호

숲이 무성하게 덮여 검게 보인다고 해서 '검은오름'이라고도 부른다. 거문오름에는 분석구 주변에서 용암층이 연속적인 절리를 따라 단층운동이 발생해 만들어진 용암협곡, 분화구에서 공중으로 쏘아올려진 용암덩어리가 공중에서 회전하면서 만들어진 고구마 모양의 화산탄, 제주도에서 가장 깊은 선흘 수직동굴 등이 있다. **Open** 09:00∼13:00(사전예약자에 한해 탐방 가능) **Cost 어른** 2000원 **청소년** 1000원 **어린이** 1000원 **Tel** 064-784-0456

가볼 만한 곳 제주도

✚ **산굼부리** 굼부리란 화산체의 분화구를 가리키는 제주도 사투리다. 제주도의 오름은 대접을 엎어 놓은 듯한 형태인데 반해, 산굼부리는 용암이나 화산재 분출 없이 폭발이 일어나 제자리에 있던 암석이 날아가 구멍만 남게 되었다. 얼핏 보면 몸체는 없고 입만 벌리고 있는 기이한 모양이다. 이러한 화산을 마르(Maar)라고 한다. 세계적으로 매우 희귀한 화산이며, 우리나라에는 산굼부리가 유일하다.

※ **Open** 하절기 09:00~18:00 동절기 09:00~17:00 **Cost** 어른 6000원 청소년 3500원 어린이 3000원 **Tel** 064-783-9900 **Web** www.sangumburi.net

✚ **섭지코지** 제주도 동쪽 해안에 볼록 튀어나온 섭지코지는 영화 '단적비연수' '이재수의 난', 드라마 '올인' 등의 촬영지로 널리 알려진 명소다. 들머리의 신양해변백사장, 끝머리 언덕 위 평원에 드리워진 유채밭, 여유롭게 풀을 뜯는 제주조랑말, 바위로 둘러친 해안절벽과 우뚝 치솟은 선바위 등은 전형적인 제주의 아름다움을 보여준다.

✚ **대포해안 주상절리대** 제주도가 보여주는 특별한 풍경 중 하나가 주상절리대다. 신이 다듬은 듯 정교하게 겹겹이 쌓은 검붉은 육각형의 돌기둥이 병풍처럼 펼쳐져 있는 주상절리대는 자연의 위대함을 목격할 수 있는 명소다. 약 25만~14만 년 전 녹하지악 분화구에서 흘러나온

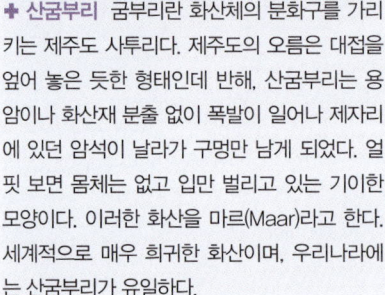

용암이 바다와 만나면서 다각형 기둥 모양의 수직절리를 형성했다. 검은 현무암 절벽에 하얗게 부서지는 파도가 장관을 연출한다. 대포해안 주상절리대는 높이 30~40m, 폭 약 1km로 우리나라 최대 규모다.

※ **Open** 08:00~18:00 **Cost** 어른 2000원 청소년 1000원 어린이 1000원 **Tel** 064-738-1521

✚ **외돌개** 서귀포 해안가를 둘러싼 기암절벽 중 가장 눈에 띄는 것이 20m 높이의 바위기둥인 외돌개다. 약 150만년 전 화산 폭발로 생성되었다. 뭍과 떨어져 바다 가운데 외롭게 서 있다 해서 외돌개란 이름이 붙여졌다. 설화에 의하면 고려 말 최영 장군이 제주도를 강점했던 목호의 난을 토벌할 때 외돌개 뒤에 있는 범섬이 최후의 격전장이었는데 전술상 외돌개를 장대한 장수로 치장시켜 놓았다. 그러자 목호들이 이를 장군이 진을 치고 있는 것으로 오인해 모두 자결했다고 한다.

✚ **김녕미로공원** 미로공원은 말 그대로 나무 사이로 샛길을 만들어 한 번 들어가면 방향을 잃고 찾아 나오기 어렵게 만든 미로로 이루어진 공원이다. 미로 속으로 들어가면 양옆으로 3m 높이의 랠란디 나무들이 촘촘히 심어져 밖을 내다볼 수 없다. 길 따라 무작정 걸어간다면 쉽게 빠져나오기도 쉽지 않다. 운이 좋으면 5분이 걸릴 수도 있고 길을 잃으면 40분이 걸릴 수도 있다. 김녕미로공원에서의 가장 큰 즐거움은 은

은한 향 내음이 나는 랠란디 나무 사이를 걸으며 길을 찾는 일이다. 랠란디 나무의 향은 사람의 정신을 맑게 해주고 마음의 안정을 취하는 데 효과가 있다.

※ **Open** 08:30~18:00 **Cost** 어른 3300원 청소년 2200원 어린이 1100원 **Tel** 064-782-9266 **Web** www.jejumaze.com

✚ 제주도의 폭포 제주도에는 천제연폭포, 천지연폭포, 정방폭포 등 이름 난 폭포가 세 곳 있다. 천제연폭포는 3단으로 이루어져 있는데, 떨어진 물이 장관을 이루어 선녀들이 목욕을 했다는 전설이 전해진다. 천지연폭포는 높이 22m에서 떨어지는 물줄기가 우렁찬 굉음을 내며 떨어진다. 계곡을 따라 형성된 담팔수나무 자생지와 무태장어 서식지는 천연기념물로 지정돼 있다. 정방폭포는 우리나라에서 유일하게 물이 바다로 직접 떨어지는 해안폭포다. 천제연·천지연폭포가 남성적인 힘의 폭포라면, 정방폭포는 조심스레 파도 위로 떨어지는 우아한 여성미를 지녔다.

※ **정방폭포 Open** 08:30~18:00 **Cost** 어른 2000원 어린이 1000원 **Tel** 064-733-1530 **천제연폭포 Open** 08:00~18:00 **Cost** 어른 2500원 어린이 1350원 **Tel** 064-738-1529 **천지연폭포 Open** 일출 시~22:00 **Cost** 어른 2000원 어린이 1000원 **Tel** 064-733-1528

여행수첩

✚ 가는 길

육지에서 제주도로 가려면 하늘길과 바닷길을 이용해야 한다. 김포, 부산, 광주 등지의 공항에서 제주행 비행기를 이용하면 되는데, 항공사에 따라 요금이 크게 다르기 때문에 저렴한 요금을 원한다면 진에어, 제주항공 등 저가항공사를 이용한다. 배를 통해 제주에 간다면 인천, 평택, 부산, 목포, 완도, 고흥, 장흥에서 여객선을 이용한다. 비행기나 배는 제주시로 연결되므로, 제주도 내 여행지 이동은 렌터카 또는 주요도로를 달리는 시외버스를 이용한다.

✚ 맛집
쌍둥이횟집

생선회가 한정식처럼 나온다면 어떨까? 쌍둥이횟집은 모둠회를 시키면 전복죽을 시작으로 새우, 문어, 낙지 등의 해산물이 전채로 나온다. 그런 후 주메뉴인 모둠회가 선을 보인다. 회는 두툼하게 썰어 씹는 맛이 좋다. 여기서 끝이 아니다. 물회, 주꾸미에 초밥, 마지막으로 탕까지 셀 수 없을 정도로 음식이 계속 나온다. 회를 먹으면서 포만감을 만끽할 수 있는 식당이다.

위치 서귀포중학교 앞 새생명교회 옆길 부근

영업시간 11:00~24:00

전화 064-762-0478

가격 모둠회 10만~15만원